Moeller

Leitfaden der Elektrotechnik

Herausgegeben von

Dr.-Ing. Hans Fricke
Professor an der Technischen Universität Braunschweig

Dr.-Ing. Heinrich Frohne
Professor an der Technischen Universität Hannover

Dr.-Ing. Paul Vaske
Professor an der Fachhochschule Hamburg

Band VI

B. G. Teubner Stuttgart

Hochspannungstechnik

Von Dr.-Ing. Günther Hilgarth
Professor an der Fachhochschule Braunschweig/Wolfenbüttel

Mit 138 Bildern, 13 Tafeln und 35 Beispielen

B. G. Teubner Stuttgart 1981

Hinweise auf DIN-Normen in diesem Werk entsprechen dem Stande der Normung bei Abschluß des Manuskriptes. Maßgebend sind die jeweils neuesten Ausgaben der Normblätter des DIN Deutsches Institut für Normung e. V., Berlin, im Format A 4, die durch den Beuth-Verlag GmbH, Berlin und Köln, zu beziehen sind. – Sinngemäß gilt das gleiche für alle in diesem Buche angezogenen amtlichen Richtlinien, Bestimmungen, Verordnungen usw.

CIP-Kurztitelaufnahme der Deutschen Bibliothek

Leitfaden der Elektrotechnik / Moeller. Hrsg. von Hans Fricke . . . – Stuttgart : Teubner

NE: Moeller, Franz [Begr.]; Fricke, Hans [Hrsg.]

Bd. 6. → Hilgarth, Günther: Hochspannungstechnik

Hilgarth, Günther:
Hochspannungstechnik / von Günther Hilgarth. –
Stuttgart : Teubner, 1981.
(Leitfaden der Elektrotechnik ; Bd. 6)

ISBN 3-519-06422-7

Printed in Germany

Satz: I. Junge, Düsseldorf
Druck: Beltz Offsetdruck, Hemsbach/Bergstr.
Binden: E. Riethmüller & Co., Stuttgart
Umschlaggestaltung: W. Koch, Sindelfingen

Vorwort

Die Hochspannungstechnik wurde bisher innerhalb der Lehrbuchreihe ‚Leitfaden der Elektrotechnik' in Band IX ‚Elektrische Energieverteilung' recht knapp in einem Abschnitt ‚Elektrische Festigkeitslehre' behandelt. Die vielen Anregungen, diesen Abschnitt weiter auszubauen und außerdem Band IX in Teilgebieten der Energieverteilung zu ergänzen, haben zu dem Entschluß geführt, einen eigenen Band ‚Hochspannungstechnik' in die Buchreihe aufzunehmen.

Hochspannungstechnik wird in vielen Bereichen der Elektrotechnik in vielfältiger Weise eingesetzt. Ein in seinem Umfang begrenztes Lehrbuch kann deshalb nicht dem Anspruch genügen, dieses Fachgebiet vollständig behandeln zu wollen. Dieser Band VI beschränkt sich daher auf jenen Teilbereich, der der Theorie und dem Hochspannungslaboratorium zugeordnet werden kann und der auch die Lehre beherrscht. Er wendet sich somit vorwiegend an Studenten von Hochschulen und klammert die unmittelbar dem schnellen technischen Wandel unterliegenden Hochspannungsgeräte und -anlagen und ihren Betrieb aus.

Grundlage der Hochspannungstechnik ist das elektrische Feld, das im ersten Abschnitt behandelt wird. Hier werden auch die gebräuchlichsten numerischen Verfahren zur Feldberechnung mit Digitalrechnern im Ansatz aufgezeigt. Die folgenden Abschnitte beschreiben die Durchschlagmechanismen in gasförmigen, flüssigen und festen Isolierstoffen, die Erzeugung und die Messung hoher Spannungen sowie die Hochspannungsprüfung von Betriebsmitteln und Isolierstoffen. Ferner werden die Entstehung von Überspannungen in elektrischen Netzen, ihre Fortpflanzung über Leitungen als Wanderwellen und ihre Begrenzung durch Überspannungsableiter behandelt.

Diesen Stoffumfang in einem preislich vertretbarem Buch unterzubringen, erfordert die Beschränkung auf wesentliche Zusammenhänge und gestattet teilweise nur knappe Darstellungen. Vornehmlich sollen Kenntnisse über physikalische Zusammenhänge vermittelt werden. Soweit es hierbei der Anschaulichkeit zugute kommt, werden Vereinfachungen in Kauf genommen. Alle Ableitungen beziehen sich auf leicht berechenbare Elektrodenanordnungen (Platten, Zylinder, Kugeln), zumal sich so gewonnene Erkenntnisse auf andere Elektrodenformen übertragen lassen.

Die Entscheidung, was eingehend behandelt, kurzgefaßt oder gar fortgelassen wird, unterliegt der subjektiven Bewertung durch den Verfasser. Mancher Leser hätte vielleicht die Schwerpunkte anders gesetzt. Fachkundige Anregungen zur inhaltlichen Verbesserung des Buches und kritische Anmerkungen zu fachlichen Aussagen werden deshalb dankend entgegengenommen. Dies gilt auch für die in der Erstauflage leider unvermeidlichen Druckfehler.

Zur Erzielung eines möglichst niedrigen Buchpreises wurde dieser Band auf Wunsch des Verlags in Schreibsatz hergestellt, bei dem auf eine Unterscheidung von kursiv gesetzten Formelzeichen und steil geschriebenen Einheitskurzzeichen verzichtet werden muß. Die Kennzeichnung von Vektoren erfolgt durch Pfeile über den Formelzeichen. Gleichungen und Bilder sind in jedem Abschnitt fortlaufend numeriert, wobei die erste Zahl den Abschnitt angibt. Grundsätzlich werden nur Größengleichungen und das Internationale Einheitensystem (SI) verwendet. Bei Formelzeichen und Indizes wurde nach Möglichkeit DIN 1304 beachtet.

Herrn Prof. Dr.-Ing. P. Vaske danke ich für die kritische Durchsicht des Manuskripts, die Koordination mit den anderen Bänden der Buchreihe und für die vielen wertvollen Anregungen. Mein besonderer Dank gilt meiner Frau, die gewissenhaft alle Texte redaktionell überprüft und verständnisvoll auf viele Stunden der Gemeinsamkeit verzichtet hat. Dem Verlag sei für die gute Zusammenarbeit und die sorgfältige Herstellung des Buches gedankt.

Wolfenbüttel, im Frühjahr 1981 Günter Hilgarth

Inhalt

1 Elektrisches Feld

7 Hochspannungsprüfung

8 Überspannungen

Anhang

1 Elektrisches Feld

Ursache aller elektrischen Erscheinungen sind *positive* und *negative elektrische Ladungen*, wobei sich ungleichartige Ladungen gegenseitig anziehen und auszugleichen suchen bzw. gleichartige Ladungen sich gegenseitig abstoßen. Die Ladungsvorzeichen sind dabei willkürlich festgelegt, um auf diese Weise zu einer einheitlichen rechnerischen Behandlung zu gelangen.

Die Ladung selbst ist nicht an den Begriff Masse gebunden, sie ist aber nicht ohne Ladungsträger denkbar. Solche elektrisch geladenen Teilchen nennt man *Ionen*. Unter den Ladungsträgern nehmen das elektrisch positiv geladene Proton mit der kleinstmöglichen Ladung, der *Elementarladung* $e = 0{,}16$ aAs und das negativ geladene *Elektron* mit der Ladung $Q_e = -e$ Sonderstellungen ein. Alle anderen möglichen Ladungswerte betragen ein ganzes Vielfaches dieser Elementarladung. Für die Betrachtungen in diesem Buch genügt es, mit dem Ladungsbetrag zu rechnen.

Werden nun Ladungen unterschiedlichen Vorzeichens voneinander räumlich getrennt, so werden auch auf in diesen Raum eingebrachte Ladungen Kräfte ausgeübt. Der Raum, in dem dieser Zwangszustand herrscht, wird *elektrisches* Feld genannt.

Ein wertvolles Hilfsmittel zur Veranschaulichung des Feldes ist das *Feldbild*. Es ist die Darstellung einiger Kraftwirkungslinien, auf denen beispielsweise sehr langsam wandernde Ladungsträger von einer Elektrode zur anderen bewegt würden. Solche Linien bezeichnet man als *Feld- oder Verschiebungslinien*. Je nachdem, ob eine Ladungsträgerströmung zwischen den Elektroden möglich (elektrischer Leiter) oder praktisch ausgeschlossen ist (Nichtleiter, Dielektrikum), unterscheidet man *elektrische Strömungsfelder* und *elektrostatische Felder*.

Die elektrische Festigkeitslehre befaßt sich vornehmlich mit den Eigenschaften und dem Verhalten von Isoliermitteln unter der Einwirkung von elektrischen Feldern. Sie dienst somit der Aufgabe, Isolieranordnungen optimal zu gestalten und elektrische Entladungen nach Möglichkeit zu verhindern. Grundlage für die Bearbeitung elektrischer Festigkeitsprobleme ist also das elektrostatische Feld, das im Folgenden nochmals in knapper Form behandelt wird. Wer sich ausführlicher mit dem elektrischen Feld beschäftigen möchte, sei auf Band I, Teil 2 verwiesen[1]).

---

[1]) Zusammenstellung der Leitfadenbände auf den Innenseiten des Einbands.

1.1 Elektrische Feldstärke

Das elektrische Feld ist gekennzeichnet durch seine Kraftwirkung auf elektrische Ladungen. Die *elektrische Feldstärke*

$$\vec{E} = \vec{F}/Q_p^+ \tag{1.1}$$

wird deshalb definiert als die Kraft $\vec{F}$, die auf eine *positive* Probeladung Q_p^+ wirkt (Bild 1.1).

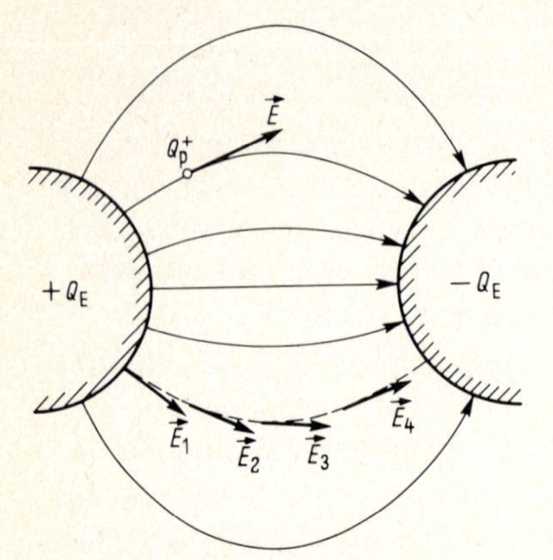

1.1
Feldbild zur Definition der elektrischen Feldstärke $\vec{E}$

Setzt man die Kraft in N (Newton) und die Ladung in As ein, so ergibt sich die Einheit der Feldstärke in N/(As) = V/m. Die Größe der Ladung Q_p^+ ist beliebig; es wird aber vorausgesetzt, daß die Probeladung Q_p^+ sehr klein gegenüber der Erzeugerladung Q_E ist und so das auszumessende elektrische Feld selbst nicht beeinflußt.

Da die Kraft ein Vektor, die Ladung dagegen ein Skalar ist, muß auch die elektrische Feldstärke ein *Vektor*[1]) sein, wenn die Definitionsgleichung (1.1) erfüllt sein soll. Durch die Vereinbarung einer positiven Probeladung ist ferner die Richtung für alle Feldstärkevektoren eindeutig festgelegt. Sie sind jeweils einem Raumpunkt zugeordnet. Je mehr von ihnen bekannt sind, umso genauer kann das elektrische Feld beschrieben werden. Die Feldlinien ergeben sich dabei als Raumkurven, deren Tangenten mit den Richtungen der Feldstärkevektoren übereinstimmen. Haben alle Feldstärkevektoren im betrachteten Feldbereich gleichen Betrag und gleiche Richtung, so spricht man von einem *homogenen Feld.*

1.2 Elektrisches Potential und Spannung

In Bild 1.2 ist ein kleiner Ladungsträger mit der positiven Ladung Q_p^+ angedeutet, der – bedingt durch die Feldkräfte – auf der Oberfläche der negativ geladenen Elektrode liegt. Das Schwerefeld bleibt bei dieser Betrachtung ausgeschlossen.

---

[1]) Vektoren werden in diesem Buch durch Pfeile über den Formelzeichen gekennzeichnet.

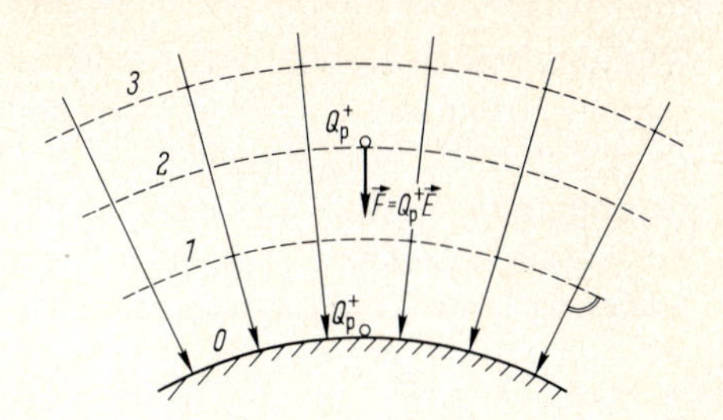

1.2
Feldbild zur Erläuterung des elektrischen Potentials
Q_p^+ positive Probeladung
0, 1, 2, 3 Äquipotentialflächen

Verschiebt man die Ladung gegen die Feldkräfte beispielsweise auf die Entfernung der Linie 2, wird eine bestimmte potentielle Energie W_{p2} gegenüber der Bezugsfläche 0 gespeichert, die der Ladung Q_p^+ direkt proportional ist. Die auf die Ladung bezogene potentielle Energie wird als das e l e k t r i s c h e P o t e n t i a l

$$\varphi = W_p / Q_p^+ \tag{1.2}$$

bezeichnet. Setzt man die Energie in Ws und die Ladung in As ein, so erhält man das Potential in Ws/(As) = V.

Alle Punkte, für die sich derselbe Betrag für den Quotienten W_p/Q_p^+ ergibt, bilden eine Ä q u i p o t e n t i a l f l ä c h e. Im Beispiel wird die Elektrodenoberfläche als Bezugspotential $\varphi = 0$ angenommen. Ihr lassen sich unendlich viele Äquipotentialflächen zuordnen, von denen in Bild 1.2 drei angedeutet sind. Da es aber kein absolutes Bezugspotential gibt, kann auch jeder anderen Äquipotentialfläche das Bezugspotential $\varphi = 0$ zugeordnet werden, wobei die Potentiale aller übrigen Flächen auf dieses Nullniveau bezogen werden.

Gibt man den auf der Äquipotentialfläche 2 gehaltenen Ladungsträger frei und läßt ihn durch die Kraft des Feldes auf einem beliebigen Weg s bis zur Äquipotentialfläche 1 befördern, so wird die potentielle Energie von W_{p2} auf W_{p1} abgebaut, wobei die Energiedifferenz

$$W_{p2} - W_{p1} = Q_p^+ (\varphi_2 - \varphi_1) = \int_2^1 \vec{F}\, d\vec{s} = Q_p^+ \int_2^1 \vec{E}\, d\vec{s}$$

gleich der vom Feld verrichteten Arbeit ist. Hierbei ist $d\vec{s}$ der Vektor des Wegelements. Durch Vertauschen der Integrationsgrenzen folgt als S p a n n u n g

$$U_{12} = \varphi_1 - \varphi_2 = \int_1^2 \vec{E}\, d\vec{s} \tag{1.3}$$

die Potentialdifferenz zwischen den Äquipotentialflächen 1 und 2.

Zwischen zwei Punkten ein und derselben Äquipotentialfläche besteht folglich die Potentialdifferenz Null. Nach Gl. (1.3) muß dann das Vektorprodukt $\vec{E}\, d\vec{s} = 0$ sein. Das ist der Fall, wenn die beiden Vektoren $\vec{E}$ und $d\vec{s}$ senkrecht zueinander stehen. F o l g l i c h m ü s s e n a l l e V e r s c h i e b u n g s l i n i e n a l l e Ä q u i p o t e n t i a l l i n i e n s e n k r e c h t d u r c h d r i n g e n.

Wird das Feld in kartesischen Koordinaten betrachtet, so läßt sich der Feldstärkevektor $\vec{E}$ nach Bild 1.3 in seine drei Komponenten zerlegen, deren Beträge $E_x = \partial\varphi/\partial x$, $E_y = \partial\varphi/\partial y$ und $E_z = \partial\varphi/\partial z$ sich als die Differentialquotienten des Potentials nach dem Weg ergeben. Die partielle Schreibweise soll darauf hinweisen, daß jeweils ausschließlich in einer Koordinatenrichtung bei Konstanthaltung der beiden anderen Koordinatenwerte differenziert wird.

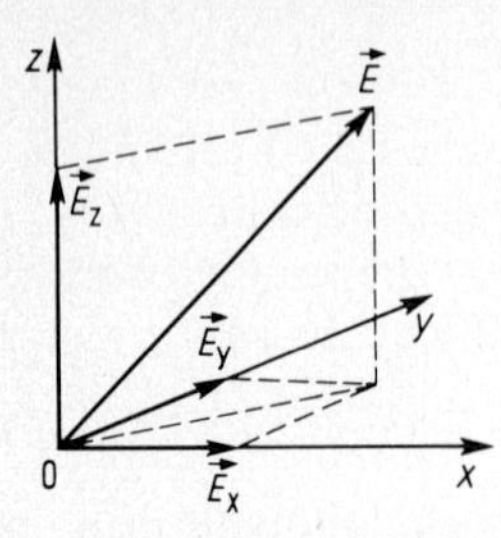

1.3
Räumliche Darstellung des Feldstärkevektors $\vec{E}$

Da ein Feldstärkevektor immer in Richtung des Potentialgefälles, also des negativen Differentialquotienten, weist, gilt mit den in die positiven Richtungen der drei Koordinatenachsen zeigenden Einheitsvektoren $\vec{i}$, $\vec{j}$ und $\vec{k}$ für den Feldstärkevektor im Raum

$$\vec{E} = -\left(\vec{i}\,\frac{\partial\varphi}{\partial x} + \vec{j}\,\frac{\partial\varphi}{\partial y} + \vec{k}\,\frac{\partial\varphi}{\partial z}\right) = -\operatorname{grad}\varphi \tag{1.4}$$

Hierbei wird der Klammerausdruck als Gradient des Potentials bezeichnet und durch das Kurzzeichen grad ersetzt.

Jedes elektrische Feld hat eine räumliche Ausdehnung und kann entweder durch die Feldstärkevektoren $\vec{E}$ (Vektorfeld) oder durch das Potential φ (Potentialfeld) rechnerisch erfaßt werden. Läßt es sich jedoch allein durch zwei Koordinaten eindeutig beschreiben, ist also z. B. $\partial\varphi/\partial z = 0$, so spricht man von einem zweidimensionalen Feld.

Beispiel 1.1. Ein zweidimensionales elektrisches Feld sei durch die Potentialgleichung

$$\varphi = m \ln [a (x^2 + y^2)] = f(x, y)$$

mit den Konstanten m und a beschrieben. Der Punkt P_0 mit $x_0 = 0{,}5$ cm und $y_0 = 0$ liegt auf der Oberfläche einer Elektrode und hat das Bezugspotential $\varphi_0 = 0$. Im Feldpunkt P_1 mit $x_1 = 6{,}0$ cm und $y_1 = 4{,}0$ cm beträgt das Potential $\varphi_1 = +8{,}0$ kV. Es sind die Konstanten m und a zu bestimmen; das Feldbild ist darzustellen und die Gleichung für die Feldstärke anzugeben.

Im Punkt P_0 ist das Bezugspotential

$$\varphi_0 = 0 = m \ln [a (x_0^2 + y_0^2)] = m \ln (a \cdot 0{,}25\ \text{cm}^2)$$

Folglich muß $a \cdot 0{,}25\ \text{cm}^2 = 1$ und $a = 1/(0{,}25\ \text{cm}^2) = 4{,}0\ \text{cm}^{-2}$ sein. Im Punkt P_1 ist das

Potential

$$\varphi_1 = 8{,}0\,\text{kV} = m \ln [a\,(x_1^2 + y_1^2)] = m \ln [4{,}0\,\text{cm}^{-2}\,(6{,}0^2 + 4{,}0^2)\,\text{cm}^2] = 5{,}338\,m$$

und somit

$$m = 8{,}0\,\text{kV}/5{,}338 = 1{,}499\,\text{kV}$$

Um das Feldbild zeichnen zu können, muß die Funktion aller Äquipotentiallinien bekannt sein. Aus der Potentialgleichung erhält man für jedes beliebige, aber konstante Potential die Kreisgleichung

$$x^2 + y^2 = (e^{\varphi/m})/a = r^2$$

Alle Äquipotentiallinien sind also konzentrische Kreise um den Koordinatenursprung mit dem Radius

$$r = (e^{\varphi/(2\,m)})/\sqrt{a} = (e^{\varphi/(2{,}998\,\text{kV})})/(2{,}0\,\text{cm}^{-1}) = 0{,}5\,(e^{\varphi/(2{,}998\,\text{kV})})$$

Die Potentialgleichung beschreibt somit das in Bild 1.4 dargestellte rotationssymmetrische Feld um einen zylindrischen Leiter mit dem Radius $r_z = 0{,}5$ cm. Die Äquipotentialflächen sind koaxiale Zylinderschalen, so daß sich in Richtung der z-Achse keine Potentialänderung ergibt. Mit $\partial\varphi/\partial x = 2\,mx/(x^2 + y^2)$ und $\partial\varphi/\partial y = 2\,my/(x^2 + y^2)$ gilt für die elektrische Feldstärke

$$\vec{E} = -(\vec{i}\,\frac{\partial\varphi}{\partial x} + \vec{j}\,\frac{\partial\varphi}{\partial y}) = -\frac{2\,m}{x^2 + y^2}\,(\vec{i}x + \vec{j}y)$$

Für den Punkt P_1 ist dann der Feldstärkevektor

$$\vec{E} = -\frac{2 \cdot 1{,}499\,\text{kV}}{(6{,}0\,\text{cm})^2 + (4{,}0\,\text{cm})^2}\,(\vec{i} \cdot 6{,}0\,\text{cm} + \vec{j} \cdot 4{,}0\,\text{cm}) = -\vec{i} \cdot 0{,}3459\,(\text{kV/cm}) - \vec{j} \cdot 0{,}2306\,(\text{kV/cm})$$

der in Bild 1.4 mit eingetragen ist.

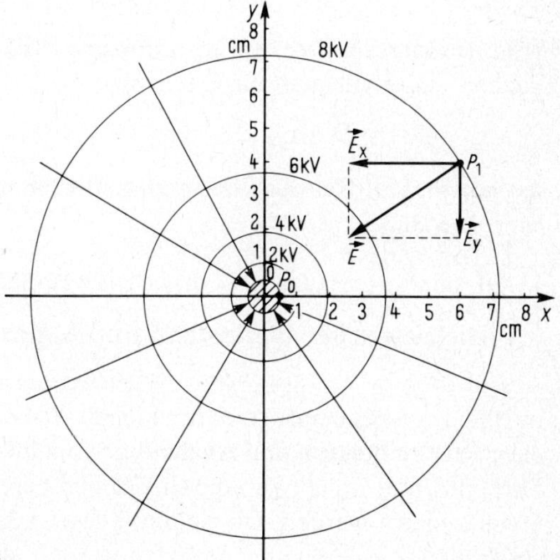

1.4
Radialsymmetrisches Feld der Zylinderelektrode

1.3 Verschiebungsfluß und Verschiebungsdichte

Das elektrostatische Feld ist ein Quellenfeld, da die Verschiebungslinien bei den Ladungen beginnen und enden. Die Gesamtheit aller Verschiebungslinien bildet den Verschiebungsfluß $\Psi_0 = Q$, der gleich der auf den Elektroden befindlichen Ladung Q ist. Unter der Verschiebungsdichte D versteht man den Quotienten aus Verschiebungsfluß und einer von diesem senkrecht durchsetzten Fläche. Für eine beliebig im Raum liegende, differential kleine Fläche dA (Bild 1.5) ist also die Projektion in eine Äquipotentialfläche dA cos α anzusetzen, wenn α der Winkel ist, den der Flächenvektor $d\vec{A}$ gegenüber dem Verschiebungsdichtevektor $\vec{D}$ einnimmt. Dann ist

$$D = d\Psi/(dA \cos\alpha)$$

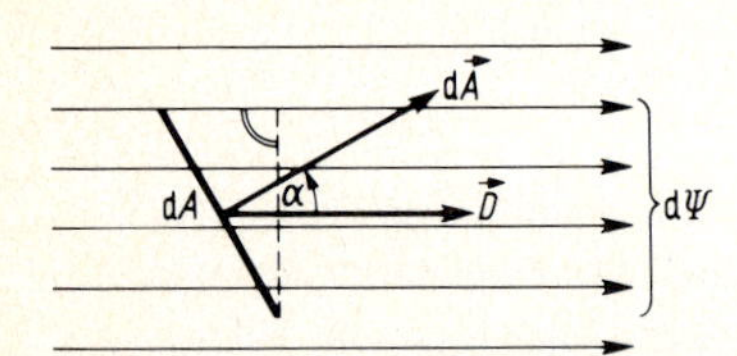

1.5
Flächenelement dA im elektrischen Feld

Umgeformt ergibt sich der differentielle Verschiebungsfluß

$$d\Psi = D\, dA \cos\alpha = \vec{D}\, d\vec{A}$$

als inneres Vektorprodukt aus der Verschiebungsdichte $\vec{D}$ und dem Flächenvektor $d\vec{A}$. Werden die differential kleinen Flußanteile über eine beliebige Fläche integriert, erhält man den Verschiebungsfluß

$$\Psi = \int \vec{D}\, d\vec{A} \qquad (1.5)$$

Wird das Integral über eine geschlossene Fläche A gebildet – z. B. über eine Kugelfläche – so erhält man die Quellenladung

$$Q = \oint_A \vec{D}\, d\vec{A} \qquad (1.6)$$

die sich in dem von der Fläche umschlossenen Raum befindet, durch Integration über eine Hülle.

1.4 Dielektrischer Widerstand und Kapazität

In Bild 1.6 wird ein differential kleines Volumen betrachtet, das von zwei Seiten durch die beiden um den Abstand ds voneinander entfernten Teiläquipotentialflächen A und im übrigen durch Flächen begrenzt wird, die von den Verschiebungslinien tangiert werden. Die Seitenflächen A können zwar beliebig groß sein, jedoch sollen sie als so klein angenommen werden, daß das im Volumen A ds herrschende elektrische Feld als homogen angesehen werden kann. Diesem Feldstück kann ein dielektrischer Widerstand

$$d\,R_{di} = \frac{ds}{\epsilon\,A} = \frac{ds}{\epsilon_0\,\epsilon_r\,A} \tag{1.7}$$

zugeordnet werden. Hierin ist $\epsilon = \epsilon_r\,\epsilon_0$ die dielektrische Leitfähigkeit, auch Dielektrizitätskonstante genannt. Da sie aber nicht immer konstant ist, wird in solchen Fällen die Bezeichnung Permittivität bevorzugt. Sie ist das Produkt aus der Dielektrizitätszahl ϵ_r und der elektrischen Feldkonstanten (absoluten Dielektrizitätskonstanten) $\epsilon_0 = 8{,}854$ pF/m = 88,54 fAs/(Vcm), die für Vakuum gilt.

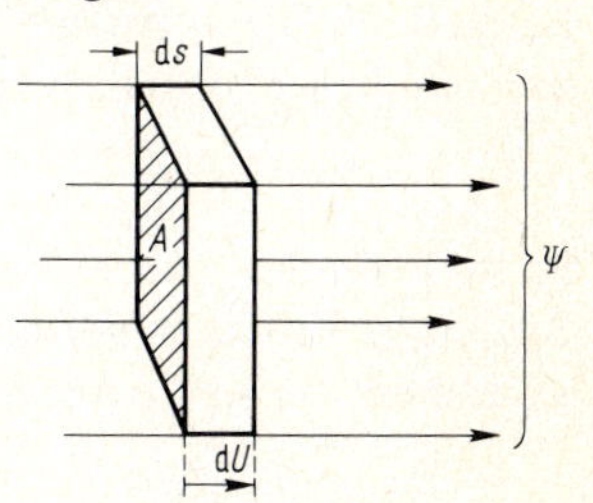

1.6
Raumelement im elektrischen Feld

Überträgt man das vom elektrischen Strömungsfeld bekannte Ohmsche Gesetz auf das elektrostatische Feld, indem man den elektrischen Strom durch den Verschiebungsfluß Ψ ersetzt, so gilt nach Bild 1.6 für die Spannung

$$d\,U = \Psi\,d\,R_{di} \tag{1.8}$$

Nach Einsetzen von Gl. (1.3), (1.5) und (1.7) kann man auch schreiben

$$E\,ds = D\,dA\,\frac{ds}{\epsilon_0\,\epsilon_r\,dA}$$

Hieraus folgt unter Berücksichtigung der Vektorschreibweise für die Verschiebungsdichte

$$\vec{D} = \epsilon_0\,\epsilon_r\,\vec{E} \tag{1.9}$$

Schreibt man die für ein differential kleines Feldstück gültige Gl. (1.8) für das gesamte elektrostatische Feld, so gilt für die an den Elektroden anliegende Spannung

$$U = \Psi_0\,R_{di} = Q\,R_{di}$$

wobei R_{di} den dielektrischen Widerstand des gesamten Feldes darstellt. Umgeformt ergibt sich die Ladung

$$Q = \Psi_0 = U/R_{di} = C\,U \tag{1.10}$$

Die Kapazität $C = 1/R_{di}$ darf auch als dielektrischer Leitwert verstanden werden; eine Betrachtungsweise, die in vielen Fällen hilfreich sein kann.

1.5 Beispiele elektrischer Felder

1.5.1 Planparallele Platten

Ein in seiner Gesamtheit homogenes elektrisches Feld ist praktisch nicht zu verwirklichen. Es gibt aber homogene Feldteile, z. B. zwischen zwei planparallelen Platten (Bild 1.7). Jedoch bildet die gesamte Oberfläche jeweils einer Elektrode eine Äquipotentialfläche, so daß auch Verschiebungslinien an den Stirn- und Rückseiten beginnen oder enden und zum Gesamtfluß beitragen (Streufluß). Ist der Plattendurchmesser groß gegenüber dem Plattenabstand s oder ist im homogenen Feldteil die Dielektrizitätszahl ϵ_r groß gegenüber jener im Bereich des Streuflusses, so kann dieser oftmals vernachlässigt werden. Die Feldstärke

$$E = U/s \tag{1.11}$$

ist im Bereich zwischen den Platten überall gleich und proportional der angelegten Spannung U. Unter Vernachlässigung des Streuflusses ergibt sich für die Kapazität des Plattenkondensators

$$C_0 = \epsilon_0 \, \epsilon_r \, A/s \tag{1.12}$$

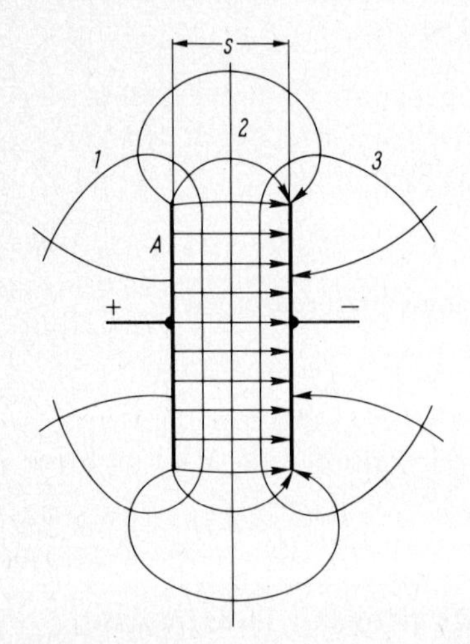

1.7
Feldbild eines Plattenkondensators

An den Plattenkanten (Bild 1.7) ist die Verschiebungsdichte und somit die elektrische Feldstärke besonders groß. An diesen Stellen würden im praktischen Betrieb die elektrischen Entladungen zuerst einsetzen. Würde man dagegen den beiden Elektroden eine Form geben, die den Äquipotentialflächen 1 und 3 entspricht, so ist mit Sicherheit gewährleistet, daß die größte Feldstärke ausschließlich im homogenen Feldbereich auftritt. Diese von Rogowski vorgeschlagene Elektrodenform folgt der Funktion

$$y = \frac{s}{\pi} \left(\frac{\pi}{2} + e^{x\pi/s}\right) = f(x) \tag{1.13}$$

In Bild 1.8 ist sie dargestellt, und eine mögliche Elektrodenform ist gestrichelt angedeutet.

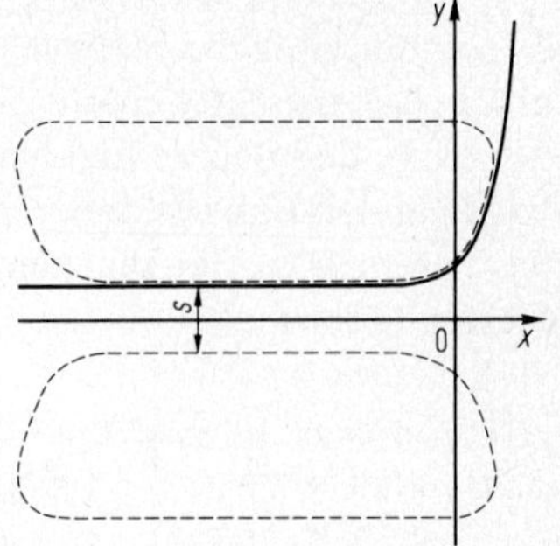

1.8
Rogowski-Profil

Wie aus Gl. (1.13) abzulesen ist, gehört zu jedem Plattenabstand s ein anderes *Rogowski-Profil*. Daher haben solche Elektroden nur eine sehr begrenzte praktische Bedeutung. Für viele Fälle reicht eine zylindrische Abrundung mit einem Radius $r > s$ aus.

Gelegentlich ist die Streufeld-Kapazität gegenüber jener nach Gl. (1.12) nicht mehr zu vernachlässigen. Wird mit C_m die Kapazität bezeichnet, die sich einschließlich des Streufeldes ergibt, so gilt nach [23] für *kreisrunde Platten* mit dem Radius r, der Dicke a und dem Abstand s für den *relativen Fehler* näherungsweise

$$F = \frac{C_m - C_0}{C_0} = \frac{s}{\pi r} \left[\ln \left(\frac{16 \pi r (s + a)}{s^2} \right) + \frac{a}{s} \ln \left(\frac{s + a}{a} \right) + 1 \right] \quad (1.14)$$

und wenn $s \gg a$

$$F \approx \frac{s}{\pi r} \left[\ln \left(\frac{16 \pi r}{s} \right) + 1 \right] \quad (1.15)$$

Für *parallele Schienen* mit der Dicke a = 10 mm, der Schienenhöhe h und dem Abstand s kann überschlägig der Fehler

$$F \approx (s/h)^{0,667} \quad (1.16)$$

angenommen werden.

Beispiel 1.2. Für zwei parallele Schienen in Luft mit der Dicke a = 10 mm, der Höhe h = 20 cm und dem Abstand s = 10 cm ist die auf die Länge ℓ *bezogene Kapazität* $C'_m = C_m/\ell$ zu ermitteln.

Ohne Berücksichtigung des Streufelds nach Gl. (1.12) ist die bezogene Kapazität

$$C'_0 = C_0/\ell = \epsilon_0 \, \epsilon_r \, h/s = 8{,}85 \text{ (pF/m)} \cdot 1 \cdot 20 \text{ cm/(10 cm)} = 17{,}70 \text{ pF/m}$$

Nach Gl. (1.16) beträgt der Fehler $F = (s/h)^{0,667} = (10 \text{ cm}/20 \text{ cm})^{0,667} = 0{,}63 = 63\%$. Die bezogene Gesamtkapazität unter Einbeziehung des Streufeldes

$$C'_m = (1 + F)\, C'_0 = (1 + 0{,}63)\, 17{,}70 \text{ pF/m} = 28{,}85 \text{ pF/m} \approx 29 \text{ pF/m}$$

ist also rund 63% größer als die nach Gl. (1.12) berechnete.

1.5.2 Koaxiale Zylinder

Es soll der einfache Fall zweier koaxialer Zylinderelektroden mit den Radien r_1 und r_2 untersucht werden (Bild 1.9). Die Elektrodenanordnung habe die Länge ℓ. Zwischen den beiden Elektroden besteht ein radialsymmetrisches Feld, das im vorliegenden Fall von innen nach außen gerichtet ist. Dadurch ist festgelegt, daß das Potential φ_1 der Innenelektrode positiv gegenüber dem Potential φ_2 der Außenelektrode sein soll.

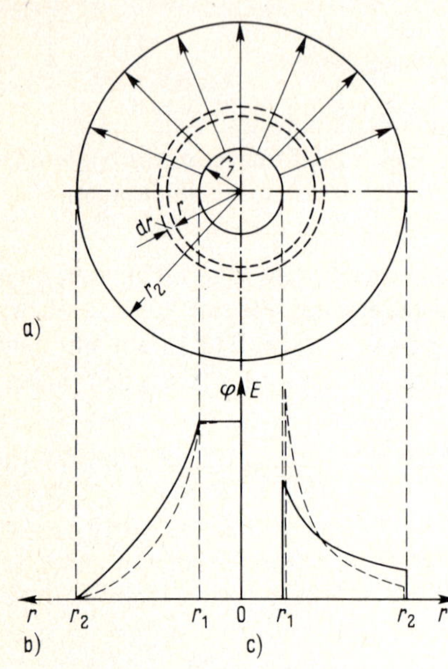

1.9 Koaxiale Zylinder mit Schnittbild (a), Potentialverteilung (b) und Feldstärkeverteilung (c). (Für konzentrische Kugeln b und c gestrichelt)

Für eine koaxiale Zylinderschale mit dem beliebigen Radius r, die auch eine Äquipotentialfläche ist, ergibt sich die Verschiebungsdichte

$$D = \frac{\Psi_0}{2\,\pi\, r\, \ell} = \frac{Q}{2\,\pi\, r\, \ell} = \epsilon_0\, \epsilon_r\, E \quad (1.17)$$

Hieraus folgt für die elektrische Feldstärke

$$E = \frac{Q}{2\,\pi\, r\, \ell\, \epsilon_0\, \epsilon_r} \quad (1.18)$$

Die größte Feldstärke

$$E_1 = \frac{Q}{2\,\pi\, r_1\, \ell\, \epsilon_0\, \epsilon_r} \quad (1.19)$$

tritt an der Oberfläche des Innenleiters ($r = r_1$) auf.

Aus Gl. (1.18) und (1.19) folgt das Feldstärkenverhältnis

$$E/E_1 = r_1/r \quad (1.20)$$

Für die Ermittlung der räumlichen Potentialverteilung wird zunächst das Bezugspotential $\varphi_2 = 0$ vereinbart. Dann ist nach Gl. (1.3) mit $\varphi_1 = \varphi$ das Potential

$$\varphi = \int_r^{r_2} \vec{E}\, d\vec{s} = \int_r^{r_2} E\, dr \cos 0^\circ = \int_r^{r_2} E\, dr = \frac{Q}{2\,\pi\, \ell\, \epsilon_0\, \epsilon_r} \int_r^{r_2} \frac{dr}{r} = \frac{Q}{2\,\pi\, \ell\, \epsilon_0\, \epsilon_r} \ln \frac{r_2}{r} \quad (1.21)$$

Für $r = r_1$ ist das Potential

$$\varphi_1 = U_{12} = \frac{Q}{2\,\pi\, \ell\, \epsilon_0\, \epsilon_r} \ln \frac{r_2}{r_1} \quad (1.22)$$

Setzt man Gl. (1.21) und (1.22) ins Verhältnis, so findet man die Potentialverteilung

$$\varphi = U_{12} \frac{\ln (r_2/r)}{\ln (r_2/r_1)} \tag{1.23}$$

die in Bild 1.9b dargestellt ist.

Bildet man weiter das Verhältnis von Gl. (1.18) und (1.22), so erhält man die Feldstärkeverteilung in Bild 1.9c über

$$E = \frac{U_{12}}{r \ln (r_2/r_1)} \tag{1.24}$$

Kapazität des Zylinderkondensators. Eine Zylinderschale mit der Dicke dr (Bild 1.9a) hat den dielektrischen Widerstand

$$dR_{di} = \frac{dr}{2 \pi r \ell \epsilon_0 \epsilon_r}$$

Summiert man alle in Reihe liegenden Widerstandsdifferentiale, so ist

$$R_{di} = \frac{1}{C} = \frac{1}{2 \pi \ell \epsilon_0 \epsilon_r} \int_{r_1}^{r_2} \frac{dr}{r} = \frac{\ln (r_2/r_1)}{2 \pi \ell \epsilon_0 \epsilon_r}$$

und schließlich die Kapazität des Zylinderkondensators

$$C = \frac{2 \pi \ell \epsilon_0 \epsilon_r}{\ln (r_2/r_1)} \tag{1.25}$$

Unter Berücksichtigung von Gl. (1.10) hätte man dieses Ergebnis auch unmittelbar aus Gl. (1.22) entnehmen können. Eventuelle Streufelder an den Stirnseiten der Zylinderanordnung sind bei der Ableitung vernachlässigt worden, was bei genügender Länge der Zylinderanordnung (z. B. Kabel) ohne Bedeutung ist.

Beispiel 1.3. Bei einer Kondensatordurchführung wird die ursprünglich sehr nichtlineare Potentialverteilung (vgl. Bild 1.9 b) zwischen Innenleiter und Flansch durch in ihrer Länge abgestufte Metallfolien linearisiert, die als koaxiale Zylinderschalen in der Isolation eingebettet sind. Nach Bild 1.10 sind lediglich zwei Folien 1 und 2 vorgesehen; in der Praxis ist ihre

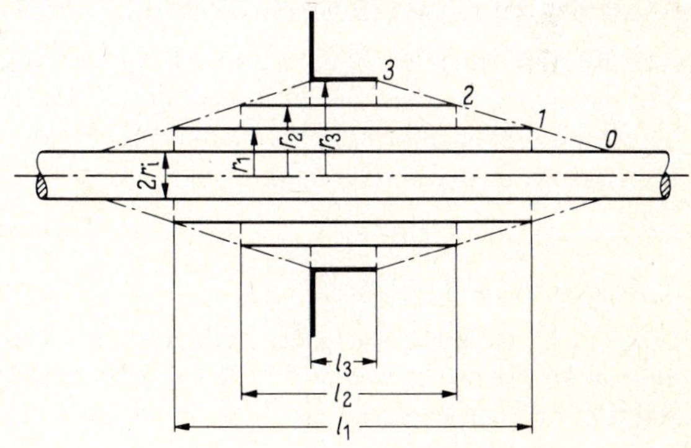

1.10
Kondensatordurchführung

Anzahl wesentlich größer. Der Innenleiter-Radius r_i, die Radien r_1, r_2 und r_3 sowie die Flanschbreite ℓ_3 sind bekannt. Die Foliendicke wird vernachlässigt. Durch geeignete Abstufung der Längen ℓ_1 und ℓ_2 soll die Potentialverteilung zwischen Innenleiter und Flansch linearisiert werden.

Um die gewünschte Linearisierung der Potentialverteilung zu erreichen, müssen die Spannungen und somit die Kapazitäten zwischen jeweils zwei Zylindern gleich sein. Nach Gl. (1.25) ist also

$$\frac{2\,\pi\,\ell_1\,\epsilon_0\,\epsilon_r}{\ln(r_1/r_i)} = \frac{2\,\pi\,\ell_2\,\epsilon_0\,\epsilon_r}{\ln(r_2/r_1)} = \frac{2\,\pi\,\ell_3\,\epsilon_0\,\epsilon_r}{\ln(r_3/r_2)}$$

Hieraus ergeben sich die gesuchten Längen

$$\ell_1 = \ell_3\,\frac{\ln(r_1/r_i)}{\ln(r_3/r_2)} \quad \text{und} \quad \ell_2 = \ell_3\,\frac{\ln(r_2/r_1)}{\ln(r_3/r_2)}$$

1.5.3 Konzentrische Kugeln

Die rechnerische Behandlung ist die gleiche wie bei den koaxialen Zylindern und soll deshalb hier nicht wiederholt werden. Als einziger Unterschied ist nun statt der Zylinderfläche $2\,\pi\,r\,\ell$ in Gl. (1.17) die Kugelfläche $4\,\pi\,r^2$ einzuführen. Unter der Voraussetzung, daß wieder $\varphi_2 = 0$ und $\varphi_1 = U_{12}$ vereinbart wird, erhält man die P o t e n t i a l v e r t e i l u n g

$$\varphi = U_{12}\,\frac{(1/r)-(1/r_2)}{(1/r_1)-(1/r_2)} \tag{1.26}$$

und die F e l d s t ä r k e v e r t e i l u n g

$$E = \frac{U_{12}}{r^2\,[(1/r_1)-(1/r_2)]} \tag{1.27}$$

und das Feldstärkenverhältnis

$$E/E_1 = (r_1/r)^2 \tag{1.28}$$

wobei wieder E_1 die größte, an der Oberfläche des Innenleiters auftretende Feldstärke ist. Die Potential- und Feldstärkeverteilungen sind zum Vergleich in Bild 1.9 gestrichelt mit eingezeichnet.

Auf die Ableitung der K a p a z i t ä t d e s K u g e l k o n d e n s a t o r s kann hier verzichtet werden. Sie wird wie beim Zylinderkondensator (Abschn. 1.5.2) berechnet, wobei allerdings die Zylinderfläche durch die Kugelfläche $4\,\pi\,r^2$ zu ersetzen ist. Es ergibt sich dann

$$C = \frac{4\,\pi\,\epsilon_0\,\epsilon_r}{(1/r_1)-(1/r_2)} \tag{1.29}$$

Beispiel 1.4. Ein kugelig abgerundeter zylindrischer Stab ist in eine ebenfalls kugelig auslaufende Bohrung koaxial und konzentrisch isoliert eingebettet (Bild 1.11). Die Radien betragen $r_1 = 1$ cm und $r_2 = 2$ cm. An den Elektroden liegt die Spannung U_{12}. Es soll die Äquipotentiallinie ermittelt werden, für die $\varphi = U_{12}/2$ ist ($\varphi_2 = 0; \varphi_1 = U_{12}$). Ferner ist zu untersuchen, an welcher Stelle die größte Feldstärke auftritt.

Im zylindrischen Teil der Anordnung gilt nach Gl. (1.23)

$$1/2 = \ln(r_2/r)/\ln(r_2/r_1) \quad \text{oder} \quad r_2/r_1 = (r_2/r)^2$$

Hieraus folgt der Radius

$$r = \sqrt{r_1\, r_2} = \sqrt{1\ \text{cm} \cdot 2\ \text{cm}} = 1{,}41\ \text{cm}.$$

Für den Kugelteil gilt nach Gl. (1.26) $1/2 = [(1/r) - (1/r_2)] \,/\, [(1/r_1) - (1/r_2)]$, woraus sich der Radius

$$r = \frac{2}{(1/r_1) + (1/r_2)} = \frac{2}{(1/1\ \text{cm}) + (1/2\ \text{cm})} = 1{,}33\ \text{cm}$$

ergibt.

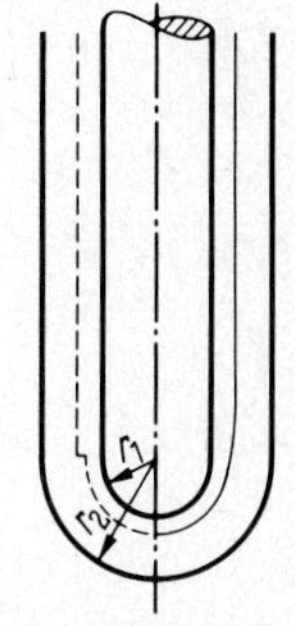

1.11
Elektrodenanordnung mit berechneter (— — — —) und wirklicher (———) Äquipotentiallinie

Demnach müßte also die Äquipotentiallinie dort, wo der Zylinder in die Kugel übergeht, von einem Radius r = 1,41 cm auf einen kleineren mit r = 1,33 cm springen. In der linken Bildhälfte ist eine solche Äquipotentiallinie gestrichelt angedeutet. Ein Sprung in der Äquipotentiallinie ist aber nicht möglich, weil dann ein Punkt mehrere Potentiale haben müßte. Die gesuchte Linie wird also abweichend hierzu den in der rechten Bildhälfte gezeichneten Verlauf aufweisen.

Die größte Feldstärke im Zylinderteil ist

$$E_{1Z} = \frac{U_{12}}{r_1 \ln(r_2/r_1)}$$

und im Kugelteil

$$E_{1K} = \frac{U_{12}}{r_1^2\, [(1/r_1) - (1/r_2)]}$$

Das Verhältnis beider Feldstärken ergibt

$$\frac{E_{1K}}{E_{1Z}} = \frac{\ln(r_2/r_1)}{1 - (r_1/r_2)} = \frac{\ln(2\ \text{cm}/1\ \text{cm})}{1 - (1\ \text{cm}/2\ \text{cm})} = 1{,}39 > 1$$

Die größte Feldstärke wird also an der Oberfläche des kugeligen Stabendes auftreten. Vgl. hierzu auch Bild 1.9 c.

1.5.4 Parallele Zylinder

Zunächst wird das Feld zweier Linienladungen Q_1 und Q_2 betrachtet, die nach Bild 1.12 a im Abstand d_0 parallel zueinander angeordnet sind. Mit den Radien ρ_1 und ρ_2, mit denen die Abstände des beliebigen Punktes P von den beiden Ladungen bezeichnet werden, gilt für das dort vorliegende P o t e n t i a l

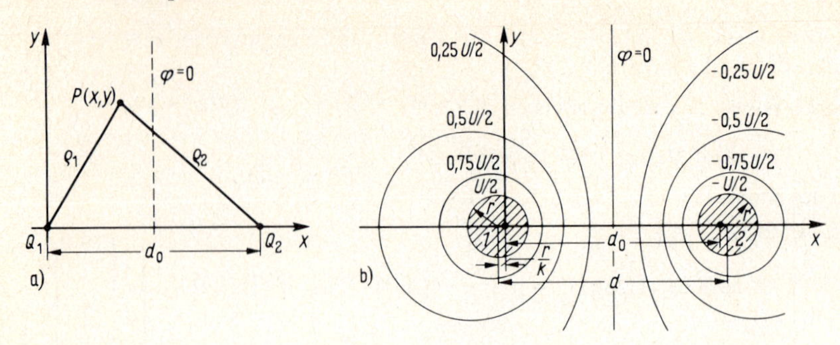

1.12 Feld zweier paralleler Linienladungen mit Koordinaten für die Potentialbestimmung (a) und Äquipotentiallinien paralleler Zylinderelektroden (b)

$$\varphi = \varphi_1 + \varphi_2 = \int E_1 \, d\rho_1 + \int E_2 \, d\rho_2$$

$$= \frac{Q_1}{\epsilon_0 \, \epsilon_r \, 2 \pi \ell} \int \frac{d\rho_1}{\rho_1} + \frac{Q_2}{\epsilon_0 \, \epsilon_r \, 2 \pi \ell} \int \frac{d\rho_2}{\rho_2}$$

$$= \frac{Q_1}{\epsilon_0 \, \epsilon_r \, 2 \pi \ell} \ln \rho_1 + k_1 + \frac{Q_2}{\epsilon_0 \, \epsilon_r \, 2 \pi \ell} \ln \rho_2 + k_2$$

$$= \frac{1}{\epsilon_0 \, \epsilon_r \, 2 \pi \ell} [Q_1 \ln \rho_1 + Q_2 \ln \rho_2] + k_{12} \tag{1.30}$$

wenn die beiden Integrationskonstanten zu $k_{12} = k_1 + k_2$ zusammengefaßt werden. Für den hier betrachteten Fall sollen die beiden Ladungen gleiche Beträge, aber entgegengesetzte Vorzeichen aufweisen, so daß $Q_1 = -Q_2 = -Q$ gesetzt werden kann. Gl. (1.30) nimmt dann die Form

$$\varphi = \frac{Q}{\epsilon_0 \, \epsilon_r \, 2 \pi \ell} \ln \frac{\rho_2}{\rho_1} + k_{12} \tag{1.31}$$

an. Es leuchtet ein, daß nun die im Abstand $x = d_0/2$ von der x-Achse rechtwinklig durchsetzte Fläche eine Äquipotentialfläche sein muß, der zweckmäßig das Bezugspotential $\varphi = 0$ zugeordnet wird. Für diese Fläche ist $\rho_1 = \rho_2$ und $\ln(\rho_2/\rho_1) = 0$, so daß auch $k_{12} = 0$ sein muß.

Mit $\rho_1 = \sqrt{x^2 + y^2}$ und $\rho_2 = \sqrt{(d_0 - x)^2 + y^2}$ wird aus Gl. (1.31) die Potentialgleichung

$$\varphi = \frac{Q}{\epsilon_0 \, \epsilon_r \, 2 \pi \ell} \ln \sqrt{\frac{(d_0 - x)^2 + y^2}{x^2 + y^2}} = f(x, y) \tag{1.32}$$

Für jedes beliebige, aber konstante Potential φ muß daher der Radikand $[(d_0 - x)^2 + y^2]/(x^2 + y^2) = K^2$ konstant sein, wobei die Konstante $K \geqslant 1$ sein muß, wenn die Potentiale für $x < d_0/2$ positive Vorzeichen aufweisen sollen. Durch Umstellen ergibt sich hieraus die Kreisgleichung

$$\left(x + \frac{d_0}{K^2 - 1}\right)^2 + y^2 = \left(\frac{K\,d_0}{K^2 - 1}\right) \tag{1.33}$$

Alle Äquipotentialflächen sind folglich Zylinderschalen mit den Radien $r = Kd_0/(K^2 - 1)$, deren Achsen auf der negativen x-Achse gegenüber dem Ursprung um $d_0/(K^2 - 1) = r/K$ verschoben sind (Bild 1.12b). Gl. (1.32) ist somit auch geeignet, das Feld zweier achsparalleler Zylinder mit den Radien r und dem Achsabstand d zu beschreiben.

Mit dem Radius $r = Kd_0/(K^2 - 1)$ und dem Abstand $d = d_0 + (2\,r/K)$ ergibt sich die quadratische Gleichung $K^2 - (d/r)\,K + 1 = 0$ mit der Lösung für die Konstante

$$K = \frac{d}{2\,r} + \sqrt{\left(\frac{d}{2\,r}\right)^2 - 1} \tag{1.34}$$

Das negative Vorzeichen der Wurzel entfällt, da nach obiger Vereinbarung $K \geqslant 1$ sein muß.

Besteht zwischen zwei achsparallelen Zylindern mit den Radien r und dem Achsabstand d die Spannung U, so ist für $x = r - (r/K)$ und $y = 0$ das Potential $\varphi = U/2$. Aus Gl. (1.32) folgt dann für die Spannung

$$U = \frac{Q}{\epsilon_0\,\epsilon_r\,\pi\,\ell}\,\ln K \tag{1.35}$$

Setzt man Gl. (1.35) zu Gl. (1.32) ins Verhältnis, findet man für das Potential

$$\varphi = \frac{Q}{2\ln K}\,\ln\sqrt{\frac{(d_0 - x)^2 + y^2}{x^2 + y^2}} \tag{1.36}$$

und aus Gl. (1.35) unter Berücksichtigung von Gl. (1.34) die Kapazität

$$C = \frac{Q}{U} = \frac{\epsilon_0\,\epsilon_r\,\pi\,\ell}{\ln\left[(d/2\,r) + \sqrt{(d/2\,r)^2 - 1}\right]} \tag{1.37}$$

Beispiel 1.5. Zwei parallele Zylinderelektroden mit den gleichen Radien $r = 2{,}0$ cm haben den Achsabstand $d = 10{,}0$ cm. Welche Spannung U darf angelegt werden, damit der Höchstwert der Feldstärke $E_{max} = 17{,}0$ kV/cm nicht überschritten wird?

Nach Bild 1.12 tritt die Höchstfeldstärke an der Oberfläche der Elektroden, und zwar beim Leiter 1 bei $y = 0$ und $x = r - (r/K)$ auf. Für $y = 0$ ist das Potential

$$\varphi = \frac{U}{2\ln K}\,\ln\frac{d_0 - x}{x}$$

Hieraus folgt mit Gl. (1.4) für die Feldstärke

$$E = E_x = \frac{U}{2\ln K}\cdot\frac{d_0}{x\,(d_0 - x)}$$

Für $x = r - (r/K)$ ist $E_x = E_{max}$ und mit $d_0 = r\,(K^2 - 1)/K$ folglich die Höchstfeldstärke

$$E_{max} = \frac{U}{2 \ln K} \cdot \frac{K+1}{r(K-1)}$$

Aus Gl. (1.34) ergibt sich die Konstante

$$K = (d/2\,r) + \sqrt{(d/2\,r)^2 - 1} = (10\text{ cm}/2 \cdot 2\text{ cm}) + \sqrt{(10\text{ cm}/2 \cdot 2\text{ cm})^2 - 1}$$
$$= 3{,}725$$

und somit die gesuchte Spannung

$$U = E_{max} \cdot 2 (\ln K)\, r\, (K-1)/(K+1)$$
$$= 17{,}0\,(\text{kV/cm}) \cdot 2\,(\ln 3{,}725) \cdot 2\text{ cm}\,(3{,}725 - 1)/(3{,}725 + 1) = 51{,}57\text{ kV}$$

Nach Gl. (1.37) ist die auf die Länge ℓ b e z o g e n e K a p a z i t ä t in Luft

$$C' = \frac{C}{\ell} = \frac{\epsilon_0\, \epsilon_r\, \pi}{\ln\left[(d/2\,r) + \sqrt{(d/2\,r)^2 - 1}\right]}$$
$$= \frac{8{,}854\,(\text{pF/m}) \cdot 1\,\pi}{\ln\left[(10\text{ cm}/2 \cdot 2\text{ cm}) + \sqrt{(10\text{ cm}/2 \cdot 2\text{ cm})^2 - 1}\right]} = 17{,}75\text{ pF/m}$$

1.5.5 Gespiegelte Ladung

Hat eine Elektrode, z. B. ein Zylinder oder eine Kugel, nach Bild 1.13 mit der Ladung Q_1 das Potential $\varphi_1 = U$ gegenüber einer ebenen Gegenelektrode mit dem Bezugspotential $\varphi_0 = 0$, so ändert sich das Feld nicht, wenn man sich die zur Bezugsebene gespiegelte Elektrode 2 mit der Ladung $Q_2 = -Q_1$ und dem Potential $\varphi_2 = -U$ hinzudenkt. Der Vorteil dieser „gespiegelten Ladung" liegt darin, daß auf Berechnungsergebnisse zurückgegriffen werden kann, wie sie z. B. für parallele Zylinder schon in Abschn. 1.5.4 behandelt sind. Dieses Verfahren wird beispielsweise bei der Berechnung der Kapazitäten von Mehrleitersystemen (s. Band IX) oder bei der numerischen Feldberechnung mit dem Ersatzladungsverfahren nach Abschn. 1.10.2 angewendet.

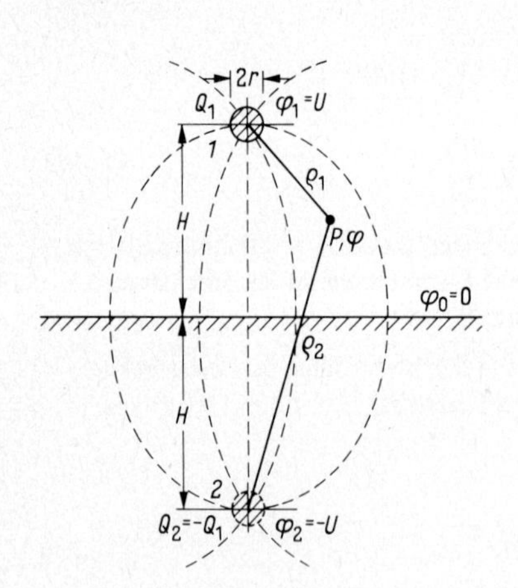

1.13
Gespiegelte Ladung

Beispiel 1.6. Für einen nach Bild 1.13 in der Höhe H parallel zu einer Ebene verlaufenden Zylinderleiter mit dem Radius r soll die Kapazität unter der Voraussetzung ermittelt werden, daß $H \gg r$ ist.

Nach Gl. (1.31) und Gl. (1.32) ist bei dem Feldpunkt P das Potential

$$\varphi = \frac{Q_1 \ln (\rho_2/\rho_1)}{\epsilon_0 \, \epsilon_r \cdot 2 \pi \ell}$$

An der Oberfläche des Zylinderleiters, also bei $\rho_1 = r$ und $\rho_2 \approx 2$ H muß das Potential φ_1 gleich der Spannung

$$U = \frac{Q_1 \ln (2 H/r)}{\epsilon_0 \, \epsilon_r \cdot 2 \pi \ell}$$

sein. Hieraus ergibt sich die Kapazität

$$C_1 = \frac{Q_1}{U_1} = \frac{\epsilon_0 \, \epsilon_r \cdot 2 \pi \ell}{\ln (2 H/r)}$$

Zu diesem Ergebnis kommt man auch, wenn man in Gl. (1.37) den Leiterabstand d = 2 H und $(d/2 r)^2 - 1 \approx (d/2 r)^2$ setzt und weiter berücksichtigt, daß $C_1 = 2$ C ist. Schon bei Verhältnissen $H/r \geqslant 4$ bleibt der Fehler gegenüber der genauen Berechnung nach Gl. (1.37) unter 1%!

1.5.6 Luft-Einheitskapazität

Aus Gl. (1.25) und Gl. (1.37) für Zylinderanordnungen ersieht man, daß alle Anordnungen mit konstanten Verhältnissen r_2/r_1 bzw. $d/(2 r)$ eine einzige längenbezogene Kapazität aufweisen, wenn die Dielektrizitätszahl einen bestimmten Wert, z. B. $\epsilon_r = 1$, hat. Dies trifft, wie aus Gl. (1.29) abzuleiten ist, auch für Kugelelektroden zu, wenn hier die Kapazität auf den Radius der kleineren Kugel bezogen wird. In beiden Fällen läßt sich deshalb eine Luft-Einheitskapazität C_{LE} definieren, die es erlaubt, Kapazitäten der verschiedenen Kugel- und Zylinderanordnungen mühelos zu ermitteln. Hiermit ist die Kapazität einer

Zylinderanordnung $\quad C = \epsilon_r \, \ell \, C_{LE} \quad$ (1.38)

und einer Kugelanordnung $\quad C = \epsilon_r \, r \, C_{LE} \quad$ (1.39)

wenn mit ℓ die Länge der Zylinderanordnung und mit r der Radius der kleineren Kugel bezeichnet werden. Die Luft-Einheitskapazität C_{LE} ist bei der Schlagweite s und dem Radius r der stärker gekrümmten Elektrode eine Funktion des Geometriekennwerts

$$p = (s + r)/r \tag{1.40}$$

In Bild 1.14 ist diese Abhängigkeit für 6 verschiedene Elektrodenanordnungen dargestellt.

Beispiel 1.7. Für die beiden parallelen Zylinderelektroden in Luft nach Beispiel 1.5 mit den gleichen Radien r = 2,0 cm und dem Achsabstand d = 10,0 cm ist die Kapazität für die Länge ℓ = 1,0 m zu ermitteln.

Mit der Schlagweite $s = d - 2 r = 10{,}0 \text{ cm} - 2 \cdot 2{,}0 \text{ cm} = 6{,}0$ cm ergibt sich der Geometriekennwert

$$p = (s + r)/r = (6{,}0\ \text{cm} - 2{,}0\ \text{cm})/(2{,}0\ \text{cm}) = 4{,}0$$

Aus Bild 1.14 findet man die zugehörige Luft-Einheitskapazität $C_{LE} = 0{,}177$ pF/cm. Dann ist mit Gl. (1.38) die gesuchte Kapazität

$$C = \epsilon_r\, \ell\, C_{LE} = 1 \cdot 100{,}0\ \text{cm} \cdot 0{,}177\ \text{pF/cm} = 17{,}7\ \text{pF}$$

Der gleiche Wert hat sich in Beispiel 1.5 bei exakter Berechnung ergeben.

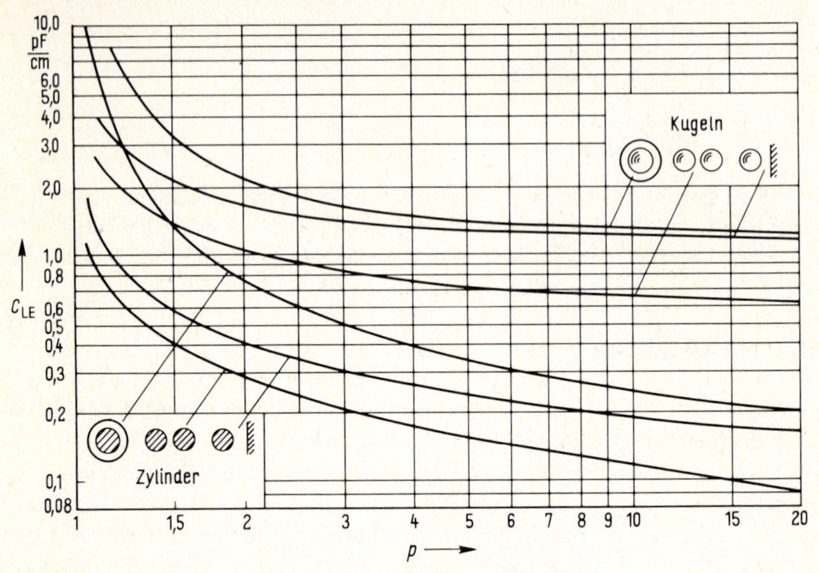

1.14 Luft-Einheitskapazität C_{LE} abhängig vom Geometriekennwert p

1.6 Coulombsches Gesetz

Nach Bild 1.15 befindet sich die punktförmige Ladung Q_2 im radialsymmetrischen Feld der ebenfalls punktförmigen Ladung Q_1, so daß mit Gl. (1.1) die auf beide Ladungen wirkende Kraft

$$F = E_1\, Q_2$$

berechnet werden kann, wenn mit E_1 die im Abstand r bestehende Feldstärke des durch die Ladung Q_1 bedingten Feldes bezeichnet wird. Die Kraftrichtung bedarf keiner besonderen Berücksichtigung, da es sich je nach den Vorzeichen der beiden Ladungen immer nur um

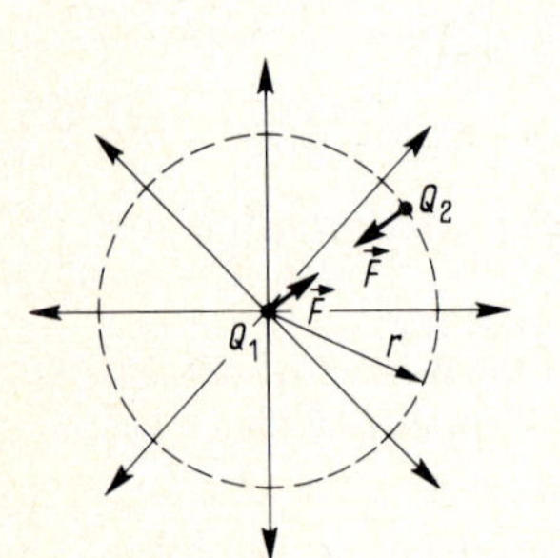

1.15
Punktladung Q_2 im Feld der Punktladung Q_1

auf der Verbindungslinie wirkenden Anziehungs- oder Abstoßungskräfte handeln kann. Wegen der Radialsymmetrie des Feldes ist mit der Flußdichte $D_1 = \epsilon_0 \epsilon_r E_1$ und unter Berücksichtigung von Gl. (1.6) die Feldstärke

$$E_1 = \frac{D_1}{\epsilon_0 \epsilon_r} = \frac{Q_1}{\epsilon_0 \epsilon_r \cdot 4 \pi r^2}$$

und somit das Coulombsche Gesetz für die gegenseitig wirkende Kraft zwischen zwei punktförmigen Ladungen

$$F = \frac{Q_1 Q_2}{\epsilon_0 \epsilon_r \cdot 4 \pi r^2} \tag{1.41}$$

Obgleich Gl. (1.41) ausschließlich für punktförmige Ladungen gilt, läßt sich das Coulombsche Gesetz aber auch hinreichend genau auf Ladungsträger mit endlichen Abmessungen anwenden, wenn die Radialsymmetrie des Feldes der Ladung Q_1 weitgehend gewährleistet ist. Dies ist i. allg. bei einer kleinen Ladung Q_2 der Fall, die sich im Feld einer Kugelelektrode mit relativ großer Ladung Q_1 befindet.

Beispiel 1.8. Aus der Oberfläche einer im Vakuum befindlichen Kugel mit dem Radius $r_1 = 1{,}0$ cm und der Ladung $Q_1 = 10$ nAs tritt ein Elektron mit der Ladung $|Q_2| = 0{,}16$ aAs und der Ruhemasse $m_2 = 9{,}1 \cdot 10^{-31}$ kg aus. In welcher Entfernung von der Kugeloberfläche erreicht das Elektron 10% der Lichtgeschwindigkeit c, wenn die Anfangsgeschwindigkeit Null ist?

Mit der Geschwindigkeit v und dem Radius r ist die Kraft

$$F = m_2 \frac{dv}{dt} = \frac{Q_1 |Q_2|}{4 \pi \epsilon_0 r^2}$$

Setzt man für dv/dt = (dv/dr) (dr/dt) = (dv/dr) v, kann man umformen in

$$\int_{v=0}^{v} v \, dv = \frac{Q_1 |Q_2|}{4 \pi \epsilon_0 m_2} \int_{r=r_1}^{r} \frac{1}{r^2} dr$$

wobei gleichzeitig die Integration ausgeführt wird.

Hieraus folgt

$$\frac{v^2}{2} = \frac{Q_1 |Q_2|}{4 \pi \epsilon_0 m_2} \left(\frac{1}{r_1} - \frac{1}{r}\right)$$

Mit der Geschwindigkeit $v = 0{,}1\, c = 0{,}1 \cdot 300$ m/µs = 30 m/µs findet man den gesuchten Radius

$$r = \frac{Q_1 |Q_2| r_1}{(Q_1 |Q_2| - \epsilon_0 2 \pi v^2 r_1 m_2)}$$

$$= \frac{10 \text{ nAs} \cdot 0{,}16 \text{ aAs} \cdot 1{,}0 \text{ cm}}{10 \text{ nAs} \cdot 0{,}16 \text{ aAs} - 88{,}54 \frac{\text{fAs}}{\text{V cm}} \cdot 2 \pi \cdot 30^2 \left(\frac{\text{m}}{\mu\text{s}}\right)^2 \cdot 1{,}0 \text{ cm} \cdot 9{,}1 \cdot 10^{-31} \text{ kg}}$$

$$= 1{,}398 \text{ cm}$$

In einem Abstand von rund 4 mm von der Elektrodenoberfläche, d. s. 20% des Elektrodendurchmessers, wird schon die vorgeschriebene Geschwindigkeit erreicht, so daß die bei der Rechnung angenommene Radialsymmetrie des Kugelfelds weitgehend gewährleistet ist.

1.7 Raumladung

In Abschn. 1.1 bis 1.6 wird stets ein raumladungsfreies Feld vorausgesetzt, bei dem die elektrische Ladung entweder an der Oberfläche der feldbegrenzenden metallischen Elektroden (Oberflächenladung) oder nach Abschn. 1.5.4 als Linienladung vorliegt. Treten dagegen in einem Volumen ΔV verteilte Ladungen ΔQ auf, so spricht man von Raumladung mit der Raumladungsdichte

$$\rho = \lim_{\Delta V \to 0} \frac{\Delta Q}{\Delta V} = \frac{dQ}{dV} \tag{1.42}$$

Derartige Raumladungen können in mannigfacher Weise auftreten, z. B. als Raumladungswolke in ionisierten Gasen (s. Abschn. 2.6.3) oder durch Ladungsträgerwanderung in Isolierstoffen.

Nach Gl. (1.6) ergibt das Hüllintegral über eine geschlossene Fläche diejenige Ladung, die sich in dem von der Fläche umschlossenen Volumen befindet. Bei raumladungsfreien Feldern hat dieses Integral den Wert Null. Enthält dagegen nach Bild 1.16 das Volumenelement $dV = dx\,dy\,dz$ die Ladung dQ, so nimmt Gl. (1.6) die Form

$$\begin{aligned} dQ = \oint \vec{D}\, d\vec{A} &= (D_x + dD_x)\,dy\,dz - D_x\,dy\,dz + (D_y + dD_y)\,dx\,dz \\ &\quad - D_y\,dx\,dz + (D_z + dD_z)\,dx\,dy - D_z\,dx\,dy \\ &= dD_x\,dy\,dz + dD_y\,dx\,dz + dD_z\,dx\,dy \end{aligned}$$

an. Hieraus folgt mit Gl. (1.42) für die Raumladungsdichte

$$\rho = \frac{dQ}{dV} = \frac{dD_x\,dy\,dz + dD_y\,dx\,dz + dD_z\,dx\,dy}{dx\,dy\,dz}$$

und in partieller Schreibweise

$$\rho = \frac{\partial D_x}{\partial x} + \frac{\partial D_y}{\partial y} + \frac{\partial D_z}{\partial z} = \operatorname{div} \vec{D} \tag{1.43}$$

Die Raumladungsdichte ergibt sich also aus der Divergenz des Verschiebungsdichtevektors $\vec{D}$, wofür das Kurzzeichen div eingeführt wird.

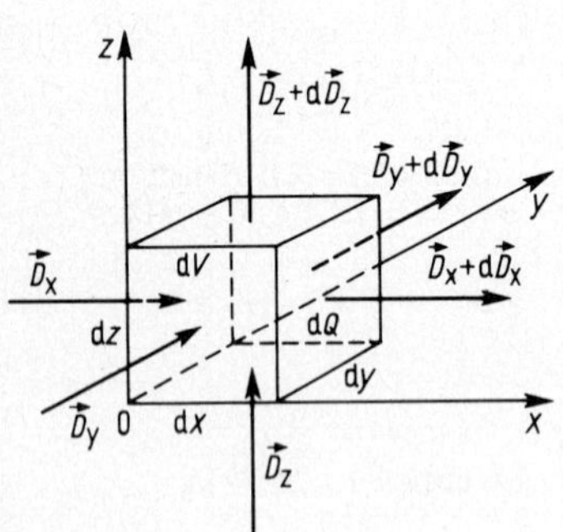

1.16
Volumenelement dV mit der eingeschlossenen Ladung dQ

Nach Gl. (1.9) ist mit der elektrischen Feldstärke $\vec{E}$ die Verschiebungsdichte $\vec{D} = \epsilon_0\ \epsilon_r\ \vec{E} = \epsilon\ \vec{E}$ und somit die Raumladungsdichte $\rho = \operatorname{div} \vec{D} = \operatorname{div}(\epsilon\ \vec{E}) = \epsilon \operatorname{div} \vec{E}$. Wird weiter mit Gl. (1.4) das Potential φ eingeführt, so erhält man für die Divergenz des Feldstärkevektors

$$\operatorname{div} \vec{E} = \frac{\rho}{\epsilon} = -\operatorname{div} \operatorname{grad} \varphi = -\left(\frac{\partial^2 \varphi}{\partial x^2} + \frac{\partial^2 \varphi}{\partial y^2} + \frac{\partial^2 \varphi}{\partial z^2}\right) \tag{1.44}$$

Hieraus folgt die Poissonsche Potentialgleichung

$$\frac{\partial^2 \varphi}{\partial x^2} + \frac{\partial^2 \varphi}{\partial y^2} + \frac{\partial^2 \varphi}{\partial z^2} = -\frac{\rho}{\epsilon} \tag{1.45}$$

aus der für raumladungsfreie Felder mit $\rho = 0$ die Laplacesche Potentialgleichung

$$\frac{\partial^2 \varphi}{\partial x^2} + \frac{\partial^2 \varphi}{\partial y^2} + \frac{\partial^2 \varphi}{\partial z^2} = 0 \tag{1.46}$$

hervorgeht, die z. B. bei der numerischen Berechnung raumladungsfreier Felder nach Abschn. 1.10.1 benötigt wird.

Beispiel 1.9. Die Isolierung eines Gleichstromkabels nach Bild 1.17 mit der Länge ℓ, dem Leiterradius $r_1 = 1{,}0$ cm und dem Radius des geerdeten Metallmantels $r_2 = 2{,}0$ cm weist eine sehr geringe, aber endliche Eigenleitfähigkeit auf, so daß positive Ladungsträger allmählich durch den Isolierstoff ($\epsilon_r = 4$) wandern. Die Ladungsdichte wird mit $\rho = \rho_1\ (r_1/r)$ angenommen, wobei $\rho_1 = 10\ (\text{nAs/cm}^3)$ die Raumladungsdichte unmittelbar an der Leiteroberfläche ist. Auf welchem Potential liegt der Leiter, wenn die Betriebsspannung abgetrennt wird?

Mit dem Volumen $dV = 2\ \pi\ r\ \ell\ dr$ ist mit Gl. (1.6) die vom Radius r eingeschlossene Ladung

$$Q = \oint_A \vec{D}\ d\vec{A} = D \cdot 2\ \pi\ r\ \ell = \oint_V \rho\ dV$$

$$= \int_{r_1}^{r_2} \rho_1\ \frac{r_1}{r} \cdot 2\ \pi\ r\ \ell\ dr$$

Mit der Ladungsdichte $D = \epsilon_0\ \epsilon_r\ E$ folgt hieraus für die Feldstärke

$$E = \frac{\rho_1\ r_1}{\epsilon_0\ \epsilon_r}\left(1 - \frac{r_1}{r}\right)$$

Da $\varphi_2 = 0$ ist, gilt nach Gl. (1.3) für das Potential des Leiters

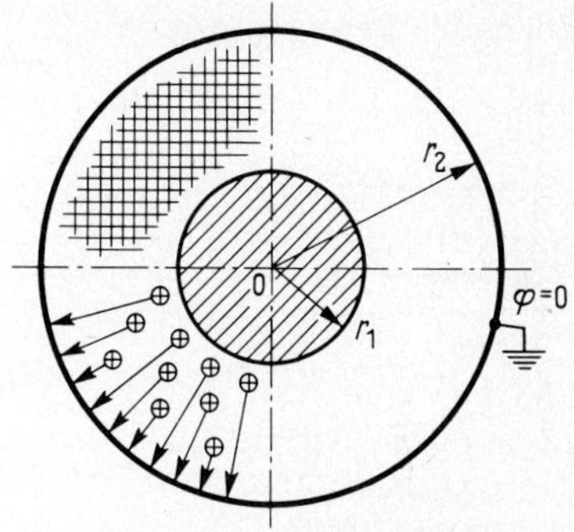

1.17 Gleichstromkabel mit in die Isolierung eingewanderten Raumladungen

$$\varphi_1 = \int_{r_1}^{r_2} \vec{E}\ d\vec{r} = \frac{\rho_1\ r_1}{\epsilon_0\ \epsilon_r} \int_{r_1}^{r_2} \left(1 - \frac{r_1}{r}\right) dr = \frac{\rho_1\ r_1}{\epsilon_0\ \epsilon_r}\left[(r_2 - r_1) - r_1 \ln \frac{r_2}{r_1}\right]$$

$$= \frac{10\ (\text{nAs/cm}^3) \cdot 1{,}0\ \text{cm}}{8{,}854\ (\text{pF/m})\ 4}\left[(2{,}0\ \text{cm} - 1{,}0\ \text{cm}) - 1{,}0\ \text{cm} \ln \frac{2{,}0\ \text{cm}}{1{,}0\ \text{cm}}\right]$$

$$= 8{,}664\ \text{V} \approx 8{,}7\ \text{kV}$$

Wird der Leiter geerdet, also ebenfalls auf das Potential $\varphi = 0$ gezwungen, entstehen im Isolierstoff in unmittelbarer Umgebung des Leiters so hohe Feldstärken, daß es dort zu einem Teildurchschlag und so zu einer dauerhaften Beschädigung der Isolation kommen kann.

1.8 Energie und Kraft

Für die in einem elektrischen Kondensator mit der Kapazität C gespeicherte elektrische Energie (s. Band I) gilt

$$W_e = CU^2/2 = QU/2 \tag{1.47}$$

Werden Ladung Q und Spannung U ersetzt durch die Größen des elektrischen Feldes, so findet man nach Einführen von Gl. (1.3) und Gl. (1.6)

$$W_e = \frac{1}{2} \int_A \int_s \vec{D}\,\vec{E}\,d\vec{A}\,d\vec{s} = \frac{\epsilon_0\,\epsilon_r}{2} \int_V E^2\,dV \tag{1.48}$$

Daher ist die elektrische Energie im elektrischen Feld gespeichert und jedem Volumenelement dV eine Energie dW_e zugeordnet. Es läßt sich also für jeden Punkt des Feldes die E n e r g i e d i c h t e

$$w_e = dW_e/dV = \epsilon_0\,\epsilon_r\,E^2/2 \tag{1.49}$$

angeben. Aus der Energiedichte lassen sich die elektrostatischen Kräfte ableiten, die auf die Elektrodenoberfläche wirken. Würde das Flächenelement dA in Bild 1.18 durch die senkrecht angreifende Kraft $d\vec{F}$ um den Weg $d\vec{s}$ bewegt, so wäre die im Volumenelement $dV = d\vec{A}\,d\vec{s}$ bis dahin gespeicherte elektrische Energie in Bewegungsenergie

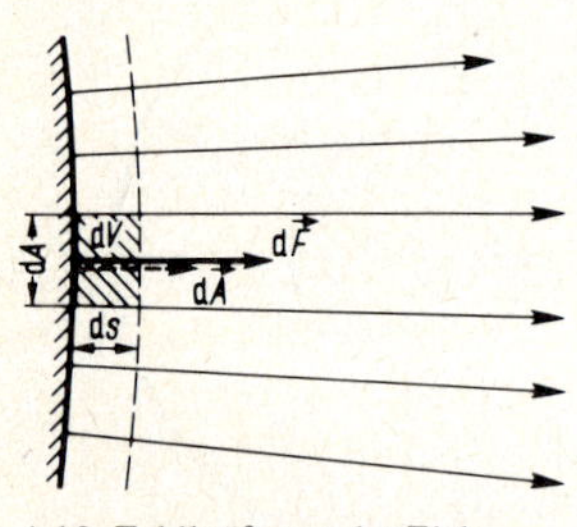

1.18 Feldkräfte an der Elektrodenoberfläche

$$d\vec{F}\,d\vec{s} = dW_e = \frac{1}{2}\,\epsilon_0\,\epsilon_r\,E^2\,d\vec{A}\,d\vec{s}$$

umgewandelt worden.

Hieraus folgt unter Berücksichtigung der Vektorschreibweise

$$d\vec{F} = \frac{1}{2}\,\epsilon_0\,\epsilon_r\,E^2\,d\vec{A} \tag{1.50}$$

Die Vektorschreibweise sagt lediglich aus, daß die Kraft in Richtung des Flächenvektors wirkt, also immer senkrecht an der Elektrodenoberfläche angreift. Auch hier läßt sich eine K r a f t d i c h t e

$$p_e = dF/dA = \epsilon_0\,\epsilon_r\,E^2/2 = w_e \tag{1.51}$$

– d. h. ein elektrostatischer Druck – definieren. Die Kraftdichte ist also gleich der Energiedichte unmittelbar vor der Elektrodenoberfläche.

1.9 Materie im elektrischen Feld

Jeder Stoff ist aus elektrisch geladenen Elementarteilchen zusammengefügt, wobei das Atom mit einem positiv geladenen Kern und einer ladungsgleichen Anzahl negativer Elektronen die kleinste nach außen neutral wirkende Baueinheit bildet. Somit erscheint i. allg. jeder Werkstoff zunächst unelektrisch. Wird er aber in ein elektrisches Feld eingebracht, so werden auf die positiven und negativen Ladungsträger entgegengesetzt gerichtete Kräfte ausgeübt, die sich der Atom-Bindungskraft überlagern. Je nach Art des Werkstoffs ergeben sich unterschiedliche elektrische Eigenschaften.

Bei den Metallen sind die äußeren Schalen der Atome mit jeweils einem (z. B. Kupfer) oder zwei (z. B. Eisen) Elektronen besetzt, die eine sehr geringe Bindung zum Restatom haben und sich unter der Einwirkung eines elektrischen Feldes vom Atom lösen können (Elektronenleitung). Diese freien Elektronen bedingen die gute elektrische Leitfähigkeit metallischer Werkstoffe (elektrische Leiter). Bei den isolierenden Werkstoffen, wie Porzellan, Glas, Kunststoff und dgl., ist eine Elektronenleitung zwar nicht ganz auszuschließen, jedoch ist sie dort nur in so geringem Maße vorhanden, daß sie für die meisten Betrachtungen ganz vernachlässigt werden kann. Man spricht deshalb vereinfachend von Nichtleitern (Dielektrika). Im folgenden soll im Hinblick auf die Probleme der elektrischen Festigkeitslehre ausschließlich das Verhalten von Nichtleitern im elektrischen Feld untersucht werden. Für das Verhalten leitender Werkstoffe s. Band I, Teil 1 und 3.

1.9.1 Polarisation

Unter der Wirkung des elektrischen Feldes wird ein Atom durch die auf den Kern und die Elektronenhülle ausgeübten Kräfte deformiert, so daß durch die Verlagerung der Ladungsschwerpunkte von Kern und Hülle ein elektrischer Dipol entsteht (Deformationspolarisation). Weiter können sich bei polar aufgebauten Substanzen Dipole dadurch bilden, daß sich die positiven und negativen Ionen im Kristallgitter in entgegengesetzter Richtung verlagern (Gitterpolarisation). Die meisten Isolierstoffe enthalten aber schon polare Moleküle oder Molekülgruppen mit festem, durch unsymmetrische Ladungsverteilung bedingtem Dipolmoment. Die Feldkräfte suchen die zunächst chaotisch verteilten Dipole zu drehen und auszurichten (Dipol- oder Orientierungspolarisation [24]).

Elektrischen Wechselfeldern können Deformations- und Gitterpolarisation bis zu sehr hohen Frequenzen praktisch verzögerungsfrei folgen; sie bewirken deshalb bei technischen Frequenzen auch keine nennenswerten Polarisationsverluste. Die Dipoldrehung bei der Orientierungspolarisation erfolgt gegen verhältnismäßig starke Rückstellkräfte und wird durch Reibung behindert, wodurch sich im Wechselfeld Polarisationsverluste ergeben, die auch dielektrische Verluste genannt werden.

Eine weitere Polarisation ist dadurch möglich, daß infolge der zwar geringen elektrischen Leitfähigkeit eine Ladungsträgerwanderung eintritt, als deren Folge sich Raumladungen bilden (Raumladungspolarisation). Diese Polarisationsart ist i. allg. aber nur bei Gleichfeldern oder bei Wechselfeldern niederer Frequenzen wirksam, die einer solchen Raumladungsbildung genügend Zeit lassen.

Die Polarisation des dielektrischen Werkstoffs wird rechnerisch berücksichtigt durch die Dielektrizitätszahl ϵ_r (Tafel 1.19). Dies veranschaulicht Bild 1.20 in vereinfachter Weise. Dabei wird angenommen, daß der zunächst im Vakuum befindliche Plattenkondensator mit einer Spannung U_0 aufgeladen und dann von der Spannungsquelle getrennt wird, so daß sich in der Folge die aufgenommene Ladung $Q_0 = C_0 U_0$, mit C_0 als Kapazität des Plattenkondensators im Vakuum, nicht mehr ändert.

Tafel 1.19 Dielektrizitätszahl ϵ_r bei 20 °C, Verlustfaktor d = tan δ (50 Hz, 20 °C) und Durchschlagfeldstärke E_d verschiedener Isolierstoffe nach [2], [18], [23], [24]

Isolierstoff	Dielektrizitätszahl ϵ_r	Verlustfaktor $10^3 \cdot \tan\delta$	Durchschlagfeldstärke E_d in kV/cm
Porzellan	5 bis 6,5	17 bis 25	340 bis 380
Steatit	5,5 bis 6,5	2,5 bis 3	200 bis 300
Hartpapier	4 bis 7	20 bis 100	300 bis 600
Papier imprägniert	4 bis 4,3	5 bis 10	500 bis 600
Epoxidharz	2,8 bis 5	3 bis 10	200 bis 400
Polyesterharz	3,5 bis 5	3 bis 50	200 bis 290
Polyvinylchlorid	4 bis 5	50 bis 80	150 bis 500
Polyäthylen	2,3 bis 2,4	0,2 bis 0,3	200 bis 600
Hartgummi	2,5 bis 5	2 bis 6	200 bis 300
Mineralöl	2,2 bis 2,6	– bis 10	200 bis 300
Chlophen	4,5 bis 7	– bis 2	150 bis 250

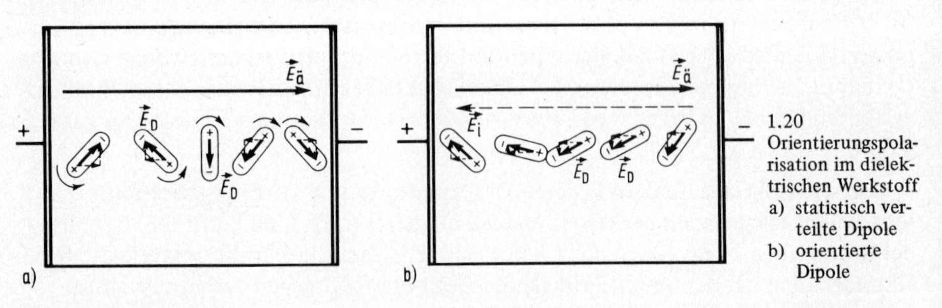

1.20 Orientierungspolarisation im dielektrischen Werkstoff a) statistisch verteilte Dipole b) orientierte Dipole

Der homogene Feldbereich zwischen den Platten mit der äußeren Feldstärke $E_ä$ wird anschließend mit einem dielektrischen Werkstoff ausgefüllt, in dem die unorientierten Dipole nun einem Drehmoment unterliegen (Bild 1.20 a).

Jeder Dipol hat ein eigenes elektrisches Feld, das jeweils durch den Feldstärkevektor $\vec{E}_D$ angedeutet ist. Durch die Orientierung aller Dipole werden also auch die Feldstärkevektoren $\vec{E}_D$ so ausgerichtet, daß sich in jedem Fall eine Komponente ergibt, die der äußeren Feldstärke $\vec{E}_ä$ entgegengesetzt gerichtet ist. Diese Feldstärkekomponenten bilden eine innere Feldstärke $\vec{E}_i$ (Bild 1.20b), die eine verminderte resultierende Feldstärke $E_ä - E_i$ bewirkt. Die Spannung zwischen den Platten sinkt auf einen Wert unter U_0 ab, was, da sich die Ladung Q_0 nicht verändern kann, nach Gl. (1.10) auf eine Verringerung des dielektrischen Widerstandes R_{di} bzw. eine Vergrößerung der dielektrischen Leitfähigkeit ϵ hinweist. Da sich auch die Verschiebungsdichte D nicht verändert haben kann, gilt mit Gl. (1.9)

$$D = \epsilon_0 E_ä = \epsilon_0 \epsilon_r (E_ä - E_i)$$

Hieraus findet man für die Dielektrizitätszahl

$$\epsilon_r = \frac{1}{1 - (E_i/E_ä)} \tag{1.52}$$

Erfahrungsgemäß ist ϵ_r in weiten Grenzen nahezu unabhängig von der Verschiebungsdichte, was ein konstantes Verhältnis $E_i/E_ä$ voraussetzt. Die Dipolorientierung folgt also der äußeren Feldstärke $E_ä$ nach linearer Gesetzmäßigkeit. Bei vollständiger Ausrichtung aller Dipole kann jedoch die innere Feldstärke E_i nur einen bestimmten endlichen Wert annehmen. Dagegen könnte die äußere Feldstärke $E_ä$ theoretisch unendlich gesteigert werden, so daß nach Gl. (1.52) für $E_ä \to \infty$ dann die Dielektrizitätszahl $\epsilon_r \to 1$ gehen würde. Eine solche Sättigung, wie sie vergleichsweise für die relative Permeabilität μ_r im magnetischen Feld geläufig ist, kann also im elektrischen Feld ebenfalls auftreten, jedoch wäre dies bei den üblichen Isolierstoffen i. allg. erst bei Feldstärken gegeben, die weit über den technisch vertretbaren liegen. Bei keramischen Seignettedielektriken ist diese Sättigung schon bei recht kleinen elektrischen Feldstärken (12 kV/cm) zu beobachten.

Die Dielektrizitätszahl ϵ_r wächst bei den meist verwendeten Isolierstoffen mit der Temperatur (Bild 1.21). Die Dipolorientierung wird mit wachsender Thermobewegung der Moleküle gewissermaßen durch „Losrütteln" erleichtert. Wird dagegen die Thermobewegung so intensiv, daß sie eine stabile Ausrichtung zu behindern beginnt, so tritt oberhalb bestimmter Temperaturen wieder ein Absinken von ϵ_r

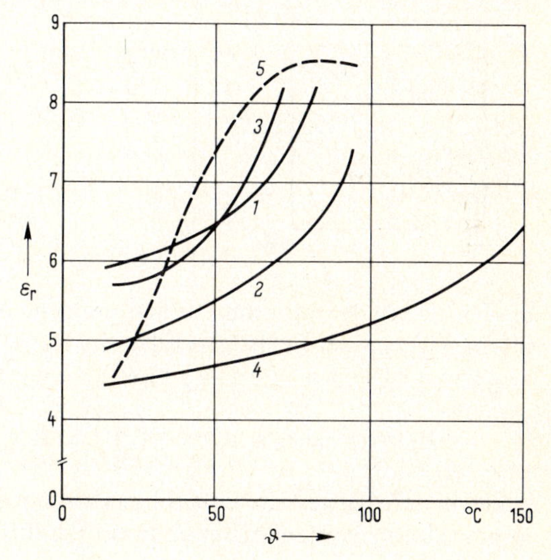

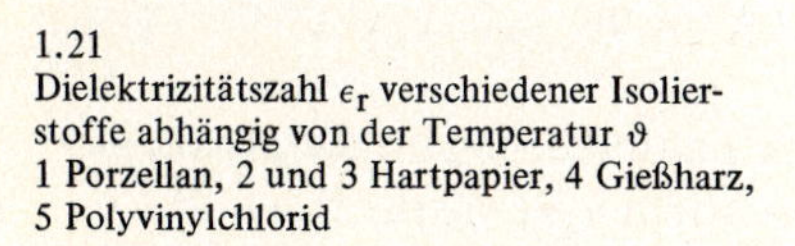
1.21
Dielektrizitätszahl ϵ_r verschiedener Isolierstoffe abhängig von der Temperatur ϑ
1 Porzellan, 2 und 3 Hartpapier, 4 Gießharz, 5 Polyvinylchlorid

auf, wie es sich bei der Kurve 5 in Bild 1.21 abzeichnet. Bei Chlophen (s. Abschn. 4.1) tritt dieses Maximum schon bei etwa 10 °C auf. Besonders hohe Dielektrizitätszahlen lassen sich durch keramische Titanatmassen ($\epsilon_r = 3000$ bei 20 °C) verwirklichen.

Die Frequenzabhängigkeit ist i. allg. gering. So betragen z. B. die Dielektrizitätszahlen von Epoxidharzen bei 50 Hz $\epsilon_r = 3{,}7$ und bei 1 MHz $\epsilon_r = 3{,}6$.

1.9.2 Dielektrische Verluste

Wird an durch Materie isolierte Elektroden Spannung angelegt, treten dielektrische Verluste auf, so daß außer dem kapazitiven Strom I_c noch der Wirkstrom I_w fließt. Solche Verluste werden einmal durch die meist sehr geringe elektrische Eigenleitfähigkeit γ des Werkstoffs ($\gamma \approx 10^{-16}$ bis 10^{-10} S/cm) und zum anderen durch den Energiebedarf hervorgerufen, den die ständige Umpolarisierung der Dipole bei Wechselspannung benötigt (s. Abschn. 1.9.1).

Nach Bild 1.22 kann deshalb die Ersatzschaltung des verlustbehafteten Kondensators mit der Kapazität C und dem hierzu parallel angeordneten Wirkwiderstand R angegeben werden. Der von dem Gesamtstrom $\underline{I}$ und dem kapazitiven Strom $\underline{I}_c$ eingeschlossene Winkel wird als Verlustwinkel δ bezeichnet. Es sind dann mit der Spannung U und der Kreisfrequenz ω der Verlustfaktor

$$d = \tan \delta = \frac{I_w}{I_c} = \frac{U/R}{U\,\omega\,C} = \frac{1}{R\,\omega\,C} \tag{1.53}$$

und die Verlustleistung

$$P_d = U^2/R = U^2\,\omega\,C \tan\delta = U^2\,\omega\,C\,d$$

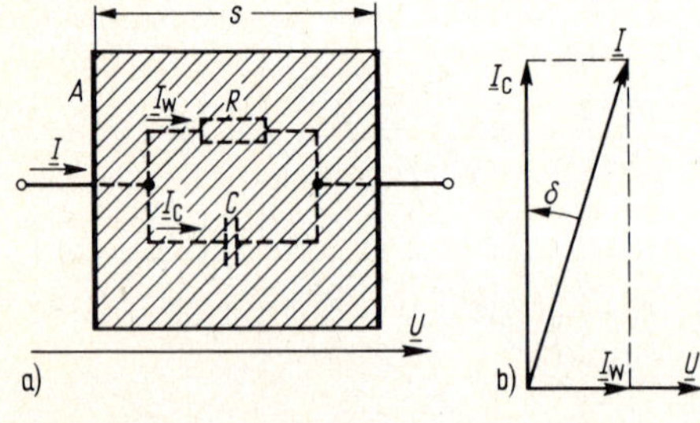

1.22 Plattenkondensator mit eingezeichneter Ersatzschaltung (a) und Zeigerdiagramm (b) mit Verlustwinkel δ

Ein Plattenkondensator mit der Plattenfläche A, dem Plattenabstand s, dem Feldvolumen V und der Feldstärke E hat die Kapazität $C = \epsilon_0\,\epsilon_r\,A/s$ und somit die dielektrische Verlustleistung

$$P_d = U^2\,\omega\,\epsilon_0\,\epsilon_r\,d\,\frac{A}{s} = \left(\frac{U}{s}\right)^2 \omega\,\epsilon_0\,\epsilon_r\,d\,A\,s = E^2\,\omega\,\epsilon_0\,\epsilon_r\,d\,V \tag{1.54}$$

In einem beliebig gestalteten Feld kann nun jedes Volumenelement dV als ein elementar kleiner Plattenkondensator mit der differentiellen Verlustleistung dP_d

angesehen werden. Somit wird die spezifische dielektrische Verlustleistung

$$dP_d/dV = E^2 \omega \epsilon_0 \epsilon_r d \qquad (1.55)$$

wobei $\epsilon_r d = \epsilon_r \tan \delta = \epsilon_r''$ als dielektrische Verlustzahl bezeichnet wird. Sie umfaßt die beiden Größen, die in Gl. (1.55) die Werkstoffeigenschaften berücksichtigen, wogegen Feldstärke E, Kreisfrequenz ω und die elektrische Feldkonstante ϵ_0 werkstoffunabhängig sind.

Beispiel 1.10. Ein runder Leiter mit dem Radius $r_i = 1$ cm und der Länge $\ell = 20$ m wird gegen ein gleichlanges koaxiales Metallrohr mit dem Radius $r_a = 1{,}5$ cm durch ölgetränktes Papier ($\epsilon_r = 4$, $\tan \delta = 10^{-2}$) isoliert (Bild 1.23). Wie groß ist die dielektrische Verlustleistung bei der angelegten Spannung U = 100 kV und der Frequenz f = 50 Hz (Kreisfrequenz $\omega = 2\pi f = 2\pi \cdot 50\ \text{Hz} = 314\ \text{s}^{-1}$)?

Nach Gl. (1.24) ist die Feldstärke $E = \dfrac{U}{r \ln (r_a/r_i)}$.

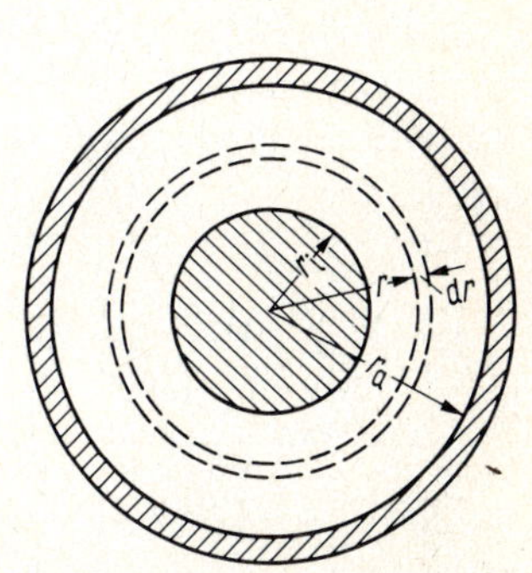

1.23
Isolierter konzentrischer Leiter

Mit einem rohrförmigen Volumenelement $dV = 2\pi r \ell\, dr$ ergibt sich daher nach Gl. (1.55) die Verlustleistung

$$P_d = \int_{r_i}^{r_a} \frac{U^2 \omega \epsilon_0 \epsilon_r d}{r^2 \ln^2 (r_a/r_i)} 2\pi r \ell\, dr = \frac{U^2 \omega \epsilon_0 \epsilon_r d \cdot 2\pi \ell}{\ln (r_a/r_i)}$$

$$= \frac{100^2\ \text{kV}^2 \cdot 314\ \text{s}^{-1} \cdot 8{,}85 \cdot 10^{-14}\ (\text{As/V cm})\ 4 \cdot 10^{-2} \cdot 2\pi \cdot 2000\ \text{cm}}{\ln (1{,}5\ \text{cm}/1{,}0\ \text{cm})} = 345\ \text{W}$$

Der komplexe Widerstand der Ersatzschaltung nach Bild 1.22 läßt sich auch durch eine Kapazität mit komplexer Dielektrizitätszahl $\underline{\epsilon}_r = \epsilon_r' - j\epsilon_r''$ beschreiben [12], [23], so daß sich mit dem Leitwert $G = 1/R$ und der Vakuumkapazität C_O (bei $\underline{\epsilon}_r = 1$) der komplexe Leitwert

$$\underline{Y} = j\omega \underline{C} = j\omega \epsilon_0 \underline{\epsilon}_r C_O = j\omega \epsilon_0 (\epsilon_r' - j\epsilon_r'') C_O$$
$$= \omega C_O \epsilon_r'' + j\omega C_O \epsilon_r' = G + j\omega C \qquad (1.56)$$

ergibt, aus dem man mit Gl. (1.53) den Verlustfaktor

$$d = \tan \delta = 1/(R\omega C) = G/(\omega C) = \epsilon_r''/\epsilon_r' \qquad (1.57)$$

erhält. Mit der Dielektrizitätszahl $\epsilon_r = \epsilon_r'$ folgt aus Gl. (1.57) für die dielektrische Verlustzahl $\epsilon_r'' = \epsilon_r \tan \delta = \epsilon_r d$.

Der Verlustfaktor ist i. allg. nicht konstant, sondern hängt von verschiedenen Einflußgrößen ab. Bei vielen Werkstoffen steigt der Verlustfaktor nach Bild 1.24 bei Temperaturen über 20 °C exponentiell mit der Temperatur an, so daß sich z. B. für Isolieröle nach Bild 1.24 b im logarithmischen Maßstab Geraden ergeben. Diese exponentielle Abhängigkeit ist insbesondere für den Wärmedurchschlag (Abschn. 3.2.1) von Bedeutung. Bei anderen Werkstoffen, z. B. bei vernetztem Polyäthylen (VPE), kann der Verlustfaktor im gleichen Temperaturbereich bei Temperaturanstieg kleiner werden [5].

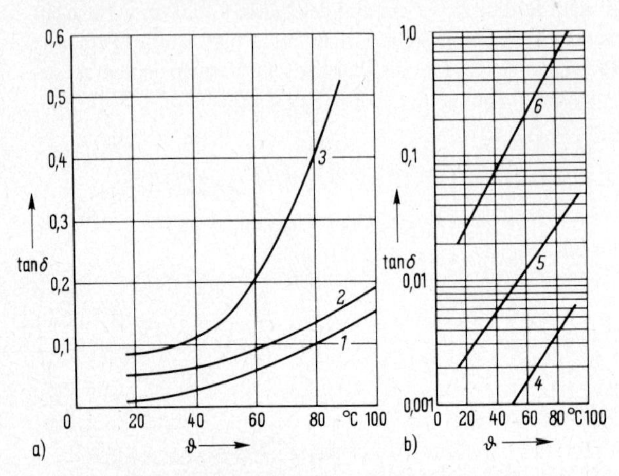

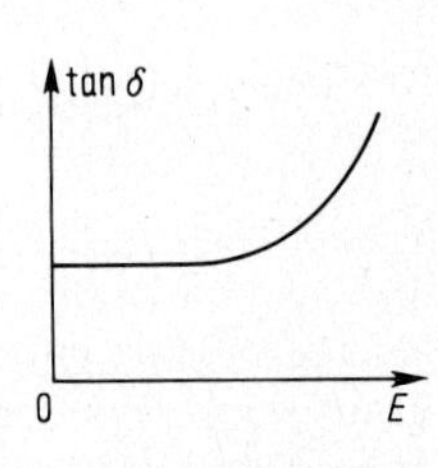

1.24 Verlustfaktor tan δ abhängig von der Temperatur ϑ
1 Hartpapier, 2 Porzellan, 3 vergütetes Glas, 4 Öl guter, 5 mittlerer, 6 geringer Qualität

1.25 Verlustfaktor tan ϑ abhängig von der Feldstärke E

Überschreitet die elektrische Feldstärke im Werkstoff bestimmte kritische Werte, so können in der Isolation Teilentladungen (Abschn. 3.2.2) einsetzen, die zusätzliche dielektrische Verluste (I o n i s a t i o n s v e r l u s t e) verursachen und nach Bild 1.25 zum Ansteigen des Verlustfaktors führen [5], [12]. Mechanische Zug- und Druckspannungen können von Einfluß sein, und schließlich ist nicht nur bei Flüssigkeiten sondern auch bei Feststoffen eine durch Alterung bedingte und von der elektrischen Beanspruchung abhängige zeitliche Veränderung des Verlustfaktors zu erwarten.

1.9.3 Nachladungseffekt

Kondensatoren, die nur sehr kurzzeitig entladen werden, können nach gewisser Zeit infolge einer verzögerten Depolarisierung wieder Spannung führen. Bei dem Plattenkondensator nach Bild 1.20 b ergibt sich mit der äußeren Feldstärke $E_ä$, der inneren Feldstärke E_i und dem Plattenabstand s für die anliegende Spannung

$$U = (E_ä - E_i)\, s \tag{1.58}$$

Es wird angenommen, daß die Kondensatorplatten nur sehr kurzzeitig leitend überbrückt werden, so daß zwar die Spannung völlig abgebaut wird, die Polarisation aber wegen der Kürze der Zeit noch voll erhalten bleibt. Da sich folglich die innere Feldstärke E_i nicht geändert hat, ist $U = 0$ lediglich durch das Absinken der äußeren Feldstärke auf $E_ä = E_i$ erreicht worden. Hiernach ist die Orientierung der Dipole jedoch stärker, als es die verkleinerte äußere Feldstärke $E_ä$ erfordern würde, und die Polarisation wird sich nun soweit zurückbilden, bis sich wieder ein nach Gl. (1.52) vorgegebenes Verhältnis $E_i/E_ä < 1$ eingestellt hat. Es baut sich also wieder zwischen den Kondensatorplatten eine endliche Feldstärkendifferenz $E_ä - E_i$ und somit nach Gl. (1.58) eine Spannung auf.

In Hochspannungsanlagen verwendete Betriebsmittel mit kapazitivem Verhalten sollten deshalb zur Vermeidung gefährlicher Nachladespannungen ausreichend lange oder dauerhaft entladen werden. Dies ist besonders bei Gleichspannung zu beachten.

1.9.4 Feldlinienbrechung an Grenzflächen

Elektrische Verschiebungslinien werden beim Durchtreten einer von zwei Dielektriken gebildeten Grenzfläche gebrochen, wenn sich die Dielektrizitätszahlen der beiden Medien unterscheiden. In Bild 1.26 sind für einen Punkt der Grenzfläche einmal die Verschiebungsdichtevektoren $\vec{D}_1$ und $\vec{D}_2$ und die Feldstärkevektoren $\vec{E}_1$ und $\vec{E}_2$ in beiden Werkstoffen mit den Dielektrizitätszahlen ϵ_{r1} und ϵ_{r2} dargestellt. Die Vektoren sind in ihre senkrecht zur Grenzfläche stehenden Normalkomponenten $\vec{D}_{N1}$, $\vec{D}_{N2}$, $\vec{E}_{N1}$ und $\vec{E}_{N2}$ und in ihre Tangentialkomponenten $\vec{D}_{T1}$, $\vec{D}_{T2}$, $\vec{E}_{T1}$ und $\vec{E}_{T2}$ zerlegt.

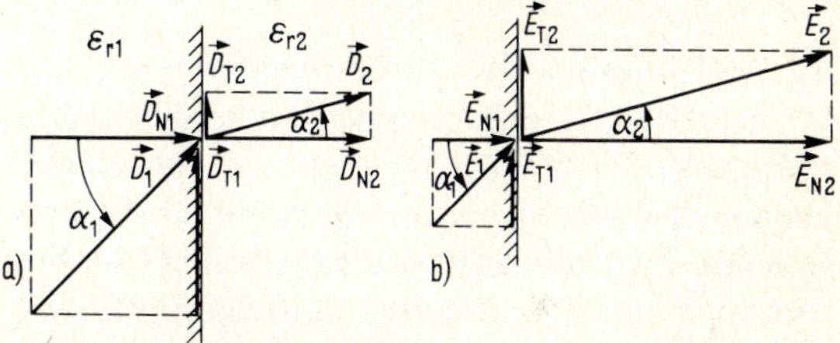

1.26
Brechung elektrischer Verschiebungslinien, veranschaulicht durch die Verschiebungsdichte-Vektoren $\vec{D}$ (a) und die Feldstärkevektoren $\vec{E}$ (b)

Die Normalkomponenten der Verschiebungsdichte-Vektoren repräsentieren einen Verschiebungsfluß, der die Grenzfläche senkrecht durchsetzt. Wenn, wie dies hier vorausgesetzt ist, an der Grenzfläche keine Raumladungen vorhanden sind, muß der senkrechte Verschiebungsfluß unmittelbar vor und hinter der Grenzfläche gleich groß und folglich auch $\vec{D}_{N1} = \vec{D}_{N2}$ sein. Aus Bild 1.26 ergibt sich

$$\frac{\tan \alpha_1}{\tan \alpha_2} = \frac{D_{T1}/D_{N1}}{D_{T2}/D_{N2}} = \frac{D_{T1}}{D_{T2}} = \frac{\epsilon_0\ \epsilon_{r1}\ E_{T1}}{\epsilon_0\ \epsilon_{r2}\ E_{T2}} \tag{1.59}$$

wenn α_1 und α_2 die Winkel sind, die die Feldstärke- bzw. Verschiebungsdichtevektoren mit der Lotrechten zur Grenzfläche einschließen.

Weiter müssen die Tangentialkomponenten der Feldstärkevektoren $\vec{E}_{T1}$ und $\vec{E}_{T2}$ gleich sein, weil andernfalls irgend ein anderer Punkt der Grenzfläche gegenüber dem betrachteten zwei unterschiedliche Potentiale annehmen müßte. Mit $E_{T1} = E_{T2}$ folgt aus Gl. (1.59) das B r e c h u n g s g e s e t z

$$\tan \alpha_1 / \tan \alpha_2 = \epsilon_{r1} / \epsilon_{r2} \tag{1.60}$$

Eine Verschiebungslinie, die z. B. in Porzellan mit der relativen Dielektrizitätszahl $\epsilon_{r1} = 6$ unter dem Winkel $\alpha_1 = 45°$ in die Grenzfläche einläuft, würde in Luft ($\epsilon_{r2} = 1$) mit dem Winkel $\alpha_2 = 9{,}5°$ austreten. Geht also eine elektrische Verschiebungslinie von einem Dielektrikum mit großer in ein angrenzendes mit kleinerer Dielektrizitätszahl über, so wird sie zum Einfallslot hin gebrochen. Beim Skizzieren elektrischer Feldbilder ist mitunter die grobe Vereinfachung hilfreich, Verschiebungslinien aus festen Isolierstoffen nach Bild 1.27 etwa senkrecht in Luft austreten zu lassen. Hiermit hat man auch eine Gedankenstütze, um sich der Gesetzmäßigkeit bei der Feldlinienbrechung zu erinnern.

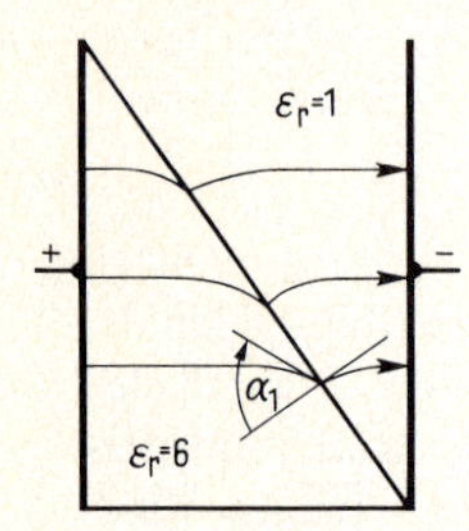

1.27
Plattenkondensator mit schräger Grenzfläche (Porzellan – Luft) und eingezeichneten Verschiebungslinien

1.9.5 Geschichtetes Dielektrikum

Bei der Isolierung elektrischer Anlagenteile ist oftmals ein Schichten verschiedener Isoliermittel unumgänglich, so beispielsweise beim Transformator mit papierisolierten Leitern unter Öl oder beim Gürtelkabel, das zwischen Leiter und Metallmantel eine Schichtung aus ölgetränkter Papierisolierung und den mit Beilauf gefüllten Zwickeln aufweist. Eine Schichtung von festen Isolierstoffen und Luft tritt auch bei allen isolierten Leitungen auf.

Durch eine günstig gewählte Abstufung verschiedener Isolierstoffe kann die Spannungsfestigkeit der Isolieranordnung erhöht werden, andererseits können aber auch unerwünschte Gaseinschlüsse oder Hohlräume in Öl oder festen Isolierstoffen die Durchschlagspannung vermindern. In jedem Fall gibt die Kenntnis der räumlichen Feldstärke- und Potentialverteilung Aufschluß über die Isolationsfähigkeit der untersuchten Anordnung.

1.9.5.1 Plattenelektroden. Für die zwischen den beiden Platten 1 und 4 in Bild 1.28 bestehende S p a n n u n g gilt

$$U_{14} = E_1\, a + E_2\, b + E_3\, c \tag{1.61}$$

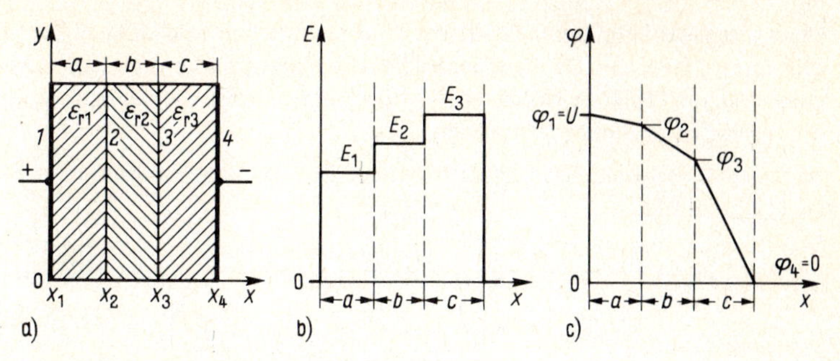

1.28 Plattenkondensator mit drei Isolierschichten
a) Querschnitt
b) zugehörige Feldstärkeverteilung
c) Potentialverteilung für $\epsilon_{r1} > \epsilon_{r2} > \epsilon_{r3}$

wenn E_1, E_2 und E_3 die elektrischen Feldstärken in den drei Isolierschichten mit den Dicken a, b und c und den Dielektrizitätszahlen ϵ_{r1}, ϵ_{r2} und ϵ_{r3} sind. Da der Verschiebungsfluß Ψ in allen drei Schichten gleich ist, muß auch die Verschiebungsdichte D gleich sein, so daß Gl. (1.61) die Form

$$U_{14} = \frac{D}{\epsilon_0\,\epsilon_{r1}}a + \frac{D}{\epsilon_0\,\epsilon_{r2}}b + \frac{D}{\epsilon_0\,\epsilon_{r3}}c = \frac{D}{\epsilon_0}\left(\frac{a}{\epsilon_{r1}} + \frac{b}{\epsilon_{r2}} + \frac{c}{\epsilon_{r3}}\right) \quad (1.62)$$

annimmt. Allgemein ist nach Gl. (1.9) die elektrische Feldstärke $E = D/(\epsilon_0\,\epsilon_r)$. Mit $D/\epsilon_0 = E\,\epsilon_r$ in Gl. (1.62) ergibt sich für jeden Abzissenwert x die elektrische Feldstärke

$$E = \frac{U_{14}}{\epsilon_r\left(\frac{a}{\epsilon_{r1}} + \frac{b}{\epsilon_{r2}} + \frac{c}{\epsilon_{r3}}\right)} = \frac{U_{14}}{\epsilon_r\,K_p} \quad (1.63)$$

wobei für die Dielektrizitätszahl ϵ_r jeweils der Wert einzusetzen ist, der an der betrachteten Stelle x vorliegt. Für eine beliebige Anzahl von Isolierschichten erhält man den Plattenschichtungskoeffizienten

$$K_p = \frac{a}{\epsilon_{r1}} + \frac{b}{\epsilon_{r2}} + \frac{c}{\epsilon_{r3}} + \ldots \quad (1.64)$$

Gl. (1.63) weist aus, daß die elektrische Feldstärke innerhalb jeweils einer Isolierschicht konstant ist, sich aber an den Grenzflächen sprunghaft ändert, wenn ϵ_{r1}, ϵ_{r2} und ϵ_{r3} verschieden sind (Bild 1.28 b). Wegen der konstanten Feldstärken ergibt sich innerhalb der einzelnen Isolierschichten eine lineare Potentialverteilung, wobei die Potentialverteilungskurve an den Grenzflächen Knickpunkte aufweist (Bild 1.28 c).

Beispiel 1.11. Zwei planparallele Plattenelektroden in Luft ($\epsilon_{rL} = 1$) haben den Abstand $s = 2{,}5$ cm und liegen an der Sinusspannung $U = 25$ kV bei der Frequenz $f = 50$ Hz. Wie verändern sich die Verhältnisse, wenn eine Glasplatte ($\epsilon_{rG} = 7$) mit der Dicke $s_1 = 2{,}2$ cm eingeschoben wird?

Ohne Glasplatte beträgt der Effektivwert der elektrischen Feldstärke in Luft $E = U/s = 25$ kV/(2,5 cm) = 10 kV/cm. Da die effektive Durchschlagfeldstärke von Luft (s. Abschn. 2.4.1) hier grob mit $E_d = (30/\sqrt{2})$ kV/cm ≈ 21 kV/cm angenommen werden darf, wird die Isolierstrecke der angelegten Spannung standhalten.

Nach dem Einschieben der Glasplatte beträgt die elektrische Feldstärke (Effektivwert) nach Gl. (1.63) im Glas

$$E_G = \frac{U}{\epsilon_{rG}\left(\frac{s_1}{\epsilon_{rG}} + \frac{s_2}{\epsilon_{rL}}\right)} = \frac{25\text{ kV}}{7\left(\frac{2{,}2\text{ cm}}{7} + \frac{0{,}3\text{ cm}}{1}\right)} = 5{,}82\text{ kV/cm}$$

und in dem verbleibenden Luftspalt $s_2 = s - s_1$

$$E_L = \frac{U}{\epsilon_{rL}\left(\frac{s_1}{\epsilon_{rG}} + \frac{s_2}{\epsilon_{rL}}\right)} = \frac{25\text{ kV}}{1\left(\frac{2{,}2\text{ cm}}{7} + \frac{0{,}3\text{ cm}}{1}\right)} = 40{,}75\text{ kV/cm}$$

Die nun in Luft auftretende Feldstärke liegt weit über der Durchschlagfeldstärke (Bild 2.19), so daß der Luftspalt in jeder Halbperiode durchschlagen wird. Das Einschieben der durchschlagfesten Glasplatte hat sich also eher nachteilig ausgewirkt, weil die im Luftspalt auftretenden Teilentladungen auf die Dauer auch die Glasplatte beschädigen können. Die gleiche Erscheinung führt zu den unerwünschten Teilentladungen in Hohlräumen fester Isolierstoffe (s. hierzu Abschn. 3.2.2).

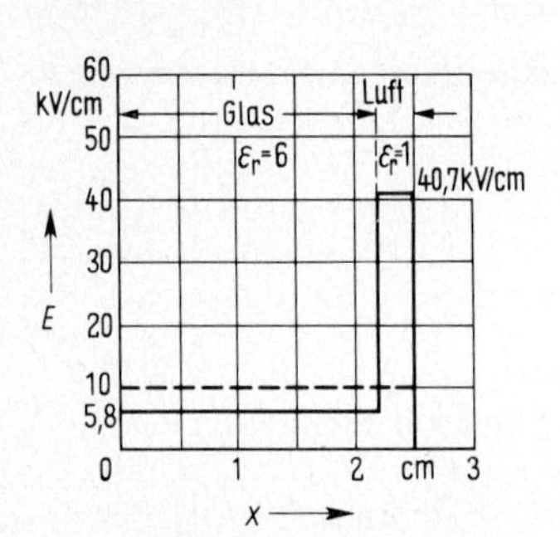

1.29 Feldstärkeverteilung im Plattenkondensator mit (———) und ohne (— — — —) Glasplatte

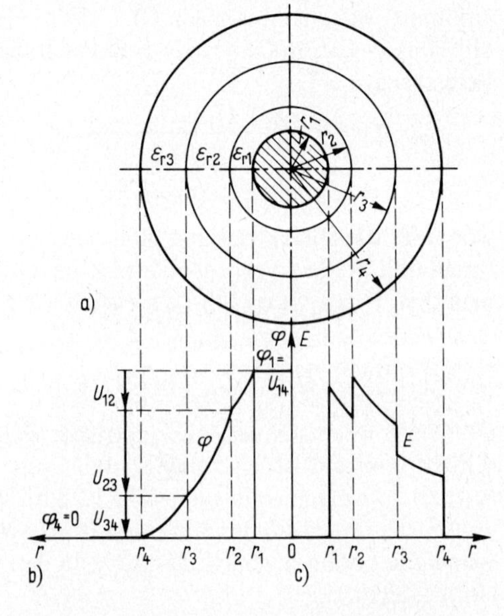

1.30
Zylinderelektroden (a) mit drei Isolierschichten. Feldstärke E (c) und Potential φ (b) abhängig vom Radius r für $\epsilon_{r1} > \epsilon_{r2} < \epsilon_{r3}$

1.9.5.2 Koaxiale Zylinder. Bei einer Schichtung von z. B. drei Dielektriken nach Bild 1.30, wobei der Außenelektrode mit dem Radius r_4 das Potential $\varphi_4 = 0$ und der Innenelektrode das Potential $\varphi_1 = U_{14}$ zugeordnet sein soll, ergibt sich für die anliegende Spannung

$$U_{14} = \int_{r_1}^{r_2} E_1 \, dr + \int_{r_2}^{r_3} E_2 \, dr + \int_{r_3}^{r_4} E_3 \, dr \tag{1.65}$$

und nach Einführen von Gl. (1.18)

$$U_{14} = \frac{Q}{2 \pi \epsilon_0 \ell} \left(\int_{r_1}^{r_2} \frac{dr}{\epsilon_{r1} r} + \int_{r_2}^{r_3} \frac{dr}{\epsilon_{r2} r} + \int_{r_3}^{r_4} \frac{dr}{\epsilon_{r3} r} \right) =$$

$$= \frac{Q}{2 \pi \epsilon_0 \ell} \left(\frac{1}{\epsilon_{r1}} \ln \frac{r_2}{r_1} + \frac{1}{\epsilon_{r2}} \ln \frac{r_3}{r_2} + \frac{1}{\epsilon_{r3}} \ln \frac{r_4}{r_3} \right) \tag{1.66}$$

Aus Gl. (1.18) folgt weiter, daß für $Q/(2 \pi \epsilon_0 \ell) = E \epsilon_r r$ gesetzt werden kann. Somit erhält man die F e l d s t ä r k e v e r t e i l u n g

$$E = \frac{U_{14}}{\epsilon_r r \left(\frac{1}{\epsilon_{r1}} \ln \frac{r_2}{r_1} + \frac{1}{\epsilon_{r2}} \ln \frac{r_3}{r_2} + \frac{1}{\epsilon_{r3}} \ln \frac{r_4}{r_3} \right)} = \frac{U_{14}}{\epsilon_r r K_z} \tag{1.67}$$

wobei für eine beliebige Anzahl n zylindrischer Isolierschichten der Z y l i n d e r - S c h i c h t u n g s k o e f f i z i e n t

$$K_z = \frac{1}{\epsilon_{r1}} \ln \frac{r_2}{r_1} + \frac{1}{\epsilon_{r2}} \ln \frac{r_3}{r_2} + \ldots + \frac{1}{\epsilon_{rn}} \ln \frac{r_{n+1}}{r_n} \tag{1.68}$$

einzusetzen ist. In Gl. (1.67) ist ϵ_r diejenige Dielektrizitätszahl, die bei dem jeweils veränderlichen Radius r vorliegt, so beispielsweise ϵ_{r2} im Bereich $r_2 \leqslant r \leqslant r_3$. In Bild 1.30 b und c sind Feldstärke- und Potentialverteilungen für $\epsilon_{r1} > \epsilon_{r2} < \epsilon_{r3}$ angegeben.

Mit Gl. (1.68) erhält man aus Gl. (1.66) auch unmittelbar die K a p a z i t ä t

$$C = Q/U_{14} = 2 \pi \epsilon_0 \ell / K_z \tag{1.69}$$

Beispiel 1.12. Ein zylindrischer Leiter mit dem Radius $r_1 = 1{,}5$ cm, der mit einer 5 mm dicken Kunststoffschicht ($\epsilon_r = 4$) ummantelt ist, wird in einem Metallrohr mit dem Innenradius $r_3 = 10$ cm koaxial geführt. Welche Spannung darf angelegt werden, damit die größte in Luft auftretende elektrische Feldstärke $E_{max} = 15$ kV/cm nicht übersteigt? Weiter ist derjenige Innenradius des Rohres zu ermitteln, der unter den gleichen Bedingungen erforderlich wäre, wenn der Innenleiter nicht ummantelt wäre.

Mit $r_1 = 1{,}5$ cm, $r_2 = 2$ cm, $r_3 = 10$ cm, $\epsilon_{r1} = 4$ und $\epsilon_{r2} = 1$ ist der Schichtungskoeffizient nach Gl. (1.68)

$$K_z = \frac{1}{\epsilon_{r1}} \ln \frac{r_2}{r_1} + \frac{1}{\epsilon_{r2}} \ln \frac{r_3}{r_2} = \frac{1}{4} \ln \frac{2{,}0 \text{ cm}}{1{,}5 \text{ cm}} + \frac{1}{1} \ln \frac{10 \text{ cm}}{2 \text{ cm}} = 1{,}68$$

Die größte Feldstärke in Luft tritt an der Oberfläche des Kunststoffmantels auf, so daß in Gl. (1.67) $r = r_2$ und $\epsilon_r = \epsilon_{r2}$ einzusetzen sind. Somit beträgt die zulässige Spannung

$$U_{13} = E_{max} \epsilon_{r2} r_2 K_z = (15 \text{ kV/cm}) \, 1 \cdot 2 \text{ cm} \cdot 1{,}68 = 50{,}4 \text{ kV}$$

Ohne Kunststoffmantel besteht die größte Feldstärke in Luft an der Oberfläche des Innenleiters, also bei $r = r_1$. Aus Gl. (1.24) findet man den erforderlichen neuen Außenradius

$$r_3 = r_1 \exp \frac{U_{13}}{E_{max}\, r_1} = 1{,}5 \text{ cm} \exp \frac{50{,}4 \text{ kV}}{(15 \text{ kV/cm}) \cdot 1{,}5 \text{ cm}} = 14{,}1 \text{ cm}$$

In diesem Fall müßte also der Innendurchmesser des Metallrohres um rund 40% größer gewählt werden als bei einem ummantelten Innenleiter!

1.9.5.3 Konzentrische Kugeln. Der Rechnungsgang zur Ableitung der Feldstärkeverteilung ist der gleiche wie bei koaxialen Zylindern, so daß auf eine Wiederholung verzichtet werden kann. Überträgt man Bild 1.30 auf eine Kugelanordnung, so muß lediglich in die auch hier gültige Gl. (1.65) die Gl. (1.27) eingeführt werden. Somit ergibt sich für konzentrische Kugeln mit geschichtetem Dielektrikum die elektrische Feldstärkeverteilung

$$E = \frac{U}{\epsilon_r\, r^2\, K_k} \tag{1.70}$$

mit dem Kugelschichtungskoeffizienten

$$K_k = \frac{1}{\epsilon_{r1}}\left(\frac{1}{r_1} - \frac{1}{r_2}\right) + \frac{1}{\epsilon_{r2}}\left(\frac{1}{r_2} - \frac{1}{r_3}\right) + \ldots + \frac{1}{\epsilon_{rn}}\left(\frac{1}{r_n} - \frac{1}{r_{n+1}}\right) \tag{1.71}$$

und der an den Elektroden anliegenden Spannung U.

1.10 Numerische Feldberechnung

Die Entwicklung der digitalen Rechentechnik hat es ermöglicht, daß z. T. seit langem bekannte numerische Verfahren der Feldberechnung jetzt vorteilhaft eingesetzt werden können. Außerdem haben die Möglichkeiten der digitalen Rechentechnik dazu angeregt, neue Berechnungsverfahren zu entwickeln oder bestehende zu verbessern (s. Band VIII). Von den verschiedenen Berechnungsverfahren sollen hier das Differenzenverfahren und das Ersatzladungsverfahren im Prinzip erläutert und ihre Anwendung mit einfachen Beispielen vorgeführt werden. Wer sich eingehender mit der numerischen Feldberechnung befassen will, wird auf die Literatur verwiesen [4], [22], [33], [34].

1.10.1 Differenzenverfahren

Der Einfachheit halber soll hier von einem ebenen Feldbild (zweidimensionales Feld) ausgegangen werden, das durch die beiden karthesischen Koordinaten x und y eindeutig erfaßt werden kann. Ist das Feld außerdem raumladungsfrei, so kann nach Gl. (1.46) das elektrische Potential für jeden Netzpunkt durch die Laplacesche Potentialgleichung

$$\frac{\partial^2 \varphi}{\partial x^2} + \frac{\partial^2 \varphi}{\partial y^2} = 0 \tag{1.72}$$

beschrieben werden.

Beim Differenzenverfahren wird der zu untersuchende Feldbereich nach Bild 1.32 meist mit einem Rechteckgitternetz überzogen und das Potential jedes Gitterpunktes aus den Potentialen der umgebenden Gitterpunkte berechnet. Ist φ_0 das Potential im Punkt (x_0, y_0), so läßt sich mit der Taylorreihe für einen benachbarten Punkt (x, y) das Potential

$$\begin{aligned}\varphi = \varphi_0 &+ \frac{1}{1!}\left[(x - x_0)\frac{\partial \varphi}{\partial x}(x_0, y_0) + (y - y_0)\frac{\partial \varphi}{\partial y}(x_0, y_0)\right] \\ &+ \frac{1}{2!}\left[(x - x_0)^2\frac{\partial^2 \varphi}{\partial x^2}(x_0, y_0) + 2(x - x_0)(y - y_0)\frac{\partial^2 \varphi}{\partial x\,\partial y}(x_0, y_0)\right. \\ &\left. + (y - y_0)^2\frac{\partial^2 \varphi}{\partial y^2}(x_0, y_0)\right] + \frac{1}{3!}\left[(x - x_0)^3\frac{\partial^3 \varphi}{\partial x^3}(x_0, y_0) + \ldots\right. \\ &\left. + (y - y_0)^3\frac{\partial^3 \varphi}{\partial y^3}(x_0, y_0)\right] + \ldots\end{aligned} \tag{1.73}$$

angeben.

Legt man bei einem quadratischen Raster nach Bild 1.31 a den Punkt mit dem Potential φ_0 in den Koordinatenursprung, dann ist $x_0 = y_0 = 0$, und die Koordinaten der Punkte 1, 2, 3 und 4 sind $(x_1 - x_0) = (y_2 - y_0) = a$ und $(x_3 - x_0) = (y_4 - y_0) = -a$. Wird nun Gl. (1.73) auf die vier benachbarten Punkte 1, 2, 3 und 4 angewendet, wobei ausschließlich Glieder bis zur 2. Ordnung berücksichtigt werden sollen, so ergeben sich die vier Potentiale

$$\begin{aligned}\varphi_1 &= \varphi_0 + a\frac{\partial \varphi}{\partial x}(0) + \frac{a^2}{2}\frac{\partial^2 \varphi}{\partial x^2}(0) \\ \varphi_2 &= \varphi_0 + a\frac{\partial \varphi}{\partial y}(0) + \frac{a^2}{2}\frac{\partial^2 \varphi}{\partial y^2}(0) \\ \varphi_3 &= \varphi_0 - a\frac{\partial \varphi}{\partial x}(0) + \frac{a^2}{2}\frac{\partial^2 \varphi}{\partial x^2}(0) \\ \varphi_4 &= \varphi_0 - a\frac{\partial \varphi}{\partial y}(0) + \frac{a^2}{2}\frac{\partial^2 \varphi}{\partial y^2}(0)\end{aligned}$$

deren Summe

$$\varphi_1 + \varphi_2 + \varphi_3 + \varphi_4 = 4\varphi_0 + a^2\left[\frac{\partial^2 \varphi}{\partial x^2}(0) + \frac{\partial^2 \varphi}{\partial y^2}(0)\right]$$

beträgt, in der wiederum der Klammerausdruck der Laplaceschen Potentialgleichung (1.72) entspricht und daher Null ist. Somit ergibt sich das Potential im

Punkt (x_0, y_0) aus der Vierpunktformel

$$\varphi_0 = (\varphi_1 + \varphi_2 + \varphi_3 + \varphi_4)/4 = (\sum_{i=1}^{4} \varphi_i)/4 \tag{1.74}$$

die in den meisten Fällen ausreicht. Wird dagegen die Taylorreihe nach Gl. (1.73) erst nach den Gliedern 6. Ordnung abgebrochen, so erhält man die Achtpunktformel

$$\varphi_0 = \frac{1}{5} \sum_{i=1}^{4} \varphi_i + \frac{1}{20} \sum_{i=5}^{8} \varphi_i \tag{1.75}$$

die auch die Gitterpunkte 5 bis 8 nach Bild 1.31 a in die Berechnung einbezieht.

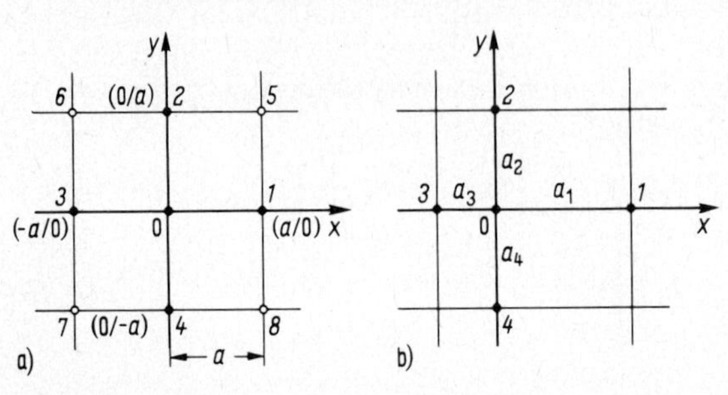

1.31
Rechteckgitternetz mit quadratischem Raster (a) und unsymmetrischer Zuordnung der Gitterpunkte 1 bis 4 zum Potentialpunkt 0 (b)

Eine größere Genauigkeit der Rechenergebnisse wird jedoch in erster Linie durch Verkleinerung der Maschenweite des Gitternetzes erzielt, wodurch andererseits die Anzahl der Gitterpunkte und somit auch der Rechenaufwand vergrößert wird.

In Randgebieten läßt sich das quadratische Raster nur in Sonderfällen, wie z. B. in Bild 1.32, beibehalten, weil hier die Orte einiger Gitterpunkte durch die Form der Elektroden vorgegeben sind. Bei einem unsymmetrischen

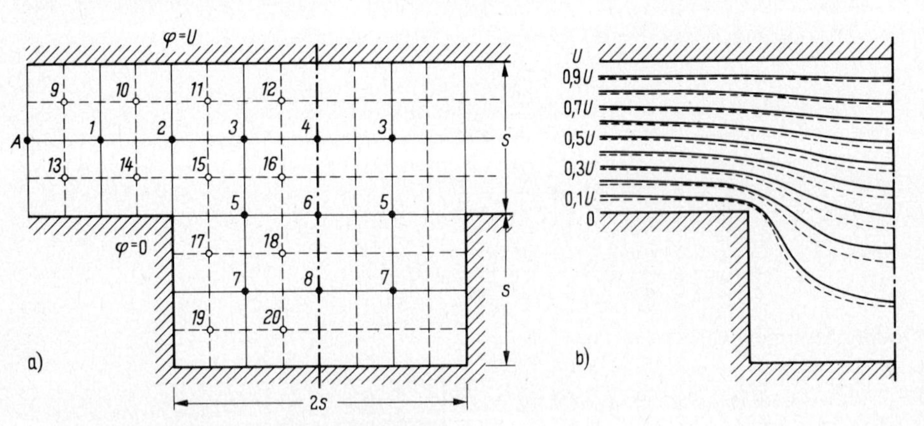

1.32 Parallele Plattenelektroden mit eingefräster Nut
a) Rechteckgitter mit Maschenweite s/2
b) Äquipotentiallinien aus digitaler Berechnung (———) und auf leitfähigem Papier mit der Äquipotentiallinien-Meßbrücke ermittelt (– – – –)

Raster nach Bild 1.31 b gilt für das Potential

$$\varphi_0 = \frac{\dfrac{\varphi_1}{a_1(a_1+a_2)} + \dfrac{\varphi_2}{a_2(a_1+a_2)} + \dfrac{\varphi_3}{a_3(a_3+a_4)} + \dfrac{\varphi_4}{a_4(a_3+a_4)}}{(1/a_1 a_2) + (1/a_3 a_4)} \tag{1.76}$$

aus dem sich für $a_1 = a_2 = a_3 = a_4 = a$ wieder Gl. (1.74) ergibt.

Hat das Raster n Gitterpunkte, läßt sich ein lineares Gleichungssystem für n unbekannte Potentiale angeben, dessen Lösung insbesondere bei großer Anzahl der Gitterpunkte zweckmäßig durch Iteration gefunden wird.

Beispiel 1.13. Die Elektrodenanordnung nach Bild 1.32 a besteht aus zwei planparallelen Platten, in deren untere eine Nut mit der Tiefe des Elektrodenabstands s und der Breite 2 s eingefräst ist. Über die Anordnung ist ein quadratisches Gitternetz mit der Maschenweite s/2 gelegt, so daß sich 8 Gitterpunkte mit zunächst unbekannten Potentialen ergeben. Für den Gitterpunkt A wird angenommen, daß hier das Feld schon homogen ist und daher das Potential $\varphi_A = U/2$ vorliegt. Links und rechts von der strichpunktiert eingezeichneten Symmetrielinie ergibt sich eine spiegelbildliche Potentialverteilung, was durch die gleiche Bezeichnung der Gitterpunkte signalisiert wird. Mit Gl. (1.74) lassen sich nun 8 Gleichungen für die Potentiale

$$\varphi_1 = (\varphi_2 + 1{,}5\,U)/4 \qquad \varphi_5 = (\varphi_3 + \varphi_6 + \varphi_7)/4$$
$$\varphi_2 = (\varphi_1 + \varphi_3 + U)/4 \qquad \varphi_6 = (2\,\varphi_5 + \varphi_4 + \varphi_8)/4$$
$$\varphi_3 = (\varphi_2 + \varphi_4 + \varphi_5 + U)/4 \qquad \varphi_7 = (\varphi_5 + \varphi_8)/4$$
$$\varphi_4 = (2\,\varphi_3 + \varphi_6 + U)/4 \qquad \varphi_8 = (2\,\varphi_7 + \varphi_6)/4$$

aufstellen. Beim ersten Iterationsschritt werden alle in den Klammerausdrücken stehenden Potentiale φ_1 bis φ_8 Null gesetzt. Die sich so ergebenden Potentiale φ_1 bis φ_8 werden wiederum in die Klammerausdrücke eingeführt, wodurch sich weiter angenäherte Potentiale ergeben. Dieser Vorgang wird so lange wiederholt, bis sich schließlich unveränderte Potentialwerte einstellen. Im vorliegenden Fall wird dies nach dem 16. Iterationsschritt mit den Potentialen

$$\varphi_1 = 0{,}5069\,U, \quad \varphi_2 = 0{,}5274\,U, \quad \varphi_3 = 0{,}6028\,U, \quad \varphi_4 = 0{,}6304\,U$$
$$\varphi_5 = 0{,}2534\,U, \quad \varphi_6 = 0{,}3159\,U, \quad \varphi_7 = 0{,}0950\,U, \quad \varphi_8 = 0{,}1265\,U$$

erreicht.

Nachdem diese Potentiale, deren Wahrheitsgehalt von der Richtigkeit der Randbedingungen (z. B. $\varphi_A = 0{,}5$ U) und der Maschenweite abhängt, bekannt sind, kann das Raster nochmals unterteilt werden, wie dies in Bild 1.32 a gestrichelt angedeutet ist. Die Potentiale der sich hierbei ergebenden Gitterpunkte 9 bis 20 lassen sich wiederum mit Gl. (1.74) berechnen, wobei die bekannten Potentialpunkte nunmehr diagonal angeordnet sind. Man erkennt leicht, daß sich so die Anzahl der berechenbaren Potentialpunkte beliebig vergrößern läßt, bis schließlich das Potentialfeld die angestrebte Auswertung gestattet. In Bild 1.32 b sind die so berechneten Äquipotentiallinien dargestellt. Zum Vergleich sind die mit der Äquipotentiallinien-Meßbrücke (s. Abschn. 1.11) auf leitfähigem Papier ermittelten gestrichelt eingetragen. Die Abweichungen sind vornehmlich auf das bei der Berechnung verwendete zu grobe Raster wie auch auf die mangelnde Genauigkeit der Äquipotentiallinien-Messung zurückzuführen.

1.10.2 Ersatzladungsverfahren

Dieses Berechnungsverfahren eignet sich besonders für rotationssymmetrische Elektrodenanordnungen [33]. Je nach Form der Elektroden werden eine Anzahl von der Größe her zunächst unbekannte Punkt-, Linien-, Ring- oder Flächenladungen innerhalb der Elektroden verteilt. Dann werden die Beträge der Ladungen so ermittelt, daß die Konturen der Elektroden die vorgegebenen Potentiale aufweisen. Nachfolgend wird dies Verfahren für beliebig geformte rotationssymmetrische Elektroden, die gegenüber einer Ebene angeordnet sind, abgeleitet, wobei als Ersatzladungen ausschließlich Punktladungen verwendet werden.

Befindet sich nach Bild 1.33 die Ladung Q_j im Abstand d_j über der Ebene mit dem Potential $\varphi = 0$, so ergibt sich nach dem Verfahren der gespiegelten Ladung (s. Abschn. 1.5.5) und bei Übertragung von Gl. (1.30) und (1.31) auf Punktladungen für den Punkt i mit den Koordinaten r_i und z_i das durch die Ladung Q_j bedingte Potential

$$\varphi_{ij} = \frac{Q_j}{\epsilon \cdot 4\pi}\left(\frac{1}{\rho_1} - \frac{1}{\rho_2}\right)$$

$$= \frac{Q_j}{\epsilon \cdot 4\pi}\left(\frac{1}{\sqrt{r_i^2 + (d_j - z_i)^2}} - \frac{1}{\sqrt{r_i^2 + (d_j + z_i)^2}}\right) = Q_j\, p_{ij} \quad (1.77)$$

mit dem Ladungskoeffizienten

$$p_{ij} = \frac{1}{\epsilon \cdot 4\pi}\left(\frac{1}{\sqrt{r_i^2 + (d_j - z_i)^2}} - \frac{1}{\sqrt{r_i^2 + (d_j + z_i)^2}}\right) \quad (1.78)$$

Werden nun nach Bild 1.34 n Ladungen Q_1, Q_2, bis Q_n in z. B. gleichen Abständen Δz übereinander angeordnet, so ist das Potential im Punkt i

$$\varphi_i = Q_1\, p_{i1} + Q_2\, p_{i2} + \ldots + Q_n\, p_{in} = \sum_{j=1}^{n} Q_j\, p_{ij} \quad (1.79)$$

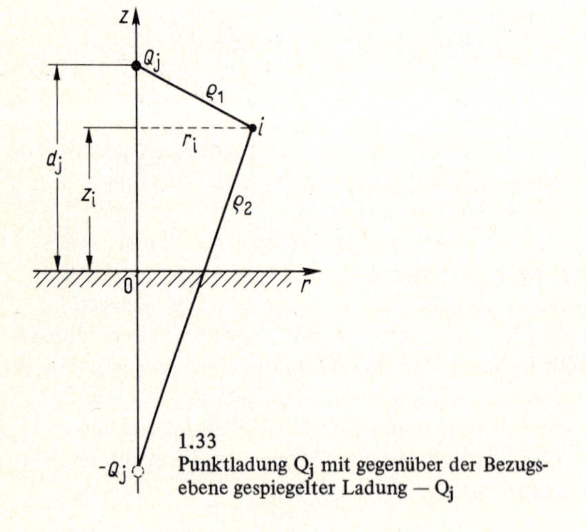

1.33
Punktladung Q_j mit gegenüber der Bezugsebene gespiegelter Ladung $-Q_j$

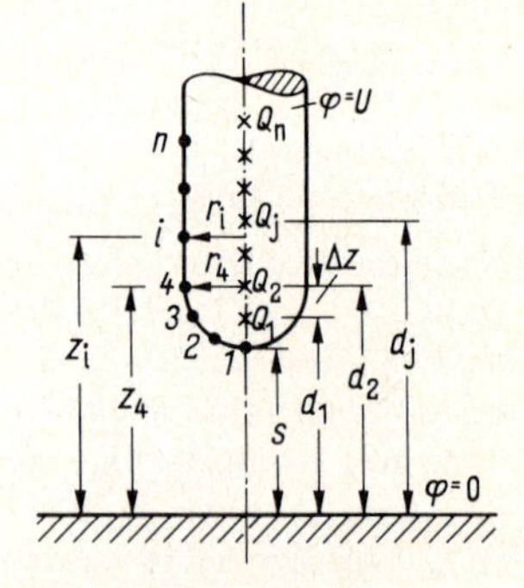

1.34 Rotationssymmetrische Elektrodenanordnung mit n punktförmigen Ersatzladungen und Konturpunkten

Legt man weiter auf der Oberfläche der Elektrode n K o n t u r p u n k t e fest, so müssen diese alle das Potential $\varphi = U$ aufweisen. Wendet man also Gl. (1.79) auf alle Konturpunkte an, ergibt sich das lineare Gleichungssystem

$$\begin{bmatrix} p_{11} & p_{12} & p_{13} & \cdots & p_{1n} \\ p_{21} & p_{22} & p_{23} & \cdots & p_{2n} \\ \vdots & \vdots & \vdots & & \vdots \\ p_{n1} & p_{n2} & p_{n3} & \cdots & p_{nn} \end{bmatrix} \cdot \begin{bmatrix} Q_1 \\ Q_2 \\ \vdots \\ Q_n \end{bmatrix} = \begin{bmatrix} U \\ U \\ \vdots \\ U \end{bmatrix} \qquad (1.80)$$

dessen Lösungen die Beträge der Ersatzladungen Q_1 bis Q_n liefern. Sind diese Ladungen bekannt, kann mit Gl. (1.79) das Potential jedes Feldpunkts berechnet werden. Die Berechnung fällt umso genauer aus, je mehr Ladungen und Konturpunkte vorgesehen werden, wodurch allerdings der Rechenaufwand steigt. Es wird also immer zwischen Rechenaufwand und gewünschtem Grad der Ergebnisgenauigkeit abzuwägen sein. Im Beispiel 1.14 wird aber gezeigt, daß schon mit sehr geringem Aufwand brauchbare Ergebnisse erzielt werden können.

Über die Potentialgleichung (1.79) lassen sich die e l e k t r i s c h e n F e l d s t ä r k e n in z-Richtung $E_z = -\partial\varphi/\partial z$ und in r-Richtung $E_r = -\partial\varphi/\partial r$ und somit auch der Feldstärkevektor $\vec{E}$ für jede Stelle des Feldes in einfacher Weise ermitteln, wobei ein negativer Betrag ausweist, daß diese Vektorkomponente der positiven Richtung der Koordinate entgegengerichtet ist.

Von besonderem Interesse ist die Feldstärke längs der Rotationsachse, zumal hier an der Elektrodenkuppe der Höchstwert auftritt. Für diesen Fall ist $r_i = 0$ und somit nach Gl. (1.79) das P o t e n t i a l

$$\varphi = \sum_{j=1}^{n} \frac{Q_j}{\epsilon 4 \pi} \left[\frac{1}{d_j - z} - \frac{1}{d_j + z}\right]$$

und der Betrag der e l e k t r i s c h e n F e l d s t ä r k e

$$E_z = \left| -\frac{\partial \varphi}{\partial z} \right| = \left| -\sum_{j=1}^{n} \frac{Q_j}{\epsilon 4 \pi} \left[\frac{1}{(d_j - z)^2} + \frac{1}{(d_j + z)^2}\right]\right| \qquad (1.81)$$

Mit der Schlagweite s ergibt sich der H ö c h s t w e r t d e r F e l d s t ä r k e, wenn $z = s$ gesetzt wird.

Beispiel 1.14. Eine Kugelelektrode in Luft hat nach Bild 1.35 den Radius $r_k = 2{,}0$ cm im Abstand $s = 4{,}0$ cm von der Ebene mit dem Potential $\varphi = 0$. Das Potential der Kugel beträgt $\varphi_k = U = 100$ V. Es sind die Höchstfeldstärke und der Ausnutzungsfaktor nach Abschn. 1.12.1 zu berechnen.

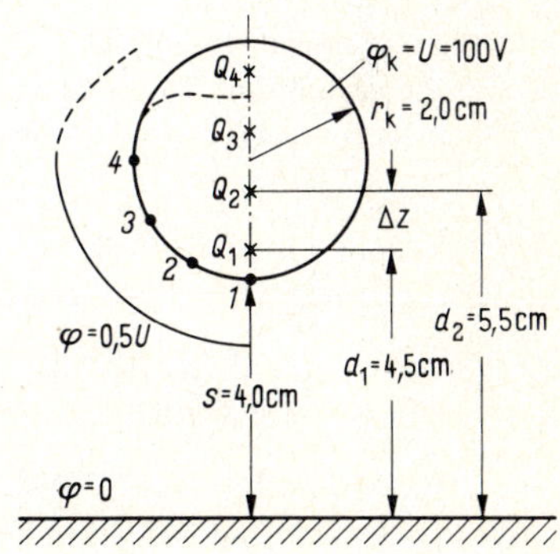

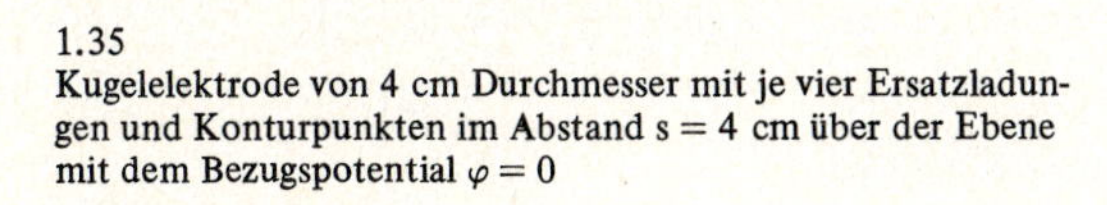
1.35
Kugelelektrode von 4 cm Durchmesser mit je vier Ersatzladungen und Konturpunkten im Abstand $s = 4$ cm über der Ebene mit dem Bezugspotential $\varphi = 0$

In der Kugel sind auf der Rotationsachse 4 punktförmige Ersatzladungen Q_1 bis Q_4 im gleichen Abstand $\Delta z = 1{,}0$ cm übereinander angeordnet. Wegen der geringen Anzahl der Ladungen werden die 4 Konturpunkte ausschließlich auf die untere Hälfte der Kugel verteilt, damit in diesem wichtigen Bereich die Elektrodenform gut erfaßt ist. Für die Konturpunkte gelten die Koordinaten $r_1 = 0$, $z_1 = 4{,}0$ cm; $r_2 = 0{,}9682$ cm, $z_2 = 4{,}25$ cm; $r_3 = 1{,}7321$ cm, $z_3 = 5{,}0$ cm; $r_4 = 2{,}0$ cm, $z_4 = 6{,}0$ cm. Die Abstände der Punktladungen von der Ebene betragen $d_1 = 4{,}5$ cm, $d_2 = 5{,}5$ cm, $d_3 = 6{,}5$ cm und $d_4 = 7{,}5$ cm. Mit diesen Werten ist z. B. der Ladungskoeffizient

$$p_{42} = \frac{1}{\epsilon_0 \epsilon_r 4\pi}\left(\frac{1}{\sqrt{r_4^2 + (d_2 - z_4)^2}} - \frac{1}{\sqrt{r_4^2 + (d_2 + z_4)^2}}\right)$$

$$= \frac{1}{8{,}854\,(\text{pF/m}) \cdot 4\pi}\left(\frac{1}{\sqrt{(2{,}0\text{ cm})^2 + (5{,}5\text{ cm} - 6{,}0\text{ cm})^2}}\right.$$

$$\left. - \frac{1}{\sqrt{(2{,}0\text{ cm})^2 + (5{,}5\text{ cm} + 6{,}0\text{ cm})^2}}\right) = 0{,}359\ \text{TV/(As)}$$

Mit den Ladungskoeffizienten in TV/(As), den Ladungen in pAs und den Spannungen in V erhält man nach Gl. (1.80) das Gleichungssystem der Zahlenwerte

$$\begin{bmatrix} 1{,}6981 & 0{,}5046 & 0{,}2739 & 0{,}1786 \\ 0{,}7967 & 0{,}4767 & 0{,}2837 & 0{,}1888 \\ 0{,}4055 & 0{,}4141 & 0{,}3150 & 0{,}2243 \\ 0{,}2754 & 0{,}3590 & 0{,}3650 & 0{,}2937 \end{bmatrix} \cdot \begin{bmatrix} \{Q_1\} \\ \{Q_2\} \\ \{Q_3\} \\ \{Q_4\} \end{bmatrix} = \begin{bmatrix} 100{,}0 \\ 100{,}0 \\ 100{,}0 \\ 100{,}0 \end{bmatrix}$$

aus dem sich schon mit einem Taschenrechner (s. Band VII) die Ersatzladungen $Q_1 = -0{,}492$ pAs, $Q_2 = 69{,}157$ pAs, $Q_3 = 387{,}829$ pAs und $Q_4 = -225{,}559$ pAs berechnen lassen.

Mit diesen Ersatzladungen kann man mit Gl. (1.77) für jeden Punkt (r_i, z_i) das Potential ermitteln. Hierbei zeigt sich, daß im vorliegenden Fall die Konturen für $\varphi = U$ oberhalb $z = 6$ cm wegen der geringen Anzahl der Konturpunkte von der Kugelform abweichen, was in Bild 1.35 gestrichelt dargestellt ist. Auch die 50%-Äquipotentiallinie ist nur im Bereich zwischen Kugel und Ebene richtig. Die sich aus dieser Rechnung ergebende Kapazität

$$C = \Big(\sum_{j=1}^{4} Q_j\Big)/U = [(-0{,}492 + 69{,}157 + 387{,}829 - 225{,}559)\ \text{pAs}]/(100{,}0\ \text{V})$$

$$= 2{,}309\ \text{pF}$$

ist deshalb gegenüber der mit der Luft-Einheitskapazität nach Abschn. 1.5.6 ermittelten Kapazität $C = 2{,}8$ pF um rund 18% kleiner. Da jedoch der Bereich zwischen Kugel und Ebene gut erfaßt ist, entsprechen der mit Gl. (1.81) berechnete Höchstwert der Feldstärke

$$E_{max} = \Big|-\sum_{j=1}^{4} Q_j\,[(d_j - s)^{-2} + (d_j + s)^{-2}]/(\epsilon \cdot 4\pi)\Big|$$

$$= |-\{-0{,}492\ \text{pAs}\,[(4{,}5\text{ cm} - 4{,}0\text{ cm})^{-2} + (4{,}5\text{ cm} + 4{,}0\text{ cm})^{-2}]$$

$$+ 69{,}157\ \text{pAs}\,[(5{,}5\text{ cm} - 4{,}0\text{ cm})^{-2} + (5{,}5\text{ cm} + 4{,}0\text{ cm})^{-2}]$$

$$+ 387{,}829\ \text{pAs}\,[(6{,}5\text{ cm} - 4{,}0\text{ cm})^{-2} + (6{,}5\text{ cm} + 4{,}0\text{ cm})^{-2}]$$

$$- 225{,}559\ \text{pAs}\,[(7{,}5\text{ cm} - 4{,}0\text{ cm})^{-2} + (7{,}5\text{ cm} + 4{,}0\text{ cm})^{-2}]\}$$

$$/[8{,}854\,(\text{pF/m})\,4\pi]| = 67{,}39\ \text{V/cm}$$

sowie auch nach Abschn. 1.12.1 der Ausnutzungsfaktor

$$\eta = U/(E_{max}\, s) = 100{,}0\ V/[67{,}39\ (V/cm) \cdot 4{,}0\ cm] = 0{,}371$$

nahezu exakt den theoretischen Werten.

1.11 Grafische Methoden zur Feldbestimmung

Aus der zeichnerischen Darstellung eines elektrischen Feldbildes lassen sich, wenn die gezeichneten Äquipotential- und Verschiebungslinien entsprechend gewählt sind, Potentialverteilung, örtlich auftretende Feldstärken und Kapazität der Elektrodenanordnung angenähert ermitteln. Dies ist besonders bei Elektrodenanordnungen vorteilhaft, die rein rechnerisch nicht oder nur schwer zu erfassen sind.

Jedes elektrische Feld hat eine räumliche Ausdehnung. Ein in der Ebene gezeichnetes Feldbild kann deshalb immer nur ein Schnittbild sein. Die Schnittebene muß so gelegt werden, daß die Feldlinien in ihr verlaufen und sie an keiner Stelle durchsetzen. Die umfassende Darstellung eines Feldes durch ein einziges Feldbild bleibt daher auf zylindrische und rotationssymmetrische Elektrodenanordnungen beschränkt.

Bei zylindrischen Elektrodenanordnungen, etwa koaxialen Zylindern, tritt parallel zur Längsachse kein Potentialgefälle auf, so daß die Lage aller Feldstärkevektoren durch zwei Koordinaten erklärt ist. In solchen Fällen spricht man auch von zweidimensionalen elektrischen Feldern. Sie sind jeweils durch ein senkrecht zur Längsachse gelegtes Schnittbild eindeutig beschrieben (Bild 1.9).

1.11.1 Kapazitätsermittlung

In Bild 1.36 ist das Feldbild eines zu einer Ebene parallel verlaufenden Zylinders dargestellt. Die elektrischen Verschiebungslinien und die Äquipotentiallinien bilden Feldkästchen, die angenähert als Rechtecke mit den mittleren Kantenlängen a und b angesehen werden können. Jedes Kästchen repräsentiert mit der Länge der Elektrodenanordnung ℓ ein Feldvolumen, dessen Querschnitt ℓ b von einem elektrostatischen Teilfluß $\Delta\Psi$ durchsetzt wird. Der dielektrische Leitwert ist gleich der Teilkapazität

$$\Delta C = \epsilon\, \ell\, b/a \qquad (1.82)$$

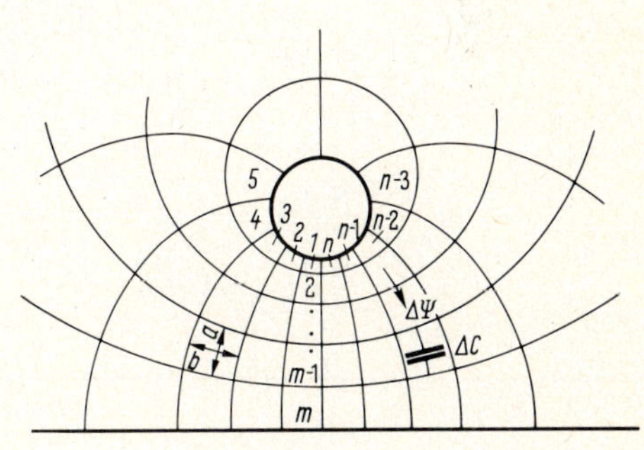

1.36
Zur grafischen Kapazitätsermittlung der Elektrodenanordnung Zylinder-Ebene

Zeichnet man das Feldbild so, daß das Verhältnis b/a für alle sich ergebenden Kästchen gleich ist (was bei einiger Übung am leichtesten zu erreichen ist, wenn man etwa quadratische Kästchen mit b/a = 1 anstrebt), so sind auch alle Teilkapazitäten ΔC gleich groß. Beträgt die Anzahl der von zwei Verschiebungslinien eingeschlossenen Kästchen m und der von zwei Äquipotentiallinien eingeschlossenen n, so ergibt sich für die Kapazität der Elektrodenanordnung

$$C = \frac{n}{m} \epsilon \ell \frac{b}{a} \tag{1.83}$$

Bei einer solchen Feldbildkonstruktion sind die Potentialdifferenzen $\Delta \varphi = U/m$ zwischen jeweils zwei benachbarten Äquipotentialflächen gleich groß, so daß das Feldbild eine näherungsweise Aussage über die Potentialverteilung und die örtlich vorliegenden Feldstärken ermöglicht.

Die Feldbildermittlung kann durch Ausmessen der Äquipotentiallinien mit einer Meßbrücke erleichtert werden, wobei die Elektrodenanordnung im elektrolytischen Trog nachgebildet oder bei einem anderen Verfahren mit Silberleitlack auf dünnes leitendes Graphitpapier aufgetragen wird. Hierbei wird genutzt, daß ein elektrisches Strömungsfeld und ein elektrostatisches Feld bei gleicher Elektrodenanordnung das gleiche Feldbild ergeben.

Bei einer rotationssymmetrischen Elektrodenanordnung, für die in Bild 1.37 die Anordnung eines Stabes gegen eine Ebene gewählt ist, ergeben sich die Teilkapazitäten

$$\Delta C = \epsilon \cdot 2 \pi rb/a \tag{1.84}$$

aus den dielektrischen Leitwerten der gestrichelt angedeuteten Ringe mit der Höhe a und der Grundfläche $2 \pi r b$, wenn r der Abstand des Kästchenmittelpunkts von der Rotationsachse ist. Gleiche Teilkapazitäten sind in diesem Fall dann gegeben, wenn für alle Kästchen das Verhältnis rb/a gleich ist, was ungleich schwieriger zu erreichen ist, als das Zeichnen von quadratischen Kästchen bei zweidimensionalen Feldern. Sind auch hier wieder m und n die Anzahl der jeweils von zwei Verschiebungs- bzw. Äquipotentiallinien eingeschlossenen Kästchen, so ist die

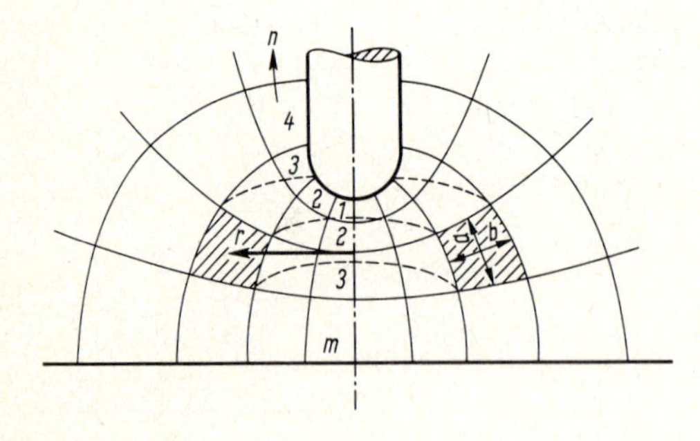

1.37
Rotationssymmetrisches Feldbild eines zur Ebene senkrecht stehenden Stabes

G e s a m t k a p a z i t ä t

$$C = \frac{n}{m} \epsilon \cdot 2\pi \frac{r\,b}{a} \tag{1.85}$$

Zur groben Abschätzung der Kapazität genügt es mitunter, das Feldbild sinnvoll zu skizzieren, die Abmessungen a, b und r für jedes Kästchen zu ermitteln und die hiermit nach Gl. (1.84) berechneten unterschiedlichen Teilkapazitäten ΔC zusammenzufassen.

Ä q u i p o t e n t i a l l i n i e n rotationssymmetrischer Elektrodenanordnungen kann man ebenfalls im elektrolytischen Trog, u. zw. im K e i l b a d nach Bild 1.38 ausmessen, wobei lediglich ein keilförmiger Teil des elektrischen Feldes nachgebildet wird. Der Wasserrand R am Boden des schräggestellten Troges bildet die Rotationsachse der untersuchten Elektrodenanordnung.

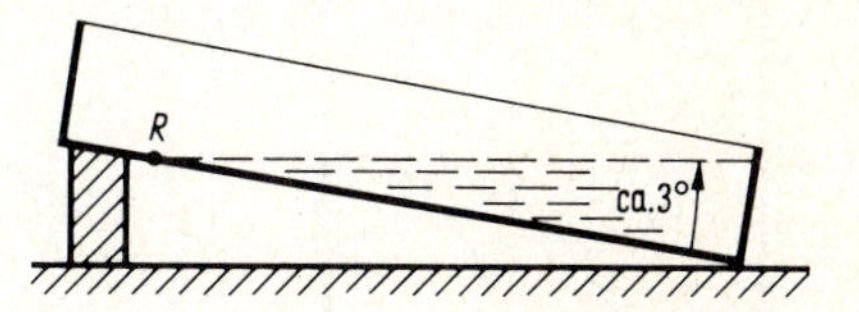

1.38
Keilbad zum Ausmessen rotationssymmetrischer Felder mit Wasserrand R als Rotationsachse

Wird eine zweidimensionale Elektrodenanordnung, z. B. nach Bild 1.36, auf leitfähigem Graphitpapier mit Silberleitlack abgebildet, so kann die Kapazität auch durch eine W i d e r s t a n d s m e s s u n g ermittelt werden, da die auf die Länge b e z o g e n e K a p a z i t ä t

$$C' = K_P/R \tag{1.86}$$

dem gemessenen Widerstand R zwischen den aufgezeichneten Elektroden umgekehrt proportional ist. Lediglich die P a p i e r k o n s t a n t e K_P muß durch eine Vergleichsmessung festgestellt werden. Hierzu bildet man am einfachsten auf dem Graphitpapier das Feld zweier paralleler Schienen nach Bild 1.39 mit dem Schienenabstand a und der Schienenbreite b nach. Diese Anordnung mit dem meßbaren Widerstand R_P hat die berechenbare bezogene Kapazität $C'_P = K_P/R_P = \epsilon_0\, \epsilon_r\, b/a$, woraus sich die P a p i e r k o n s t a n t e

$$K_P = R_P\, \epsilon_0\, \epsilon_r\, b/a \tag{1.87}$$

berechnen läßt. Dieses Verfahren ist im Prinzip auch auf r o t a t i o n s s y m m e - t r i s c h e A n o r d n u n g e n übertragbar, wobei entweder das Keilbad nach Bild 1.38 durch keilförmig gestufte Papierschichten nachgebildet wird oder die Koordinatentransformation nach Abschn. 1.11.2 Anwendung findet. Die Papierkonstante wird hier ebenfalls über berechenbare Elektrodenanordnungen ermittelt.

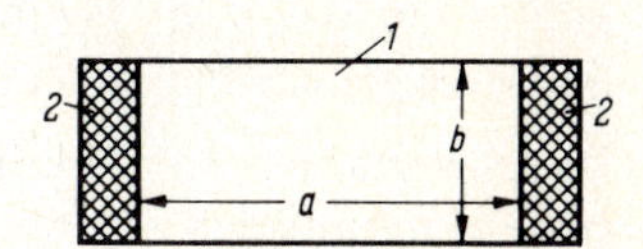

1.39
Probestreifen zur Ermittlung der Papierkonstanten K_P mit Graphitpapier 1 und Leitlackelektroden 2

1.11.2 Koordinatentransformation

Bei den in Bild 1.40 dargestellten koaxialen Zylinderelektroden greifen zwei Dielektriken mit unterschiedlichen Dielektrizitätszahlen ineinander, wobei die Trennfläche zur Vergrößerung des Kriechweges gekrümmt ist. Um die Feldverhältnisse im Bereich der Trennfläche studieren zu können, muß die Längsachse der Zylinderanordnung in der Bildebene liegen. Es handelt sich also nicht mehr um ein zweidimensionales Feld. Eine einfache Feldbilddarstellung durch Skizzieren quadratischer Kästchen nach Abschn. 1.11.1 oder das Ausmessen der Äquipotentiallinien auf Graphitpapier ist hier nicht mehr anwendbar.

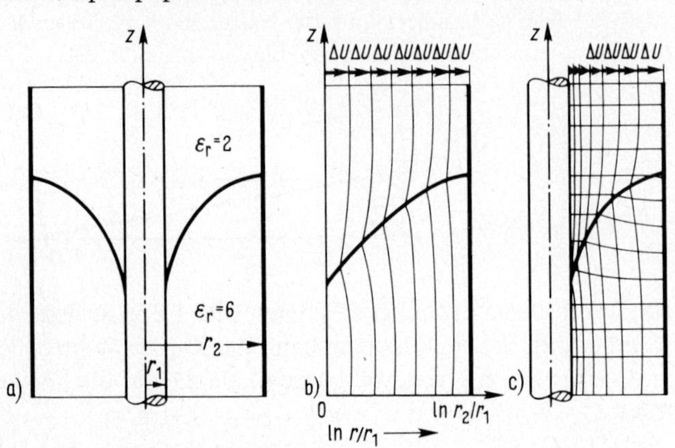

1.40
Zylinderelektroden mit gefugten Dielektriken (a), transformierten Abmessungen mit Äquipotentiallinien (b) und zurücktransformiertem Feldbild (c)

Bei koaxialen Zylindern gilt nach Gl. (1.20) für die elektrische Feldstärke $E = E_1\, r_1/r$ und somit die Potentialverteilung nach Gl. (1.3)

$$\varphi_1 - \varphi = \int_{r_1}^{r} E\, dr = E_1\, r_1 \ln (r/r_1)$$

und mit $\varphi_1 = 0$

$$\varphi = - E_1\, r_1 \ln (r/r_1) \tag{1.88}$$

Das Potential ist nicht linear über dem Radius r verteilt, dagegen besteht aber Linearität zwischen dem Potential φ und dem Logarithmus $\ln (r/r_1)$. Werden also alle Elektrodenabmessungen in Richtung der Koordinate r durch das logarithmierte Verhältnis $\ln (r/r_1)$ dargestellt, so kann die so transformierte Elektrodenanordnung wie ein zweidimensionales Feld nach Abschn. 1.11.1 behandelt werden. Die für dieses Bild ermittelten bzw. im elektrolytischen Trog oder auf Graphitpapier ausgemessenen Äquipotentiallinien (Bild 1.40 b) müssen dann wieder mit den Elektrodenabmessungen zurücktransformiert werden. Man erhält dann das wirkliche, in Bild 1.40 c gezeigte Feldbild, bei dem jeweils zwei benachbarte Äquipotentiallinien die gleiche Potentialdifferenz $\Delta \varphi = \Delta U$ einschließen.

Dieses Verfahren der Koordinatentransformation kann vorteilhaft bei allen Elektrodenanordnungen angewendet werden, die einer koaxialen Zylinderanordnung ähnlich sind. Voraussetzung ist, daß die elektrischen Verschiebungslinien vorwiegend radial zur Rotationsachse verlaufen.

1.12 Ausnutzungsfaktor

Bei inhomogenen Feldern, z. B. nach Bild 1.37, tritt bei der angelegten Spannung U an der Elektroden-Spitze die maximale elektrische Feldstärke E_{max} auf. Ist mit der Schlagweite s die mittlere Feldstärke

$$E_{mi} = U/s$$

so wird nach Schwaiger [28] der Ausnutzungsfaktor

$$\eta = E_{mi}/E_{max} \tag{1.89}$$

definiert, der auch Gütefaktor oder als Kehrwert Inhomogenitätsgrad genannt wird. Somit gilt für die Spannung

$$U = E_{mi}\, s = E_{max}\, s\, \eta \tag{1.90}$$

Für das homogene Feld ist der Ausnutzungsfaktor $\eta = 1$, bei inhomogenen Feldern dagegen $\eta < 1$.

Für einige rechnerisch erfaßbare Elektrodenanordnungen, wie z. B. Zylinder- und Kugelelektroden, läßt sich der Ausnutzungsfaktor genau ermitteln. Vielfach ist aber, so z. B. bei Spitze-Platte-Elektroden, eine exakte mathematische Erfassung nicht möglich. Hier müssen wieder die numerischen Berechnungsverfahren nach Abschn. 1.10 oder grafische Verfahren nach Abschn. 1.11 angewendet werden, wie dies nachstehend noch näher ausgeführt wird.

1.12.1 Kugel- und Zylinderfeld

Es sollen die Ausnutzungsfaktoren für konzentrische Kugeln und koaxiale Zylinder nach Bild 1.9 berechnet werden. In beiden Fällen ist mit den Radien r_1 und r_2 die mittlere Feldstärke $E_{mi} = U/(r_2 - r_1)$. Für Kugelelektroden gilt nach Gl. (1.27) für die an der Innenelektrode (Radius $r = r_1$) auftretende maximale elektrische Feldstärke

$$E_{max} = \frac{U}{r_1^2\,(1/r_1 - 1/r_2)} = \frac{U\, r_2}{r_1\,(r_2 - r_1)}$$

und somit für den Ausnutzungsfaktor

$$\eta = E_{mi}/E_{max} = r_1/r_2 \tag{1.91}$$

Für koaxiale Zylinder ist nach Gl. (1.24) die maximale Feldstärke

$$E_{max} = \frac{U}{r_1 \ln (r_2/r_1)}$$

Tafel 1.41 Ausnutzungsfaktoren η mehrerer Zylinderelektroden-Anordnungen abhängig von den Geometriekennwerten p und q

p	q = 1	q = 2	q = 3	q = 5	q = 10	q = 20	q = ∞	q = p	q = 3	q = 5	q = 10	q = 20
1	1	1	1	1	1	1	1	1	1	1	1	1
1,5	0,924	0,894	0,884	0,878	0,871	0,864	0,861	0,811	0,831	0,847	0,855	0,857
2	0,861	0,815	0,798	0,783	0,772	0,766	0,760	0,693	0,717	0,735	0,748	0,754
3	0,760	0,702	0,679	0,658	0,641	0,632	0,623	0,549	0,549	0,582	0,604	0,614
4	0,684	0,623	0,595	0,574	0,555	0,548	0,533	0,462	–	0,478	0,507	0,521
5	0,623	0,564	0,538	0,513	0,492	0,486	0,468	0,402		0,402	0,439	0,454
6	0,574	0,517	0,488	0,469	0,450	0,435	0,419	0,358		–	0,386	0,404
8	0,497	0,447	0,420	0,401	0,377	0,368	0,349	0,297			0,310	0,331
10	0,442	0,397	0,375	0,352	0,330	0,324	0,301	0,256			0,256	0,281
15	0,349	0,314	0,296	0,277	0,257	0,249	0,228	0,193			–	0,204
20	0,291	0,263	0,248	0,232	0,214	0,202	0,186	0,158				0,158
50	0,1574	–	–	–	–	–	0,0932	0,0798				–
100	0,094						0,0537	0,047				
300	0,038						0,0214	0,019				
500	0,025						0,0138	0,0125				
800	0,0168						0,0092	0,0084				
1000	0,0138						0,0076	0,0069				

Es ergibt sich hiermit der Ausnutzungsfaktor

$$\eta = \frac{E_{mi}}{E_{max}} = \frac{\ln (r_2/r_1)}{(r_2/r_1) - 1} \tag{1.92}$$

Die Ausnutzungsfaktoren für anaxiale Zylinder und exzentrische Kugeln können aus den Tafeln 1.41 und 1.42 entnommen werden. Mit der Schlagweite s, dem Radius r der stärker und dem Radius R der weniger stark gekrümmten Elektrode ergeben sich die Werte als Funktion der Geometriekennwerte

$$p = 1 + (s/r) \tag{1.93}$$

und $$q = R/r \tag{1.94}$$

Tafel 1.42 Ausnutzungsfaktoren η mehrerer Kugelelektroden-Anordnungen abhängig von den Geometriekennwerten p und q

	2r s 2r	2r s 2r	2r s	2r 2R
p	q = 1	q = 1	q = ∞	q = p
1,0	1	1	1	1
1,5	0,850	0,834	0,732	0,667
2	0,732	0,660	0,563	0,500
3	0,563	0,428	0,372	0,333
4	0,449	0,308	0,276	0,250
5	0,372	0,238	0,218	0,200
6	0,318	0,193	0,178	0,167
7	0,276	0,163	0,152	0,143
8	0,244	0,140	0,133	0,125
9	0,218	0,123	0,117	0,111
10	0,197	–	0,105	0,100
15	0,133		–	–

Bei Kugel- oder Zylinderelektroden gegenüber einer Ebene ist R = q = ∞. Ergeben sich in den Tafeln nicht aufgeführte Zwischenwerte für p, so kann entweder zwischen den bekannten Werten interpoliert oder, wenn größere Genauigkeit erforderlich ist, die entsprechende Kurve zweckmäßig im doppeltlogarithmischen Maßstab dargestellt werden.

Beispiel 1.15. Ein Hochspannungstransformator nach Bild 1.43 mit einer kugelig ausgebildeten Abschirmung des Durchmessers D = 50 cm soll bei dem Effektivwert der Wechselspannung U = 300 kV einen Deckenabstand s aufweisen, bei dem die elektrische Höchstfeldstärke E_{max} = 25 kV/cm nicht überschritten wird. Welcher Mindestabstand s_x ist erforderlich?

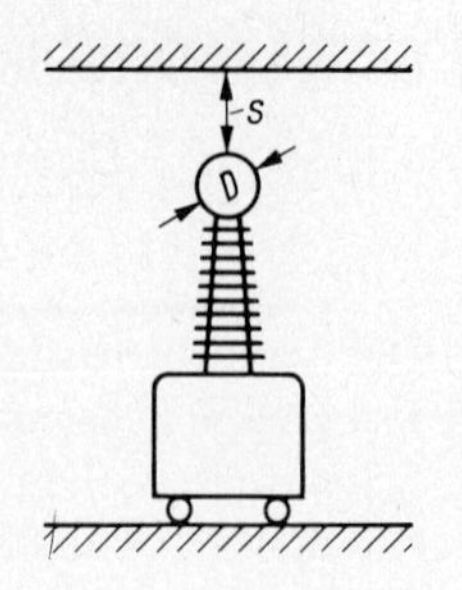

1.43
Transformator mit kugelig ausgebildeter Abschirmung

Da hier die Schlagweite s gesucht wird, von der der Ausnutzungsfaktor η wiederum abhängig ist, wird sie zweckmäßig solange vorgegeben und verändert, bis der Höchstwert der Spannung

$$U_{max} = E_{max}\, s\, \eta = 25\ (\mathrm{kV/cm})\ s\, \eta$$

mit dem Scheitelwert $\hat{u} = \sqrt{2} \cdot 300$ kV = 424,3 kV der vorgegebenen Spannung übereinstimmt. Für R = q = ∞ und r = D/2 = 25 cm findet man mit Gl. (1.93) aus Tafel 1.42 die Werte von Tafel 1.44.

Aus der grafischen Lösung nach Bild 1.45 ergibt sich der gesuchte Mindestabstand s_x = 40 cm.

Tafel 1.44 Berechnung der Spannungen für Beispiel 1.15

s in cm	p	η	U_{max} in kV
25	2	0,563	351,9
50	3	0,372	465,0
75	4	0,276	517,5

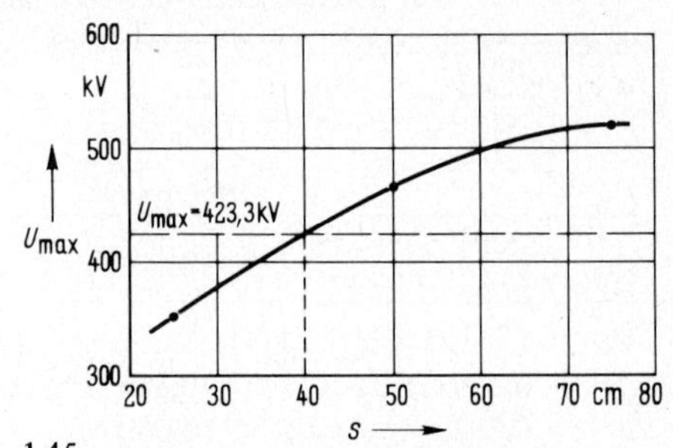

1.45
Spannungs-Höchstwert U_{max} abhängig von der Schlagweite s zur Ermittlung der Mindestschlagweite

1.12.2 Numerische Berechnung

Mit dem Differenzenverfahren nach Abschn. 1.10.1, insbesondere aber mit dem Ersatzladungsverfahren nach Abschn. 1.10.2 lassen sich auch die Ausnutzungsfaktoren von Elektrodenanordnungen ermitteln, die einer analytischen mathematischen Lösung nicht zugänglich sind.

Beim Differenzenverfahren kommt es darauf an, die Dichte der Gitterpunkte mit bekanntem Potential so zu steigern, daß hieraus die Höchstfeldstärke E_{max} und somit der Ausnutzungsfaktor

$$\eta = U/(E_{max}\, s)$$

berechnet werden kann. Wenn aber die Höchstfeldstärke $E_{max} = \Delta\varphi/\Delta s$ aus der Potentialdifferenz $\Delta\varphi$ und dem Abstand Δs zweier benachbarter Potentialpunkte gebildet wird, ergibt sich letztlich ein Näherungswert, dessen Genauigkeit nur durch eine Verkleinerung der Maschenweite und folglich durch großen Rechenaufwand gesteigert werden kann. Ist dagegen das Feld nach Bild 1.46 im Bereich der Elektrode mit dem Krümmungsradius r_1 etwa zylindrisch, so kann nach Gl. (1.24) mit dem Radius $r_2 = r_1 + \Delta s$ und der Spannung $U_{12} = \Delta\varphi$ die Höchstfeldstärke

$$E_{max} = \frac{\Delta\varphi}{r_1 \ln[1 + (\Delta s/r_1)]} \tag{1.95}$$

auch bei größerer Maschenweite noch recht genau berechnet werden.

Das Ersatzladungsverfahren gestattet die unmittelbare Berechnung der Höchstfeldstärke nach Gl. (1.81) und somit auch des Ausnutzungsfaktors, wie dies in Beispiel 1.14 gezeigt wird.

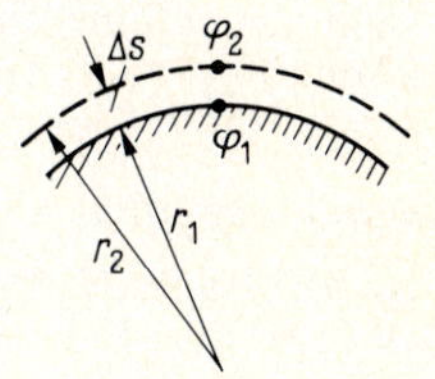

1.46
Zylinderfeld in Elektrodennähe

1.12.3 Grafisches Verfahren

Die Elektrodenanordnung wird mit Silberleitlack auf leitfähigem Graphitpapier nachgebildet, auf dem die Äquipotentiallinien mit einer Meßbrücke ausgemessen werden (Bild 1.47). So ermittelte Äquipotentiallinien gelten (s. Abschn. 1.11.1) ausschließlich für zweidimensionale Felder. Es ist aber möglich, die Ausnutzungsfaktoren rotationssymmetrischer Elektrodenanordnungen mit dem gleichen Verfahren zu bestimmen.

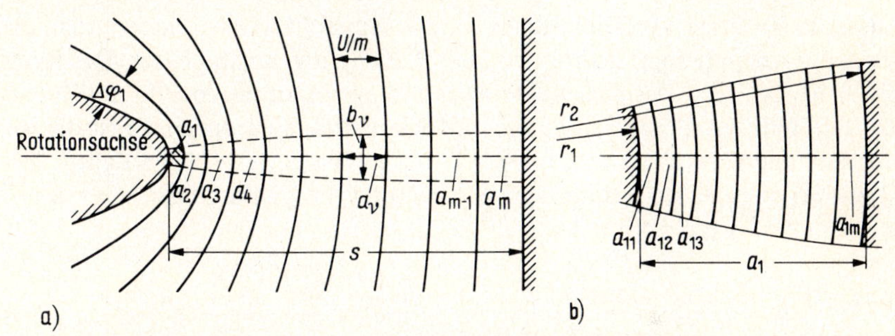

1.47 Zweidimensionale bzw. rotationssymmetrische Elektrodenanordnung
a) Schnittbild mit zweidimensional ausgemessenen Äquipotentiallinien
b) Vergrößerung des in a) schraffierten Feldteils

Zweidimensionales Feld. Bei der in Bild 1.47 dargestellten Elektrodenanordnung mit der anliegenden Spannung U sollen die Potentialdifferenzen $\Delta\varphi_1 = U/m$ zwischen jeweils zwei benachbarten Äquipotentiallinien gleich groß sein. In 1. Näherung ist dann mit der Teilstrecke a_1 die Höchstfeldstärke $E_{max} \approx \Delta\varphi_1/a_1 = U/(ma_1)$. Wird dieser Ausdruck umgestellt und mit der Schlagweite s erweitert, ergibt sich nach Gl. (1.90) die Spannung

$$U \approx E_{max}\, s\,(m\, a_1/s) = E_{max}\, s\, \eta_1 \tag{1.96}$$

mit dem Ausnutzungsfaktor erster Näherung

$$\eta_1 = m a_1/s \tag{1.97}$$

Die Genauigkeit wird erhöht, wenn der in Bild 1.47a schraffiert dargestellte und in Bild 1.47b gesondert herausgestellte Feldteil der Länge a_1 in gleicher Weise ausgemessen wird. Zwischen jeweils zwei benachbarten Äquipotentiallinien besteht dann die Potentialdifferenz $\Delta\varphi_2 = \Delta\varphi_1/m = U/m^2$. In 2. verbesserter Näherung ist mit der Teilstrecke a_{11} die Höchstfeldstärke $E_{max} \approx \Delta\varphi_2/a_{11} = U/(a_{11}\ m^2)$. Nach Umstellung und Erweitern mit s und a_1 ergibt sich die Spannung

$$U \approx E_{max}\, s\, (m a_1/s)\, (m a_{11}/a_1) = E_{max}\, s\, \eta_1\, \eta_2 \tag{1.98}$$

wobei erkennbar wird, daß der Ausnutzungsfaktor 2. Näherung $\eta_2 = m a_{11}/a_1$ im Grunde wieder der Ausnutzungsfaktor 1. Näherung nach Gl. (1.97) ist, lediglich angewendet auf die Teilstrecke a_1.

Wird in dieser Weise weiterverfahren, so ergibt sich schließlich der genaue Wert der Spannung

$$U = E_{max}\, s\, \eta_1 \eta_2\, \eta_3 \ldots \eta_\infty = E_{max}\, s \prod_{\nu=1}^{\infty} \eta_\nu \tag{1.99}$$

mit dem Ausnutzungsfaktor

$$\eta = \prod_{\nu=1}^{\infty} \eta_\nu = \eta_1\, \eta_2\, \eta_3 \ldots \eta_\infty = \eta_1\, \eta_R \tag{1.100}$$

Dieses langwierige Verfahren kann stark vereinfacht werden, indem man das Produkt der Ausnutzungsfaktoren von der 2. Näherung an abschätzt. Der Restfaktor $\eta_R = \eta_2\, \eta_3 \ldots \eta_\infty$ ist der exakte Ausnutzungsfaktor des in Bild 1.47b dargestellten Feldteils. Ist dieser Feldbereich jedoch nahezu zylindrisch, so ist die Restabschätzung über koaxiale Zylinder nach Gl. (1.92) möglich. Mit dem Radius $r_2 = r_1 + a_1$ ist dann der Ausnutzungsfaktor der untersuchten Anordnung

$$\eta = \eta_1\, \eta_R = \frac{m a_1}{s} \cdot \frac{\ln(1 + a_1/r_1)}{(a_1/r_1)} = \frac{m r_1 \ln(1 + a_1/r_1)}{s} \tag{1.101}$$

In diesem Fall bedarf es also ausschließlich der Ermittlung der Teilstrecke a_1, was mit geringem Aufwand möglich ist.

Rotationssymmetrisches Feld. Wird die in Bild 1.47 dargestellte Elektrodenanordnung als rotationssymmetrisch angesehen, so gelten die zweidimensional ermittelten Äquipotentiallinien im Grunde nicht. Ihre wirkliche Form stimmt jedoch mit den gemessenen Linien in unmittelbarer Umgebung der Rotationsachse überein. Allerdings unterscheiden sich nun die Potentialdifferenzen zwischen jeweils zwei benachbarten Äquipotentiallinien. Es muß also zunächst die Potentialdifferenz $\Delta\varphi_1$ der Teilstrecke a_1 ermittelt werden.

Die in Bild 1.47a gestrichelt eingezeichnete Feldröhre ist so gezeichnet, daß sich quadratische Kästchen ergeben. In diesem Fall ist der Durchmesser $b_\nu = a_\nu$. Die Feldröhre mit der Kapazität C schließt den Teilfluß

$$\Psi = \Delta C_1 \; \Delta \varphi_1 = C U \tag{1.102}$$

mit der Teilkapazität $\Delta C_1 = \epsilon \pi b_1^2/(4 a_1) = \epsilon \pi a_1/4$ ein.

Mit dem dielektrischen Widerstand der Feldröhre

$$\frac{1}{C} = \sum_{\nu=1}^{m} \frac{1}{\Delta C_\nu} = \frac{\epsilon \pi}{4} \sum_{\nu=1}^{m} \frac{1}{a_\nu}$$

folgt aus Gl. (1.102) für die über der Teilstrecke a_1 liegende Potentialdifferenz

$$\Delta \varphi_1 = \frac{C U}{\Delta C_1} = \frac{U}{a_1 \sum\limits_{\nu=1}^{m} (1/a_\nu)}$$

und somit für die Höchstfeldstärke bei 1. Näherung

$$E_{max} \approx \frac{\Delta \varphi_1}{a_1} = \frac{U}{a_1^2 \sum\limits_{\nu=1}^{m} (1/a_\nu)} \tag{1.103}$$

Erweitert man Gl. (1.103) mit s/s, ergibt sich hieraus die Spannung

$$U \approx E_{max} \, s \, \frac{a_1^2}{s} \sum_{\nu=1}^{m} \frac{1}{a_\nu} = E_{max} \, s \, \eta_1$$

In gleicher Weise wie bei Gl. (1.100) gilt auch hier für den Ausnutzungsfaktor $\eta = \eta_1 \, \eta_R$, wobei nun zur Restabschätzung Bild 1.47b als Kugelfeld betrachtet wird. Mit dem Radius $r_2 = r_1 + a_1$ ist nach Gl. (1.91) der Restfaktor $\eta_R = r_1/r_2 = r_1/(r_1 + a_1)$. Hiermit gilt für den Ausnutzungsfaktor rotationssymmetrischer Elektrodenanordnungen

$$\eta = \eta_1 \, \eta_R = \frac{a_1^2 \sum\limits_{\nu=1}^{m} (1/a_\nu)}{s} \cdot \frac{r_1}{r_1 + a_1} = \frac{a_1^2 \sum\limits_{\nu=1}^{m} (1/a_\nu)}{s\,[1 + (a_1/r_1)]} \tag{1.104}$$

Es genügt also, die rotationssymmetrische Elektrodenanordnung als zweidimensionales Feldbild darzustellen und lediglich die Teilstrecken a_1 bis a_m zu ermitteln.

2 Gasförmige Isolierstoffe

2.1 Bewegung von Ladungsträgern

Durchfällt im Vakuum ein Ladungsträger mit der Ruhemasse m_0 und der elektrischen Ladung Q aus der Ruhelage heraus eine Potentialdifferenz $\Delta\varphi$, so wird die vom Feld verrichtete Arbeit nach Gl. (1.2) in kinetische Energie

$$W_{kin} = m_0 v^2/2 = Q\,\Delta\varphi \tag{2.1}$$

umgesetzt. Hieraus ergibt sich die nach Durchfliegen der Potentialdifferenz $\Delta\varphi$ erreichte Geschwindigkeit des Ladungsträgers

$$v = \sqrt{2\,Q\,\Delta\varphi/m_0} = f(\Delta\varphi) \tag{2.2}$$

Wegen der Annahme einer konstanten Ladungsträgermasse m_0 gilt Gl. (2.2) lediglich für Geschwindigkeiten v, die klein gegenüber der Lichtgeschwindigkeit $c = 300\ \mathrm{m}/\mu\mathrm{s}$ sind, wobei als obere Grenze $v = 0{,}2\,c$ angesehen wird. Sind größere Geschwindigkeiten zu erwarten, muß nach der Relativitätstheorie die Masse

$$m = m_0/\sqrt{1-(v/c)^2} \tag{2.3}$$

berücksichtigt werden. Die kinetische Energie $W_{kin} = Q\,\Delta\varphi = mc^2 - m_0\,c^2$ ist dann die Differenz der Gesamtenergie mc^2 und der Ruheenergie $m_0\,c^2$. Hiermit findet man unter Berücksichtigung von Gl. (2.3) das allgemein gültige Geschwindigkeitsverhältnis

$$\frac{v}{c} = \sqrt{1 - 1/\left(\frac{Q\,\Delta\varphi}{m_0\,c^2} + 1\right)^2} \tag{2.4}$$

Beispiel 2.1. Welche Potentialdifferenz $\Delta\varphi$ müßte ein Elektron mit der Ruhemasse $m_0 = 9{,}1 \cdot 10^{-31}$ kg und der Ladung $|Q_e| = 1{,}6 \cdot 10^{-19}$ As im Vakuum durchfallen, um die Geschwindigkeit $v = 0{,}2\,c = 0{,}2 \cdot 300\ \mathrm{m}/\mu\mathrm{s} = 60\ \mathrm{m}/\mu\mathrm{s}$ zu erreichen?

Aus Gl. (2.2) ergibt sich die Potentialdifferenz

$$\begin{aligned}\Delta\varphi &= m_0 v^2/2\,|Q_e| = 9{,}1 \cdot 10^{-31}\ \mathrm{kg} \cdot 0{,}36 \cdot 10^{16}\ (\mathrm{m^2/s^2})/(2 \cdot 1{,}6 \cdot 10^{-19}\ \mathrm{As})\\ &= 1{,}025 \cdot 10^4\ \mathrm{Nm/As} = 1{,}025 \cdot 10^4\ \mathrm{Ws/As} = 10250\ \mathrm{V}\end{aligned}$$

Solange das Elektron Potentialdifferenzen $\Delta\varphi \leqslant 10$ kV durchfliegt, darf mit der einfachen Gl. (2.2) gerechnet werden.

2.2 Anregung, Ionisierung, Austrittsarbeit

Ein aus elektrisch neutralen Atomen bzw. Molekülen bestehendes Gas ist ein absoluter Nichtleiter. Elektrische Leitfähigkeit tritt erst auf, wenn durch äußere Einwirkung Elektronen aus den Atomen herausgelöst werden, so daß sie und die verbleibenden, positiv geladenen Restatome (Ionen) von den Feldkräften getrieben zu den Elektroden wandern können. Diese Aufspaltung eines Atoms oder Moleküls in positive und negative Ladungsträger nennt man Ionisierung.

Ein Atom, z. B. ein Wasserstoff-Atom nach Bild 2.1, stellt wegen der Trennung der Elektronen vom positiv geladenen Atomkern einen elektrischen Energiespeicher dar. Wird ihm weitere Energie zugeführt, so kann die Energieaufnahme als Vergrößerung der Ladungstrennung und somit als Vergrößerung des Bahnradius r_B nach Bild 2.1 gedeutet werden, wobei allerdings das Elektron immer nur ganz bestimmte Bahnradien einnehmen kann. Dieser als Anregung bezeichnete Energiezustand bleibt meistens nur 10 ns bis 100 ns erhalten; dann fällt das Atom in seinen energetischen Grundzustand zurück und gibt dabei die vorher aufgenommene Energie als elektromagnetische Strahlung (Foton) wieder ab. Für die Gasentladung sind die metastabilen Anregungszustände mit einer relativ langen mittleren Lebensdauer von etwa 10 ms besonders wichtig.

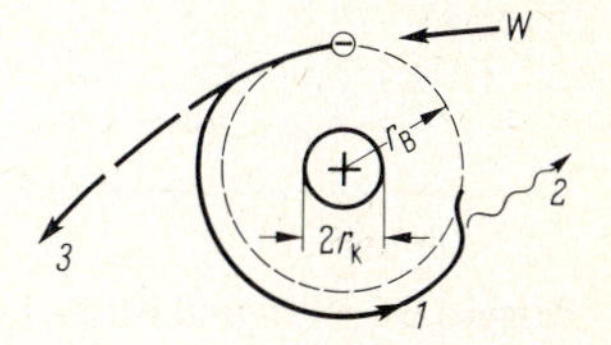

2.1
Wasserstoff-Atom (schematisch) mit vergrößerter Elektronenbahn 1 (Anregung), Foton 2 und Flugbahn des Elektrons bei Ionisierung 3. Pfeil W deutet Energiezufuhr an

Mit dem Planckschen Wirkungsquantum $h_W = 6{,}62 \cdot 10^{-34}$ Ws², der Lichtgeschwindigkeit $c = 300$ m/µs ist die Frequenz f bzw. die Wellenlänge λ der Strahlung abhängig von der abgegebenen Energie

$$W = h_w\, f = h_w\, c/\lambda \tag{2.5}$$

Ionisierung tritt ein, wenn die dem Atom zugeführte Energie so groß ist, daß das Elektron nach Bild 2.1 einem unendlich großen Bahnradius zustrebt. Betrachtet man das Elektron mit der Ladung Q_e im Kugelfeld der Kernladung, ist mit der Kraft $\vec{F}$ und der Feldstärke $\vec{E}$ die Ionisierungsenergie

$$W_i = \int_{r_B}^{\infty} \vec{F}\, d\vec{r} = Q_e \int_{r_B}^{\infty} \vec{E}\, d\vec{r} = Q_e\, U_i \tag{2.6}$$

wenn die zwischen dem Bahnradius r_B (Richtwert $r_B \approx 0{,}1$ nm) und dem Unendlichen liegende Potentialdifferenz als Ionisierungsspannung U_i bezeichnet wird. Die Ionisierungsenergie W_i wird i. allg. in Elektronenvolt (eV) angegeben. Die Elektronenladung $Q_e = -e$ ist gleich der negativen Protonenladung $e = 1{,}6 \cdot 10^{-19}$ As und somit ist $1\ \text{eV} = e \cdot 1\ \text{V} = 1{,}6 \cdot 10^{-19}\ \text{As} \cdot 1\ \text{V} = 1{,}6 \cdot 10^{-19}$ Ws.

Wird dem kugelig angenommenen Atomkern nach Bild 2.1 der Radius r_K zugeordnet und die an seiner Oberfläche auftretende Feldstärke mit E_K bezeichnet, gilt mit Gl. (1.28) im Kugelfeld der Kernladung für die Feldstärke $E = E_K\,(r_K/r)^2$ und somit nach Gl. (2.6) für die Ionisierungsenergie

$$W_i = Q_e\,E_K\,r_K^2 \int_{r_B}^{\infty} \frac{dr}{r} = \frac{Q_e\,E_K\,r_K^2}{r_B} = \frac{Q_e^2}{\epsilon_0 \cdot 4\,\pi\,r_B} \tag{2.7}$$

wenn mit Gl. (1.9) für die elektrische Feldstärke $E_K = D_K/\epsilon_0 = Q_e/(4\,\pi\,r_K^2\,\epsilon_0)$ eingesetzt wird. In Tafel 2.2 sind die Ionisierungsenergien für einige Gase angegeben.

Tafel 2.2 Ionisierungsenergien W_i einiger Gase und Austrittsarbeit W_a verschiedener Metalle [17], [24]

Gasart	H	H_2	O_2	N_2	Hg	SF_6	F
W_i in eV	13,5	15,9	12,5	15,8	10,4	19,3	18,6

Werkstoff	Cu	Al	Fe	Ag	Au	Cr
W_a in eV	4,0 bis 4,8	1,8 bis 3,9	4,0 bis 4,7	3,0 bis 4,7	4,8	4,4

Beispiel 2.2. Wie groß ist die Ionisierungsenergie, wenn sich ein Elektron nach Bild 2.1 mit der Ladung $|Q_e| = 1{,}6 \cdot 10^{-19}$ As auf dem Bahnradius $r_B = 0{,}1$ nm befindet?

Nach Gl. (2.7) erhält man die Ionisierungsenergie

$$W_i = \frac{Q_e^2}{\epsilon_0 \cdot 4\,\pi\,r_B} = \frac{(1{,}6 \cdot 10^{-19}\ \mathrm{As})^2}{8{,}854\ (\mathrm{pF/m})\ 4\,\pi \cdot 0{,}1\ \mathrm{nm}} = 2{,}301 \cdot 10^{-18}\ \mathrm{Ws}$$

$$= \frac{2{,}301 \cdot 10^{-18}\ \mathrm{Ws}}{1{,}6 \cdot 10^{-19}\ \mathrm{As}} = 14{,}38\ \mathrm{eV}$$

Der Vergleich dieses nur modellhaft berechneten Wertes mit jenen aus Tafel 2.2 zeigt eine recht gute Übereinstimmung.

Ionisierung kann z. B. beim Zusammenstoß eines im elektrischen Feld beschleunigten Elektrons mit einem Atom (Stoßionisierung) auftreten, wobei das auftreffende Elektron seine Bewegungsenergie an das Atom abgibt. Bei den metastabilen Anregungszuständen ist im Gegensatz zu den sehr kurzlebigen Anregungszuständen die Wahrscheinlichkeit eines zweiten Zusammenstoßes und somit einer stufenweisen Ionisierung größer.

Ionisierung durch elektromagnetische Strahlung wird Fotoionisierung genannt. Nach Gl. (2.5) und wegen der erforderlichen Ionisierungsenergien nach Tafel 2.2 sind hierfür Wellenlängen $\lambda < 100$ nm notwendig, so daß Tageslicht (400 bis 800 nm) praktisch wirkungslos bleibt. Die kosmische Höhenstrahlung und die Strahlung radioaktiver Stoffe der Erdrinde, in erster Linie die des zerfallenden Radiums, sorgen dafür, daß in atmosphärischer Luft zwischen 5 und

20 Ladungsträgerpaare/(cm^3 s) (Elektron – Ion) [17] bereitgestellt werden. Mit ihnen stehen somit die für die Stoßionisation erforderlichen A n f a n g s e l e k t r o n e n zur Verfügung.

Vorgänge der Stoß- und Fotoionisation, die sich bei großen Temperaturen aus der Energie der Thermobewegung ergeben, werden als T h e r m o i o n i s a t i o n bezeichnet.

Die Energie, die aufgebracht werden muß, um ein Elektron aus einer Metalloberfläche herauszulösen, wird A u s t r i t t s a r b e i t genannt. Befindet sich nach Bild 2.3 ein solches Elektron mit der Ladung Q_e im Abstand x über der Oberfläche, so kann nach Abschn. 1.5.5 die gespiegelte Ladung $- Q_e$ im gleichen Abstand unter der Oberfläche angenommen werden, ohne das Feld zwischen dem Elektron und der Oberfläche zu verändern. Die gespiegelte Ladung kann als die positive Ladung des Restatoms angesehen werden.

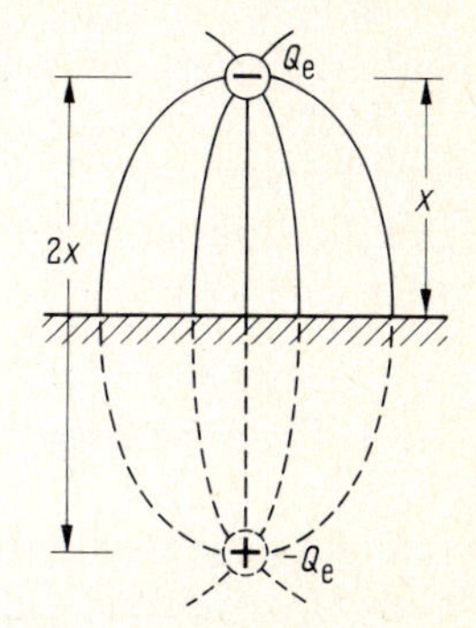

2.3
Elektron mit gespiegelter Ladung zur Berechnung der Austrittsarbeit

Wird das Elektron von seinem ursprünglichen Bahnradius r_B unendlich weit entfernt, wobei der Ladungsabstand r = 2 x anzusetzen ist, berechnet man analog zu Gl. (2.7) die A u s t r i t t s a r b e i t

$$W_a = Q_e E_K r_K^2 \int_{r_B}^{\infty} \frac{dx}{r^2} = Q_e E_K r_K^2 \int_{r_B}^{\infty} \frac{dx}{(2x)^2} = \frac{Q_e E_K r_K^2}{4 r_B} = \frac{W_i}{4} \quad (2.8)$$

die lediglich ein Viertel der Ionisierungsenergie nach Gl. (2.7) beträgt. In Tafel 2.2 sind die Austrittsarbeiten verschiedener Metalle angegeben.

2.3 Gasentladung

Die ständig geringfügige Ionisierung des Gases durch von außen zugeführte Strahlungsenergie bedingt eine – wenn auch geringe – elektrische Leitfähigkeit. Beim Anlegen der Spannung fließt deshalb ein kleiner elektrischer Strom, der nach Bild 2.4 zunächst mit der Spannung steigt, dann aber einem Sättigungswert zustrebt, weil die Anzahl der zeitlich erzeugten freien Ladungsträger letztlich konstant bleibt. Bei weiterer Spannungssteigerung nimmt die Stromstärke infolge merklich einsetzender Stoßionisierung wieder zu. Man spricht hierbei von einer u n s e l b s t ä n d i g e n G a s e n t l a d u n g.

2.4
Strom I bei unselbständiger Gasentladung abhängig von der angelegten Spannung U. U_d Durchschlagspannung

Dagegen liegt eine selbständige Gasentladung vor, wenn bei einer bestimmten Spannung, der Zündspannung, als Folge der Ionisierungsvorgänge immer wieder so viele neue Anfangselektronen (Folgeelektronen) erzeugt werden, daß nun die Entladung auch ohne Energiezufuhr von außen aufrechterhalten wird. Der bis dahin vorliegende Entladungsmechanismus wird Townsend-Entladung genannt.

Im homogenen Feld leitet die selbständige Gasentladung den Zusammenbruch der Isolierfähigkeit der freien Gasstrecke – den elektrischen Durchschlag – ein (Durchschlagspannung U_d). Bei stark inhomogenen Feldern führt sie dagegen zum Einsatz einer Koronaentladung (Glimmen) dort, wo an den Elektroden die größten Feldstärken vorliegen. Die Zündspannung ist dann gleich der Koronaeinsetz- oder Anfangsspannung U_a.

2.3.1 Freie Weglänge

Ein durch die Feldkräfte bewegter Ladungsträger, z. B. ein Elektron mit der Ladung Q_e, stößt auf seinem Weg durch das Gas in unregelmäßigen Abständen mit Gasmolekülen zusammen (Bild 2.5), wobei er, wie einmal vereinfachend unterstellt wird, seine Bewegungsenergie an das Molekül abgibt (unelastischer Zusammenstoß).

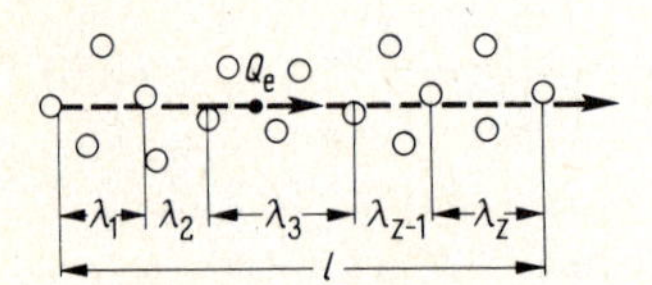

2.5 Gerichtete Bewegung des freien Elektrons mit der Ladung Q_e im Gas zur Erläuterung der freien Weglänge λ

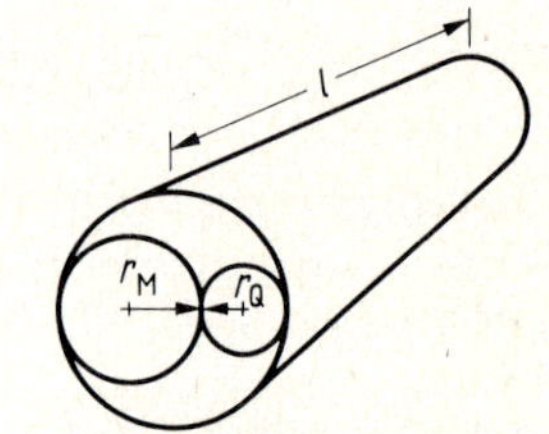

2.6 Zylindrisches Gasvolumen

Bei den hier interessierenden Feldstärken soll die gerichtete Geschwindigkeit des Ladungsträgers so groß gegenüber der aus der Thermobewegung resultierenden Geschwindigkeit der Gasmoleküle sein, daß deren Bewegung vernachlässigt werden kann. Mit der Stoßzahl $z_0 = z/\ell$ ist die mittlere freie Weglänge

$$\lambda_m = \ell/z = 1/z_0 \tag{2.9}$$

der Quotient aus dem zurückgelegten Weg ℓ und der Anzahl z der dabei erfolgten Zusammenstöße. Durchfliegt nach Bild 2.6 ein Ladungsträger mit dem Radius r_Q längs des Weges ℓ das Gasvolumen $V = \pi\,(r_M + r_Q)^2\,\ell$, wobei $r_M \approx 0{,}1$ nm bis 0,2 nm den Radius des Gasmoleküls angibt, so wird es mit allen in diesem Volumen V enthaltenen Gasmolekülen $z = N\,V = N\,\pi\,(r_M + r_Q)^2\,\ell$ zusammenstoßen, wenn N die auf das Volumen bezogene Anzahl der Moleküle ist. Hieraus folgt mit

Gl. (2.9) für die mittlere freie Weglänge

$$\lambda_m = 1/[\pi N (r_M + r_Q)^2] \qquad (2.10)$$

Handelt es sich bei dem bewegten Ladungsträger um ein Elektron ($r_Q = r_e = 1{,}87 \cdot 10^{-13}$ cm), so ist der Ladungsträgerradius $r_Q \ll r_M$, und es gilt für die mittlere freie Weglänge des Elektrons

$$\lambda_{me} = 1/(\pi N r_M^2) \qquad (2.11)$$

Ist dagegen der Ladungsträger ein positiv geladenes Restatom (Ion), so ist mit dem Ladungsträgerradius $r_Q = r_M$ die mittlere freie Weglänge des Ions

$$\lambda_{mi} = 1/(4 \pi N r_M^2) \qquad (2.12)$$

Aus dem Vergleich von Gl. (2.11) mit Gl. (2.12) folgt, daß die mittlere freie Weglänge des Ions $\lambda_{mi} = \lambda_{me}/4$ ist.

Bei elektrischen Feldstärken, bei denen die Elektronen zwischen jeweils zwei Zusammenstößen die kinetische Energie $W_{kin} = Q_e \, \Delta\varphi = Q_e \, E \, \lambda_{me} \geqslant W_i$ von der Größe der Ionisierungsenergie W_i aufnehmen, können die Ionen praktisch nicht zur Ionisation beitragen, weil die nur ein Viertel so große mittlere freie Weglänge auch nur ein Viertel der Energie ergibt. Diese reicht nach Abschn. 2.2 aber aus, um beim Aufprall der positiven Ionen auf die Kathode Elektronen aus der Metalloberfläche herauszuschlagen (Austrittsarbeit).

Um den Einfluß der meßbaren Größen, Gasdruck p und Temperatur T, auf die freie Weglänge zu erfassen, wird die aus der Zustandsgleichung der Gase abgeleitete Anzahl der Moleküle $N = p/(kT)$ (mit Boltzmann-Konstante $k = 1{,}37 \cdot 10^{-23}$ Ws/K) in Gl. (2.11) eingesetzt. Es ergibt sich dann für die mit der zweckmäßig experimentell zu bestimmenden Konstante K' für die mittlere freie Weglänge des Elektrons

$$\lambda_{me} = kT/(\pi r_M^2 \, p) = K' \, T/p \qquad (2.13)$$

Für Luft beim Druck $p_0 = 1{,}013$ bar $= 1{,}013 \cdot 10^5$ N/m² und der Temperatur $T_0 = 293$ K beträgt die mittlere freie Weglänge des Elektrons $\lambda_{me} = 0{,}57$ µm.

Je größer die mittlere freie Weglänge für einen Ladungsträger ist, umso größer ist bei der Feldstärke E seine mittlere Wanderungsgeschwindigkeit v_{mi} (Driftgeschwindigkeit). Das Verhältnis von Driftgeschwindigkeit und elektrischer Feldstärke E wird Beweglichkeit

$$b = v_{mi}/E \qquad (2.14)$$

genannt. Bei Normaldruck und Normaltemperatur gilt für Elektronen $b \approx 500$ (cm/s)/(V/cm) und für die positiv geladenen Gasmoleküle (Ionen) $b \approx 1{,}5$ (cm/s)/(V/cm). Die Elektronen sind also rund 300mal beweglicher als die Ionen, was z. B. bei der Entstehung positiver Raumladungswolken nach Abschn. 2.6.3 von Bedeutung ist.

2.3.2 Ionisierungskoeffizient

Der Ionisierungskoeffizient α (auch 1. Townsendscher Ionisierungskoeffizient genannt) gibt die Anzahl der Ionisierungen an, die ein Elektron längs eines bestimmten Weges, z. B. 1 cm, bewirkt. Da aber die zwischen jeweils zwei Zusammenstößen zurückgelegten Wege unterschiedlich sein können, wird bei einer bestimmten Feldstärke E immer nur ein Teil der Zusammenstöße ionisieren. Bei den anderen ist die durchflogene Potentialdifferenz zu klein, um dem Elektron eine kinetische Energie $mv^2/2 \geqslant W_i$ zu vermitteln.

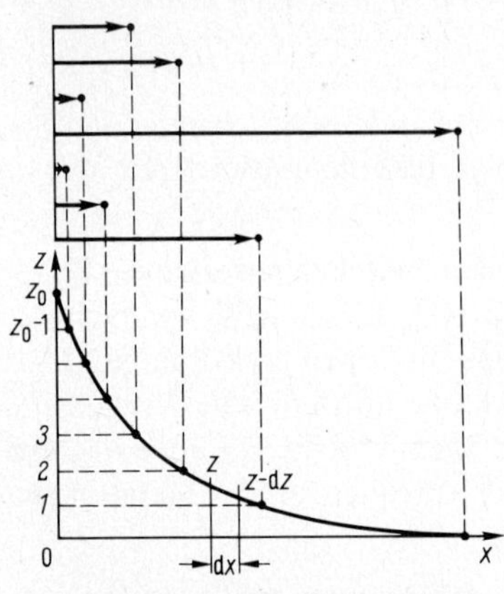

2.7 Anzahl z der aus der Gesamtzahl z_0 noch nicht mit Gasmolekülen zusammengestoßenen Elektronen abhängig vom Weg x

Stößt ein Elektron auf dem Weg von 1 cm $z_0 = (1/\lambda_{me})$ mal mit Molekülen zusammen, so wird es dabei die gleichen unterschiedlichen Weglängen λ nacheinander durchfliegen, wie z_0 Elektronen, die nach Bild 2.7 von einer gemeinsamen Linie starten, bis zum jeweils ersten Zusammenstoß zurücklegen werden. Längs der Strecke dx stößt ein Elektron z_0 dx, z Elektronen stoßen also z z_0 dx-mal mit neutralen Gasmolekülen zusammen. Die Anzahl der noch nicht zusammengestoßenen Elektronen vermindert sich nach Bild 2.7 dabei um $-dz = z\,z_0\,dx = (z/\lambda_{me})\,dx$. Nach Trennen der Veränderlichen und der Integration

$$\int_{z_0}^{z} \frac{dz}{z} = -\frac{1}{\lambda_{me}} \int_{0}^{x} dx$$

folgt hieraus mit der Basis des natürlichen Logarithmus e = 2,718 das Verhältnis von Anzahl der Zusammenstöße z zur Stoßzahl z_0

$$z/z_0 = e^{-x/\lambda_{me}} \tag{2.15}$$

Gl. (2.15) gibt also die Anzahl z der freien Weglängen aus der Gesamtzahl z_0 an, die gleich oder größer als die Strecke x sind. Der Aufprall eines Elektrons wirkt ionisierend, wenn seine kinetische Energie $W_{kin} = e\,E\,x_i \geqslant W_i$ ist, wobei x_i diejenige Strecke ist, die vom Elektron bei der Feldstärke E mindestens durchflogen werden muß, um die Ionisierungsenergie W_i zu erreichen. Ereignen sich auf der festgelegten Wegstrecke z_0 Zusammenstöße, so ist die Zahl der *ionisierenden* Zusammenstöße, also der *Ionisierungskoeffizient*

$$\alpha = z_0\,e^{-x_i/\lambda_{me}} = \frac{1}{\lambda_{me}}\,e^{-x_i/\lambda_{me}} \tag{2.16}$$

Nach Gl. (2.13) kann in Gl. (2.16) $1/\lambda_{me} = A'\,p/T$ und $x_i/\lambda_{me} = x_i\,A'\,p/T = B'\,p/T$ gesetzt werden, wobei A' und B' experimentell zu bestimmende Konstanten des betreffenden Gases sind. Wird zweckmäßigerweise die Temperatur T in die Gaskonstanten

$$A = A'/T \tag{2.17}$$

und

$$B = B'/T \tag{2.18}$$

einbezogen, so daß $1/\lambda_{me} = A\,p$ und $x_i/\lambda_{me} = B\,p$ zu setzen sind, ergibt sich aus Gl. (2.16) der auf den Druck bezogene Ionisierungskoeffizient

$$\alpha/p = A\,e^{-\frac{B}{E/P}} = f\,(E/p) \tag{2.19}$$

In Tafel 2.8 sind für $T = T_0 = 293$ K die Konstanten A und B einiger Gase angegeben.

Tafel 2.8 Konstanten A und B einiger Gase bei Normaltemperatur $T_0 = 293$ K

Gasart	A in $(\text{bar mm})^{-1}$	B in kV/(bar mm)	gültig für E/p in kV/(bar mm)
Luft	645,0	19,0	3 bis 14
H_2	375,0	9,8	11 bis 30
N_2	945,0	25,6	11 bis 45
CO_2	1500,0	35,0	37 bis 75

Mitunter wird Gl. (2.19) vorteilhaft durch die Parabelfunktion

$$\alpha/p = a\,[E/p - (E/p)_0]^2 \tag{2.20}$$

mit den Konstanten a und $(E/p)_0$ ersetzt, wodurch die echte Funktion nach Gl. (2.19) in dem für den Gasdurchschlag interessierenden Bereich $E/p \geqslant (E/p)_0$ hinreichend genau nachgebildet wird (Bild 2.9). Für Luft bei $T_0 = 293$ K ist $a = 1{,}65$ bar mm/kV² und $(E/p)_0 = 2{,}13$ kV/(bar mm).

Gl. (2.19) und Gl. (2.20) setzen voraus, daß alle bei der Ionisierung freigesetzten Elektronen frei bleiben und sich an der weiteren Ionisation des Gases beteiligen. Solche als elektropositiv bezeichneten Gase sind z. B. die Edelgase,

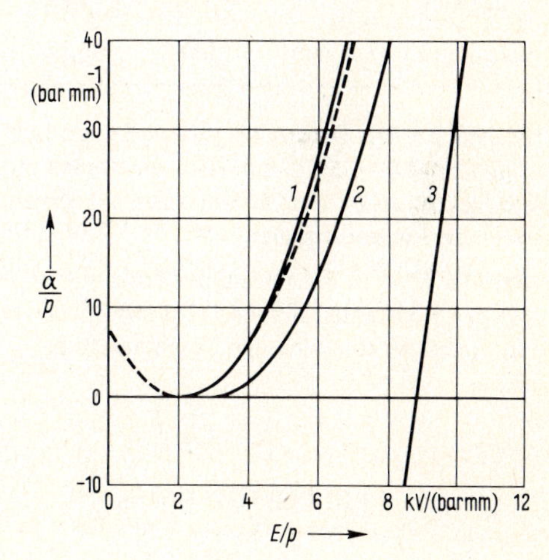

2.9 Wirksamer bezogener Ionisierungskoeffizient $\bar{\alpha}/p$ verschiedener Gase abhängig vom Verhältnis der Feldstärke E zum Druck p
1 Luft, 2 N_2, 3 SF_6, (– – – –) Näherung nach Gl. (2.20)

Wasserstoff H_2 und Stickstoff N_2. Demgegenüber können die Moleküle elektronegativer Gase, z. B. Sauerstoff O_2 insbesondere aber die Halogenverbindungen wie das technisch bedeutsame Schwergas Schwefelhexafluorid SF_6, Elektronen einfangen und träge negative Ionen bilden. Luft wird trotz der elektronegativen Eigenschaft des anteiligen Sauerstoffs noch den elektroposiven Gasen zugeordnet.

Wegen der geringen Beweglichkeit dieser negativ geladenen Gasmoleküle und der damit verbundenen geringen kinetischen Energie gehen die angelagerten Elektronen dem weiteren Ionisierungsprozeß verloren, so daß mit dem Anlagerungskoeffizienten η der nun wirksame Ionisierungskoeffizient

$$\bar{\alpha} = \alpha - \eta = A\,p\,e^{-\frac{B}{E/p}} - C_a \tag{2.21}$$

gegenüber jenem nach Gl. (2.19) verringert wird, was hier vereinfachend durch die negative Anlagerungskonstante C_a berücksichtigt wird. Durch die Verschiebung der Exponentialfunktion um C_a zu negativen Werten hin, verbleibt nach Bild 2.9 (Kurve 3) im interessierenden Bereich ein nahezu geradlinig verlaufender Kurventeil.

Der wirksame Ionisierungskoeffizient stark elektronegativer Gase kann deshalb durch die lineare Gleichung

$$\bar{\alpha}/p = (\alpha - \eta)/p = k_i\;[(E/p) - (E/p)_0] \tag{2.22}$$

dargestellt werden (Bild 2.9). Für die Beiwerte k_i und $(E/p)_0$ s. Tafel 2.10.

Tafel 2.10 Beiwerte k_i und $(E/p)_0$ stark elektronegativer Gase bei $T_0 = 293$ K

Gasart	SF_6	$CBrClF_2$	$C_2Cl_3F_3$
k_i in kV^{-1}	27,70	13,94	17,10
$(E/p)_0$ in kV/(bar mm)	8,84	13,11	18,45

Beispiel 2.3. Die Durchschlagfeldstärke von Luft wird bei dem Druck p = 1,013 bar und der Temperatur $\vartheta = 20\,°C$ für Plattenelektroden mit $E_d = 30$ kV/cm angenommen. Wie oft stößt ein Elektron auf 1 cm mit Molekülen zusammen, und wie groß ist der Ionisierungskoeffizient α, wenn die Ionisierungsenergie $W_i = 12{,}5$ eV beträgt?

Nach Gl. (2.9) ist die Anzahl der Zusammenstöße $z_0 = 1/\lambda_{me} = 1/(0{,}57\,\mu m) = 17544\ cm^{-1}$. Mit den Konstanten $A = 645\ (bar\ mm)^{-1}$ und $B = 19{,}0$ kV/(bar mm) nach Tafel 2.8 beträgt der Anteil der ionisierenden Zusammenstöße

$$\alpha = p\,A \exp\left(-\frac{B}{E/p}\right)$$

$$= 1{,}013\ bar \cdot 645\ (bar\ mm)^{-1} \exp\left(-\frac{1{,}013\ bar \cdot 19{,}0\ kV/(bar\ mm)}{3{,}0\ kV/mm}\right) = 10{,}7\ cm^{-1}$$

Obgleich nur 10,7 cm^{-1}/(17544 cm^{-1}) = 0,61% aller Zusammenstöße eines Elektrons ionisieren, wird ein Gasdurchschlag eintreten!

2.3.3 Elektronenlawine

Beträgt an der Stelle x in Bild 2.11 die Anzahl der freien Elektronen n, so wird durch Ionisierung längs des Weges dx mit dem Ionisierungskoeffizienten α ein Elektronenzuwachs dn = n α dx erreicht. Mit der Anzahl n_0 der von der Kathode (x = 0) gestarteten Anfangselektronen folgt durch Integration

$$\int_{n_0}^{n} \frac{dn}{n} = \int_{0}^{x} \alpha \, dx$$

das Gesetz für die Elektronenlawine

$$\frac{n}{n_0} = \exp \int_{0}^{x} \alpha \, dx \qquad (2.23)$$

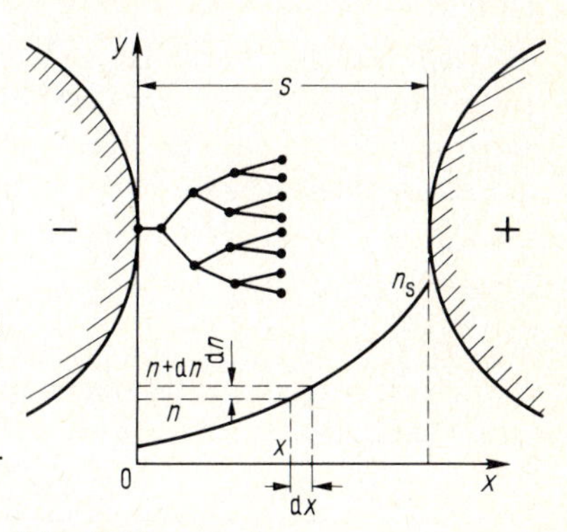

2.11 Elektronenlawine

Im homogenen Feld ist die elektrische Feldstärke E und somit nach Gl. (2.19) auch der Ionisierungskoeffizient α konstant, so daß die Anzahl der an der Anode (x = s) eintreffenden Elektronen

$$n_s = n_0 \, e^{\alpha s} \qquad (2.24)$$

beträgt, wenn s der Elektrodenabstand (Schlagweite) ist.

Beispiel 2.4. Wie groß ist bei Plattenelektroden mit dem Plattenabstand s = 1 cm die an der Anode eintreffende Anzahl der Elektronen, wenn von der Kathode nur ein Elektron (n_0 = 1) ausgeht und nach Beispiel 2.3 der Ionisierungskoeffizient α = 10,7 cm^{-1} beträgt?

Nach Gl. (2.24) ist die Anzahl der an der Anode eintreffenden Elektronen

$$n_s = n_0 \, e^{\alpha s} = 1{,}0 \cdot e^{10{,}7\,cm^{-1} \cdot 1{,}0\,cm} = 44356$$

obgleich jedes einzelne durch Ionisation entstandene Elektron nur 11 mal je cm ionisiert!

2.3.4 Generationsmechanismus

Die durch Stoßionisation entstandene Elektronenlawine hinterläßt positiv geladene Gasmoleküle (Ionen), die zur Kathode wandern. Da ihre mittlere freie Weglänge λ_{mi} etwa nur ein Viertel so groß ist wie die der Elektronen (s. Abschn. 2.3.1), haben die Ionen an der Stoßionisierung praktisch keinen Anteil. Sie sind jedoch in der Lage, neue Anfangselektronen (Folgeelektronen) aus der Metalloberfläche herauszuschlagen, weil die hierzu erforderliche Austrittsarbeit nach Abschn. 2.2 ebenfalls nur ein Viertel der Ionisierungsenergie der Gasmoleküle beträgt.

Eine von äußeren Einflüssen freie und somit selbständige Gasentladung liegt vor, wenn die Anzahl der durch die Ionen einer Lawine rückwirkend erzeugten Folgeelektronen mindestens genau so groß ist wie die der vorher vorhandenen. Ist sie kleiner, klingt die Lawinenbildung ab; ist sie dagegen größer, so werden die folgenden Lawinen immer intensiver, bis daraus schließlich im homogenen Feld der elektrische Durchschlag entsteht. Diesen Vorgang, bei dem sich der Durchschlag als Folge mehrerer Generationen sich ständig verstärkender Elektronenlawinen ergibt, bezeichnet man als Generationsmechanismus. In stark inhomogenen Feldern ist dies der Beginn der Koronaentladung.

Mit dem Rückwirkungskoeffizienten γ (auch 2. Townsendscher Ionisierungskoeffizient genannt) bezeichnet man die Anzahl der Folgeelektronen, die von einem Ion aus der Kathodenoberfläche herausgeschlagen werden. Obgleich die Elektronenausbeute von verschiedenen Größen – insbesondere vom Verhältnis E/p – abhängt, darf vereinfachend mit konstanten Werten nach Tafel 2.12 gerechnet werden.

Tafel 2.12 Rückwirkungsausbeute γ für verschiedene Kathodenwerkstoffe und Gase

	H_2	N_2	Luft
Aluminium	0,100	0,100	0,035
Kupfer	0,050	0,065	0,025
Eisen	0,060	0,060	0,020

Mit der Anzahl der aus der Elektronenlawine sich ergebenden Ionen n_i und der Anzahl der an der Anode eintreffenden Elektronen n_s ist im Gleichgewichtszustand die Anzahl der Folgeelektronen $n_0 = \gamma\, n_i = \gamma\,(n_s - n_0)$. Hierbei wird angenommen, daß kein durch Stoßionisation frei gewordenes Elektron durch Rekombination oder Anlagerung an neutrale Gasmoleküle dem Prozeß verlorengeht. Mit dem Ionisierungskoeffizienten α und der Schlagweite s folgt aus Gl. (2.23) die Gleichgewichtsbedingung (auch Townsendsche Zündbedingung genannt)

$$\gamma\,(\exp \int_0^s \alpha\, dx - 1) = 1 \tag{2.25}$$

oder

$$\int_0^s \alpha\, dx = \ln(1 + 1/\gamma) = K \tag{2.26}$$

Nach Gl. (2.26) ist der Einsatz der selbständigen Gasentladung allgemein dadurch gekennzeichnet, daß das Integral des Ionisierungskoeffizienten α über die Schlagweite s einen bestimmten kritischen Wert K erreicht. Hierbei ist es gleichgültig, durch welche Sekundärmechanismen rückwirkend Folgeelektronen erzeugt werden.

2.4 Durchschlag im homogenen Feld

2.4.1 Durchschlagspannung

Im homogenen Feld ist die elektrische Feldstärke E und somit auch der Ionisierungskoeffizient α überall gleich, so daß die Gleichgewichtsbedingung nach Gl. (2.26) die einfache Form $\alpha\, s = K$ annimmt.

Bei *elektropositiven Gasen* ist die *Durchschlagfeldstärke* E_d dann erreicht, wenn der Ionisierungskoeffizient α nach Gl. (2.19) gerade die Gleichgewichtsbedingung erfüllt. Es ist dann

$$\alpha = K/s = A\, p\, e^{-\frac{B}{E_d/p}} \tag{2.27}$$

Hieraus findet man mit Durchschlagspannung $U_d = E_d\, s$, Schlagweite s, Gasdruck p sowie den Konstanten A und B nach Tafel 2.8 die für Normaltemperatur $T_0 = 293$ K geltende *Durchschlagspannung*

$$U_d = \frac{B\, p\, s}{\ln (A\, p\, s/K)} = f\,(p\, s) \tag{2.28}$$

Dieses nach seinem Entdecker benannte *Paschen-Gesetz* ist in Bild 2.13 dargestellt. Die Durchschlagspannung hängt ausschließlich vom Produkt p s ab und weist mit e als Basis des natürlichen Logarithmus bei $(p\, s)_{min} = e\, K/A$ ein Minimum auf. Hiernach ist, z. B. für Luft, bei Spannungen unter 300 V kein Gasdurchschlag möglich. Bei Schlagweiten um s = 1 cm und p = 1,013 bar darf für Luft mit K = 13,3, bei s = 10 cm mit K = 45 gerechnet werden (Weitdurchschlag). Im Bereich des Minimums $(p\, s)_{min}$ dagegen trifft $K = \ln (1 + 1/\gamma)$ mit den Werten nach Tafel 2.12 (Nahdurchschlag) zu.

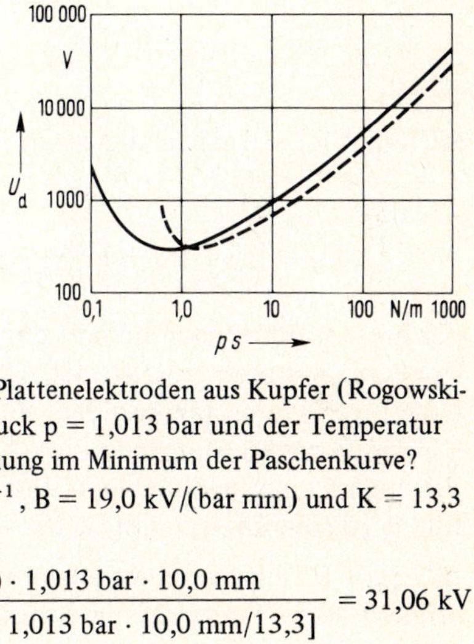

2.13
Durchschlagspannung U_d von Luft (20 °C) im homogenen Feld abhängig vom Produkt aus Druck p und Schlagweite s (*Paschen*-Kurve) mit 1 N/m = 0,01 bar mm (———) experimentell ermittelt [8], [29], (– – – –) berechnet nach Beispiel 2.5

Beispiel 2.5. Wie groß ist die Durchschlagspannung bei Plattenelektroden aus Kupfer (Rogowski-Profil) mit dem Plattenabstand s = 1,0 cm, dem Luftdruck p = 1,013 bar und der Temperatur $\vartheta = 20$ °C, und welchen Wert hat die Durchschlagspannung im Minimum der Paschenkurve?

Mit den Konstanten aus Tafel 2.8 $A = 645{,}0\,(\text{bar mm})^{-1}$, $B = 19{,}0$ kV/(bar mm) und K = 13,3 findet man mit Gl. (2.28) die Durchschlagspannung

$$U_d = \frac{B\, p\, s}{\ln (A\, p\, s/K)} = \frac{19{,}0\,(\text{kV/bar mm}) \cdot 1{,}013\ \text{bar} \cdot 10{,}0\ \text{mm}}{\ln\,[645{,}0\,(\text{bar mm})^{-1} \cdot 1{,}013\ \text{bar} \cdot 10{,}0\ \text{mm}/13{,}3]} = 31{,}06\ \text{kV}$$

Für den Nahdurchschlag wird mit dem Rückwirkungskoeffizienten $\gamma = 0{,}025$ aus Tafel 2.12 und nach Gl. (2.26) mit $K = \ln(1 + 1/\gamma) = \ln(1 + 1/0{,}025) = 3{,}714$ gerechnet. Es ist dann

$$(p\,s)_{min} = e\,K/A = 2{,}718 \cdot 3{,}714/[645{,}0\,(\text{bar mm})^{-1}] = 0{,}01565 \text{ bar mm}.$$

Dies entspricht bei $p = 1{,}013$ bar der technisch unbedeutenden Schlagweite $s = 15{,}45\ \mu$m!

Die zugehörige minimale Durchschlagspannung beträgt

$$U_{d\,min} = B\,(p\,s)_{min} = 19{,}0\,(\text{kV/bar mm}) \cdot 0{,}01565 \text{ bar mm} = 297{,}4 \text{ V}$$

Wird anstelle von Gl. (2.19) die Näherungsgleichung (2.20) in die Gleichgewichtsbedingung $\alpha\,s = K$ eingesetzt, so ist die Durchschlagfeldstärke E_d erreicht, wenn für den Ionisierungskoeffizienten

$$\alpha = K/s = a\,p\,[(E_d/d) - (E/p)_0]^2 \tag{2.29}$$

erfüllt ist. Hieraus folgt die für $T = T_0$ gültige Durchschlagfeldstärke

$$E_d = p\left(\frac{E}{p}\right)_0 + \frac{\sqrt{p\,K/a}}{\sqrt{s}} = K_1 + \frac{K_2}{\sqrt{s}} \tag{2.30}$$

Für Schlagweiten s von einigen cm, Druck $p = 1{,}013$ bar und Temperatur $\vartheta = 20\ °$C kann für Luft mit den Konstanten $K_1 = 24{,}36$ kV/cm und $K_2 = 6{,}72$ kV/cm$^{1/2}$ gerechnet werden. In Bild 2.14 ist diese Abhängigkeit dargestellt.

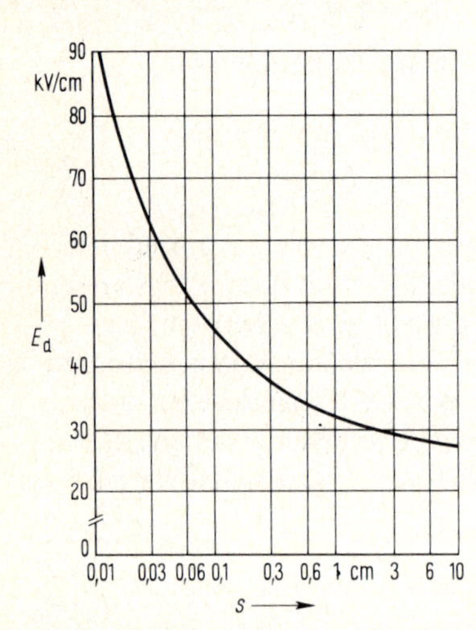

2.14
Elektrische Durchschlagfeldstärke E_d in Luft im homogenen Feld bei Normalbedingungen ($p_0 = 1{,}013$ bar, $\vartheta = 20\ °$C) abhängig von der Schlagweite s

Mit $U_d = E_d\,s$ erhält man aus Gl. (2.30) mit den Koeffizienten b und c die für $T = T_0$ geltende Durchschlagspannung

$$U_d = \left(\frac{E}{p}\right)_0 p\,s + \sqrt{\frac{K}{a}} \cdot \sqrt{p\,s} = b\,p\,s + c\sqrt{p\,s} = f(p\,s) \tag{2.31}$$

Für $p\,s = 0$ findet man hieraus die Durchschlagspannung $U_d = 0$, was nach der Paschenkurve nicht zutrifft. Gl. (2.31) ist also ausschließlich für technisch bedeutsame Produkte ps anzuwenden. Für Luft mit der Temperatur $\vartheta = 20\ °$C darf mit $b = 2{,}405$ kV/(bar mm) und $c = 2{,}11$ kV/(bar mm)$^{1/2}$ gerechnet werden. Im doppelt logarithmischen Maßstab sind die Durchschlagspannungen $U_d = f(p\,s)$ in Bild 2.15 sowohl nach Gl. (2.28) wie auch nach Gl. (2.31) Geraden.

Bei stark elektronegativen Gasen ist die Durchschlagfeldstärke E_d erreicht, wenn der wirksame Ionisierungskoeffizient $\overline{\alpha}$ nach Gl. (2.22) gerade die

Gleichgewichtsbedingung $\overline{\alpha}$ s = K erfüllt. Es ist dann

$$\overline{\alpha} = K/s = k_i \, [(E_d/p) - (E/p)_0] \tag{2.32}$$

Hieraus findet man die Durchschlagfeldstärke

$$E_d = \left(\frac{E}{p}\right)_0 p + \frac{K}{k_i\, s} \tag{2.33}$$

und mit $U_d = E_d \, s$ die Durchschlagspannung

$$U_d = \left(\frac{E}{p}\right)_0 p\, s + \frac{K}{k_i} = f\,(p\, s) \tag{2.34}$$

Für Schwefelhexafluorid SF_6 darf hinreichend genau mit K = 14 gerechnet werden, so daß mit den Werten aus Tafel 2.10 $K/k_i = 14/(27{,}7\ kV^{-1})$ $\approx 0{,}5$ kV gesetzt werden kann. Somit ist für SF_6 bei 20 °C die Durchschlagspannung

$$U_d = [8{,}84\ kV/(bar\ mm)]\ ps + 0{,}5\ kV \tag{2.35}$$

Diese lineare Funktion $U_d = f\,(p\, s)$ ergibt auch im doppelt logarithmischen Maßstab nach Bild 2.15 eine Gerade. Gl. (2.35) gilt für Produkte bis p s = 20 bar mm recht genau. Für größere Werte treten i. allg. Abweichungen zu kleineren Durchschlagspannungen auf. Prinzipiell trifft die Gesetzmäßigkeit der Paschenkurve nach Bild 2.13 auch für SF_6 zu. Auch hier tritt bei $(p\, s)_{min}$ = 350 Pa mm der Minimalwert der Durchschlagspannung $U_{d\,min}$ = 507 V auf [17]. Allerdings sind Abweichungen von der im Paschengesetz festgelegten Abhängigkeit $U_d = f\,(p\, s)$ bei SF_6 stärker zu beobachten als z. B. bei Luft. Insbesondere sind die Rauhigkeit der Elektrodenoberfläche, Konditionierungseffekte nach mehreren Durchschlägen und die Schlagweite entscheidende Einflußgrößen für die Gültigkeitsgrenzen des Paschengesetzes.

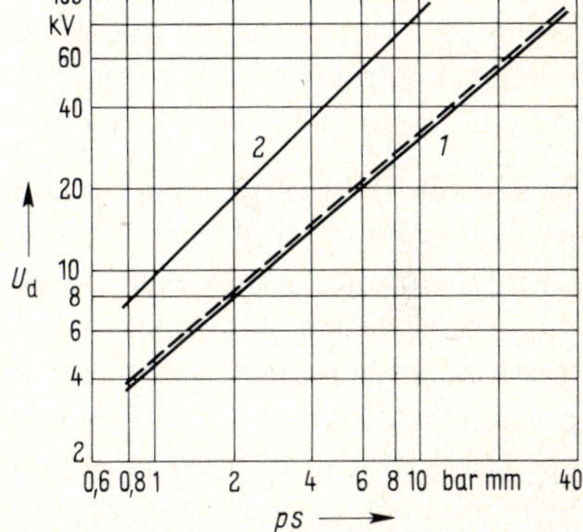

2.15
Durchschlagspannung von Luft (1) und SF_6 (2) abhängig vom Produkt aus Druck p und Schlagweite s (———) nach Gl. (2.31) bzw. (2.35), (– – – –) nach Gl. (2.28)

2.4.2 Streamermechanismus

Nach dem aus der Townsend-Theorie sich ergebenden Generationsmechanismus nach Abschn. 2.3.4 entladen die Elektronenlawinen auf breiter Front. Hierbei bleibt unbeantwortet, wie letztlich der dünne Durchschlagkanal entsteht und wodurch es insbesondere bei großen Schlagweiten zu den verhältnismäßig kurzen Durchschlagverzugszeiten kommt (s. Abschn. 2.4.3), die sich mit der geringen Driftgeschwindigkeit der positiv geladenen Gasmoleküle nicht erklären lassen. Eine qualitative Erklärung gibt hierfür die Kanal-Theorie.

Erreicht die Anzahl der Elektronen im Kopf der Lawine den kritischen Wert $n_{kr} \approx e^{18} \approx 10^8$, wird die von dort ausgehende ultraviolette Strahlung so stark, daß durch sie nach Bild 2.16 vorgelagerte Sekundärlawinen eingeleitet werden.

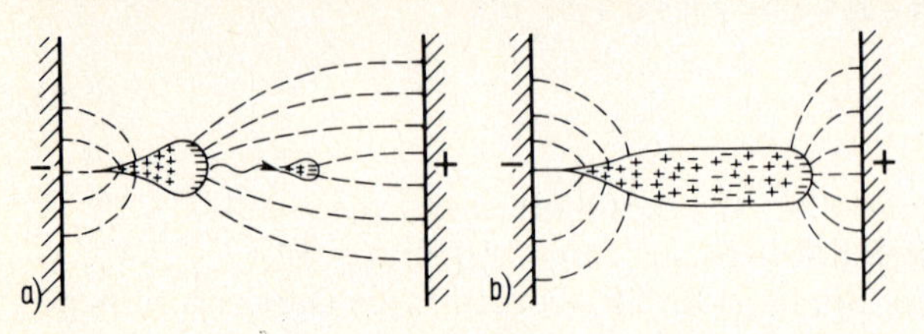

2.16
Sekundärlawinen-Bildung durch voreilendes Foton (a) und Entstehung des Entladungskanals (b)

Mit der Elektronenbeweglichkeit $b \approx 500\ (\text{cm/s})/(\text{V/cm})$ und der überschlägigen Durchschlagfeldstärke für Luft $E_d = 30$ kV/cm beträgt nach Gl. (2.14) die Driftgeschwindigkeit $v_{mi} = b\,E_d = [500\ (\text{cm/s})/(\text{V/cm})] \cdot 30\ \text{kV/cm} = 15\ \text{cm}/\mu\text{s}$. Mit der Wegveränderlichen x und der Anzahl der Anfangselektronen $n_0 = 1$ ist die kritische Elektronenverstärkung

$$n_{kr} = n_0\, e^{(\alpha\, x_{kr})} \approx e^{18} \tag{2.36}$$

nach Gl. (2.24) also dann erreicht, wenn $(\alpha\, x_{kr}) = 18$ wird. Mit dem angenommenen Ionisierungskoeffizienten $\alpha = 12\ \text{cm}^{-1}$ ist dies jeweils nach der Entwicklungszeit $t_{kr} = x_{kr}/v_{mi} = (\alpha\, x_{kr})/(\alpha\, v_{mi}) = 18/(12\ \text{cm}^{-1} \cdot 15\ \text{cm}/\mu\text{s}) = 0{,}1\ \mu\text{s}$ der Fall. So entsteht eine schnell vorwachsende Kette aneinandergereihter Lawinen, deren in entgegengesetzten Richtungen wandernden positiven und negativen Ladungsträger sich vermengen und einen schwachleitenden Vorentladungskanal, den Streamer, bilden (Kanalentladung). Die Entwicklungsgeschwindigkeit solcher Entladungskanäle hängt stark von der elektrischen Feldstärbe ab und kann in Luft 10 cm/μs bis 100 cm/μs betragen.

Da der mit Elektronen, positiven Ionen und Neutralteilchen gefüllte Streamer etwa Umgebungstemperatur aufweist, spricht man auch von einer kalten Entladung. Im homogenen Feld können mehrere Streamerentladungen nebeneinander bestehen, von denen sich schließlich eine durch weitere Ionisierung zu einem hochtemperierten, leitfähigen Plasmakanal entwickelt, der Leader genannt wird.

Leader können bereits entstehen, bevor der Streamer die Gegenelektrode erreicht hat – vornehmlich bei großen Schlagweiten ($s > 1$ m) und großen Spannungssteilheiten, wie sie bei Stoßspannungen (s. Abschn. 5.3) auftreten können. Die statische Durchschlagspannung, die z. B. mit langsam gesteigerter Gleichspannung ermittelt wird, wird hier so schnell und zunehmend überschritten, daß sich Elektronenlawinen, Streamer und Leader nahezu gleichzeitig entwickeln. In solchen Fällen wächst im Gefolge der Streamerentwicklung ein stielartiger Plasmakanal (Leader) mit gleichbleibender Vorwachsgeschwindigkeit von etwa $v = 100$ cm/μs von der Ausgangselektrode zur Gegenelektrode vor (dynamischer Durchschlag). Bei kleinen Spannungssteilheiten von einigen kV/μs kann es zu einem ruckartigen Vorwachsen des Leaders kommen (Ruckstufenmechanismus), weil gewissermaßen der sprunghaft vorgetriebene Leaderstiel immer wieder einen weiteren Spannungsanstieg abwarten muß, bis erneut günstige Verhältnisse für seine Fortentwicklung vorliegen.

2.4.3 Entladeverzug

Die Entwicklung des Durchschlags bedarf natürlich einer gewissen Zeit, so daß bei plötzlich angelegter Durchschlagspannung U_d der endgültige Zusammenbruch der Isolierstrecke erst nach der Entladeverzugszeit $t_v = t_s + t_a$ erfolgt, die sich aus der statistischen Streuzeit t_s und der Aufbauzeit t_a zusammensetzt. Die Streuzeit t_s berücksichtigt die Zufälligkeit, mit der Anfangselektronen zur Verfügung stehen und ist bei Schlagweiten $s > 1$ mm i. allg. sehr klein (etwa 10 bis 20 ns). Sie läßt sich, z. B. durch UV-Bestrahlung der Kathode, nahezu ganz ausschließen. Die Aufbauzeit t_a umfaßt die zeitliche Entwicklung von der ersten Elektronenlawine bis zum leitenden Durchschlagkanal und hängt von der Gestalt des Feldes, der Schlagweite s sowie von der Höhe der Überspannung ab. Hierbei wird mit der Überspannung $\Delta U_ü$ die Spannung bezeichnet, die über die statische Durchschlagspannung hinausgeht. Die für das homogene Feld sich ergebenden sehr unterschiedlichen Aufbauzeiten nach Bild 2.17 lassen sich durch die verschiedenen Entladungsvorgänge erklären.

Wird bei kleinen Schlagweiten (etwa s = 1 cm) gerade die statische Durchschlagspannung angelegt, so sind mehrere Generationen von Elektronenlawinen erforderlich (s. a. Beispiele 2.3 und 2.4), bis schließlich die Anzahl der Elektronen im Lawinenkopf $n_{kr} \approx e^{18}$ erreicht wird, bei der der Generationsmechanismus in den Streamermechanismus umschlägt und die Kanalentladung einleitet. In solchen Fällen berechnet sich die Aufbauzeit t_a hauptsächlich aus der Laufzeit der rückflutenden Ionen und kann Werte um 100 μs erreichen.

Bei großen Schlagweiten s kann mit Gl. (2.24) auch bei statischer Durchschlagspannung die kritische Elektronenzahl $n_{kr} = n_0 \exp(\alpha x_{kr}) = e^{18}$ schon von der ersten Lawine nach Durchlaufen der Strecke x_{kr} erreicht werden. Dies ist mit dem Ionisierungskoeffizienten α und mit $n_0 = 1$ bei Schlagweiten $s \geqslant x_{kr} = 18/\alpha$ der Fall. Die Aufbauzeit setzt

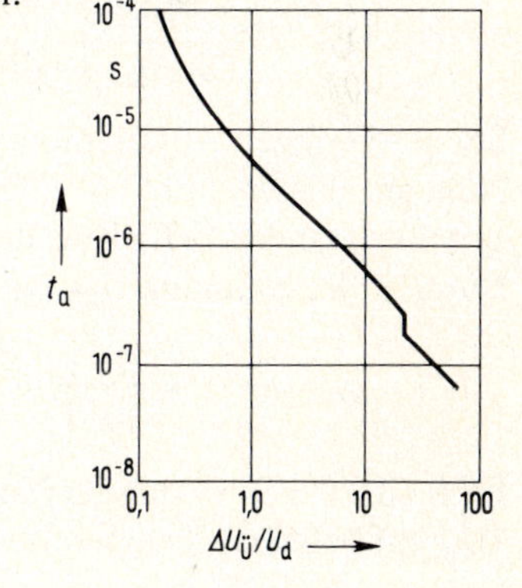

2.17
Aufbauzeit t_a in Stickstoff abhängig vom Verhältnis der Überspannung $\Delta U_ü$ zur statischen Durchschlagspannung U_d bei der Schlagweite s = 2 cm und dem Druck p = 665 mbar nach [4]

sich hier mit der Driftgeschwindigkeit v_{mi} aus der Entwicklungszeit der Lawine $t_{kr} = x_{kr}/v_{mi} = 18/(\alpha\, v_{mi})$ und der Zeit zusammen, mit der der nun vorwachsende Streamer die Reststrecke überwindet. Hierbei sind auch bei Schlagweiten von z. B. s = 25 cm Aufbauzeiten $t_a = 1\ \mu s$ möglich.

Übersteigt die angelegte Spannung die statische Durchschlagspannung, wird die Entwicklungszeit t_{kr} und somit die Aufbauzeit t_a verkleinert, weil sowohl der Ionisierungskoeffizient α nach Gl. (2.19) bzw. (2.22) als auch die Driftgeschwindigkeit v_{mi} nach Gl. (2.14) vergrößert werden. Bei sehr hohen Überspannungen, z. B. $\Delta U_ü = 20\ U_d$, kommt es unmittelbar zur Leaderentladung mit Vorwachsgeschwindigkeiten um v = 100 cm/μs, so daß hier auch bei größeren Schlagweiten Aufbauzeiten $t_a = 0{,}1\ \mu s$ auftreten.

Stark *inhomogene Felder* weisen im Vergleich zu homogenen Feldern größere Entladeverzugszeiten bis zu einigen ms auf.

2.4.4 Relative Gasdichte

Die Dichte eines Gases $\rho \sim p/T$ ist dem Druck p direkt und der Temperatur T umgekehrt proportional. Wird die allgemeine Gasdichte ρ zur Bezugsdichte ρ_0 bei Normaltemperatur $T_0 = 293$ K und Normaldruck $p_0 = 1{,}013$ bar ins Verhältnis gesetzt, so gilt für die *relative Gasdichte*

$$\delta = \frac{\rho}{\rho_0} = \frac{p\, T_0}{p_0\, T} \tag{2.37}$$

die auch für die Durchschlagspannung U_d bedeutsam ist.

Das *Paschen-Gesetz* nach Gl. (2.28) gilt für beliebigen Druck p, aber konstante Temperatur T. Soll die Temperatur als zusätzliche Veränderliche eingeführt werden, sind unter Berücksichtigung von Gl. (2.17) und (2.18) die Konstanten $A = A'/T$ und $B = B'/T$ durch die neuen Konstanten A' und B' und die Temperatur T auszudrücken. Für das homogene elektrische Feld ergibt sich dann nach Gl. (2.28) die *Durchschlagspannung*

$$U_d = \frac{B'\, p\, s}{T \ln\,[A'\, p\, s/(TK)]} \tag{2.38}$$

Bei nur geringen Abweichungen vom Normaldruck p_0 und Normaltemperatur T_0 kann angenähert $\ln\,[A'\, p\, s/(TK)] \approx \ln\,[A'\, p_0\, s/(T_0\, K)]$ gesetzt werden. Es entspricht dann das Verhältnis der Durchschlagspannung U_d nach Gl. (2.38) zur Durchschlagspannung U_{d0} bei Normalbedingungen der relativen Gasdichte

$$\delta = \frac{U_d}{U_{d0}} = \frac{p\, T_0}{p_0\, T} \tag{2.39}$$

nach Gl. (2.37), so daß für Normalbedingungen bekannte Durchschlagspannungen U_{d0} auf beliebige Temperatur- und Druckwerte umgerechnet werden können.

Wegen der oben getroffenen Vereinfachung ist die Umrechnung nach Gl. (2.39) nur für relative Gasdichten im Bereich $0{,}9 \leqslant \delta \leqslant 1{,}1$ zulässig.

2.5 Technische Isoliergase

Unter den Isoliergasen nimmt die kostenfreie L u f t die Sonderstellung ein (z. B. für Freileitungen, Sammelschienen). Daneben wird insbesondere als Druckgas der aus Luft leicht gewinnbare S t i c k s t o f f N_2 (z. B. bei Druckgaskabeln, Preßgaskondensatoren) verwendet. Elektrische Durchschlagfestigkeiten, die mit flüssigen oder festen Isolierstoffen vergleichbar sind, lassen sich bei diesen Gasen allerdings nur bei hohen Drücken (z. B. 10 bar) erreichen.

Die e l e k t r o n e g a t i v e n G a s e, insbesondere die Halogenverbindungen, weisen im Vergleich zur Luft besonders hohe elektrische Festigkeiten auf. Hier hat vornehmlich das S c h w e f e l h e x a f l u o r i d SF_6 große technische Bedeutung erlangt. Gegenüber Luft weist es bei Normalbedingungen eine etwa zwei- bis dreifach höhere elektrische Festigkeit auf (s. Abschn. 2.4.1). SF_6 ist ein Schwergas mit einer rund fünfmal größeren Dichte als Luft; es ist chemisch sehr reaktionsträge, thermisch stabil und ungiftig. Diese Eigenschaften machen es als Isoliergas in gekapselten Schaltanlagen anstelle verdichteter Gase wie Luft oder Stickstoff besonders geeignet. Aber auch als Löschmittel in Schaltgeräten zeigt es wegen seiner geringen Dissoziationsenergie (6,6 eV) und der hiermit verbundenen erhöhten Wärmeleitfähigkeit Vorteile. Allerdings wird SF_6 unter der Einwirkung des Lichtbogens zersetzt. Die hierbei auftretenden giftigen Zersetzungsprodukte können z. B. durch Aluminiumoxyd Al_2O_3 leicht wieder gebunden werden.

Andere Halogenverbindungen weisen noch größere Durchschlagfestigkeiten auf, wie z. B. die Freone Bromchloridfluormethan $CBrClF_2$ und Trifluortrichlorethan $C_2Cl_3F_3$, bei denen nach Gl. (2.34) mit $(E/p)_0 = 131{,}1$ kV/(bar cm) bzw. $(E/p)_0 = 184{,}5$ kV/(bar cm) gerechnet werden darf. Auch diese Gase sind chemisch und thermisch stabil, jedoch steigt ihre toxische Wirkung um so stärker, je mehr Fluor durch Chlor substituiert wird.

Da derartige Gase, vornehmlich das viel verwendete SF_6, recht teuer sind, wird auch der Einsatz von Gasgemischen, z. B. N_2-SF_6 oder N_2-Freon, in Betracht gezogen. Nach Bild 2.18 genügen relativ geringe Volumenanteile solcher stark elektronegativen Gase, um die Durchschlagfestigkeit des Mischgases gegenüber jener des reinen Stickstoffs beachtlich zu erhöhen.

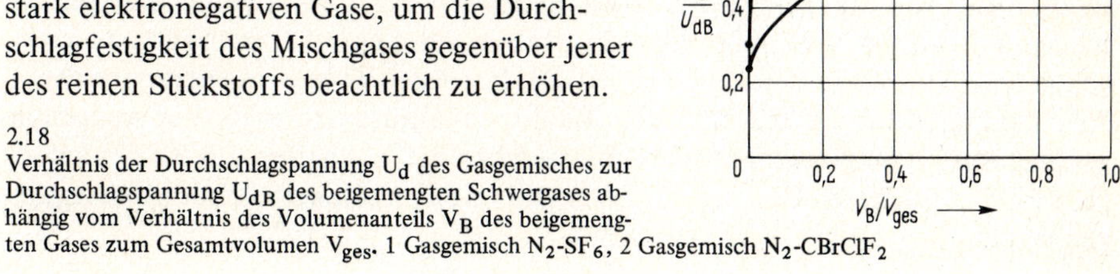

2.18
Verhältnis der Durchschlagspannung U_d des Gasgemisches zur Durchschlagspannung U_{dB} des beigemengten Schwergases abhängig vom Verhältnis des Volumenanteils V_B des beigemengten Gases zum Gesamtvolumen V_{ges}. 1 Gasgemisch N_2-SF_6, 2 Gasgemisch N_2-$CBrClF_2$

2.6 Gasdurchschlag im inhomogenen Feld

Elektrodenanordnungen mit inhomogenen elektrischen Feldern gibt es in beliebiger Vielzahl. Ihre für den Gasdurchschlag charakteristischen Eigenschaften, wie die Abhängigkeit der Durchschlagspannung vom Krümmungsradius, das Auftreten von Vorentladungen mit Raumladungsbildung und der Polaritätseinfluß, lassen sich aber auch an einfachen Kugel- und Zylinderanordnungen studieren und auf ähnliche Anordnungen übertragen.

Anders als im homogenen Feld ist der Einsatz der selbständigen Gasentladung nach Gl. (2.26) nicht unbedingt gleichzusetzen mit dem Erreichen der Durchschlagspannung U_d. Bei der Spitze-Platte-Anordnung nach Bild 2.19 a, deren Stabende kugelig abgerundet sein soll, tritt die Höchstfeldstärke E_{max} an der Spitze auf. Erreicht sie einen bestimmten Wert, die Anfangsfeldstärke E_a, so kann es dort zu einer sichtbaren Vorentladung (auch Korona- oder Glimmentladung) kommen, ohne daß ein Durchschlag auftritt. Die zugehörige Spannung heißt Anfangsspannung U_a (auch Korona- oder Glimmeinsetzspannung). Der Ausnutzungsfaktor η nach Gl. (1.89) wird umso kleiner, d. h. die Inhomogenität des Feldes umso größer, je mehr die Schlagweite s anwächst. Andererseits kann bei kleinen Schlagweiten das Feld so schwach inhomogen sein, daß dann wieder die Durchschlaggesetze des homogenen Feldes gelten.

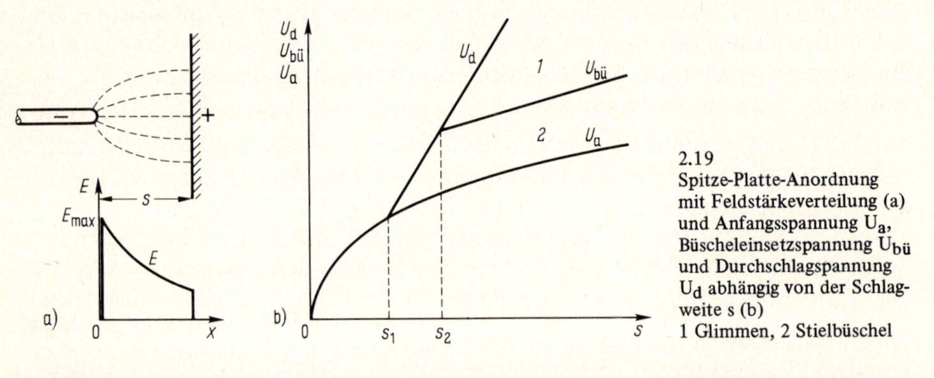

2.19 Spitze-Platte-Anordnung mit Feldstärkeverteilung (a) und Anfangsspannung U_a, Büscheleinsetzspannung $U_{bü}$ und Durchschlagspannung U_d abhängig von der Schlagweite s (b)
1 Glimmen, 2 Stielbüschel

In Bild 2.19 b ist das Durchschlagverhalten einer solchen Anordnung vereinfacht dargestellt. Bei Schlagweiten $s < s_1$ fällt die Durchschlagspannung $U_d = U_a$ mit der Anfangspannung zusammen. In solchen schwach inhomogenen Feldern mit Ausnutzungsfaktoren etwa im Bereich $0{,}2 < \eta < 1$ gelten die Durchschlagmechanismen wie im homogenen Feld, so daß sich die Durchschlagspannungen in ähnlicher Weise berechnen lassen. Bei koaxialen Zylindern entspricht der Ausnutzungsfaktor $\eta = 0{,}2$ etwa dem Radienverhältnis $r_2/r_1 = 10$. Für Anordnungen mit Ausnutzungsfaktoren $\eta > 0{,}8$ lassen sich die in Abschn. 2.4 für das homogene Feld abgeleiteten Gl. (2.28), (2.31) und (2.34) mit hinreichender Genauigkeit verwenden.

Bei *stark inhomogenen* Feldern ($s > s_1$) etwa mit Ausnutzungsfaktoren $\eta < 0{,}2$ tritt an der Spitze bei Spannungssteigerung zunächst eine geräuschlose, nur sehr schwach sichtbare Glimmentladung ein, aus der sich bei Schlagweiten $s > s_2$ vor dem Erreichen der Durchschlagspannung U_d eine plötzlich einsetzende, gut hörbare und sichtbare *Büschelentladung* (Stielbüschel) entwickelt. Die zugehörige Spannung wird als *Büscheleinsetzspannung* $U_{bü}$ bezeichnet.

2.6.1 Anfangsfeldstärke

2.6.1.1 Zylinderelektroden. Bei koaxialen Zylinderelektroden nach Bild 2.20 ist die Anfangsspannung U_a erreicht, wenn die Gleichgewichtsbedingung nach Gl. (2.26) erfüllt ist. Mit der Feldstärke $E = E_1\,(r_1/r)$ nach Gl. (1.20) und dem Ionisierungskoeffizienten $\alpha = A\,p\,\exp(-B\,p/E)$ nach Gl. (2.19) gilt für das Integral

$$\int_{r=r_1}^{r_2} \alpha\,dr = \int_{r=r_1}^{r_2} A\,p\,e^{-\frac{B\,p}{E_1\,r_1}\,r}\,dr$$

$$= \frac{A\,E_1\,r_1}{B}\left[e^{-\frac{B\,p}{E_1}} - e^{-\frac{B\,p}{E_1}\cdot\frac{r_2}{r_1}}\right] \qquad (2.40)$$

2.20 Koaxiale Zylinder

Nach Gl. (2.26) ist die Gleichgewichtsbedingung erfüllt, wenn Gl. (2.40) den kritischen Wert K annimmt. In diesem Fall erreicht die Randfeldstärke am Innenzylinder die Anfangsfeldstärke $E_a = E_1$, so daß Gl. (2.40) die Form

$$K = \frac{A\,E_a\,r_1}{B}\left[e^{-\frac{B\,p}{E_a}} - e^{-\frac{B\,p}{E_a}\cdot\frac{r_2}{r_1}}\right] \qquad (2.41)$$

annimmt, mit der sich die Anfangsfeldstärke – wenngleich auch etwas umständlich – für beliebige Radienverhältnisse r_2/r_1 berechnen läßt. Der Wert der Konstanten K wird hierbei entweder sinnvoll angenommen (z. B. für Luft $K = 13$) oder durch eine Durchschlagmessung für ein einziges Radienverhältnis r_2/r_1 ermittelt. Nimmt allerdings das Radienverhältnis größere Werte (z. B. $r_2/r_1 > 5$) an, kann der zweite Summand im Klammerausdruck der Gl. (2.41) vernachlässigt werden, so daß sich diese auf die Form

$$K = \frac{A\,E_a\,r_1}{B}\,e^{-\frac{B\,p}{E_a}} \qquad (2.42)$$

vereinfacht. Wird weiter für den Radius r_1 allgemein der *Krümmungsradius* r_k eingeführt, folgt hieraus für den Zylinderradius

$$r_k = \frac{B\,K}{A\,p} \cdot \frac{e^{\frac{B}{(E_a/p)}}}{(E_a/p)} = \frac{B\,K}{A\,p} \cdot \frac{1}{f\,(E_a/p)} \tag{2.43}$$

Ersetzt man in Gl. (2.43) die Exponentialfunktion $f\,(E_a/p) = (E_a/p)\,\exp\,[-B/(E_a/p)] \approx m\,[(E_a/p) - n]^2$ näherungsweise durch eine Parabel mit den Konstanten m und n, so läßt sich aus Gl. (2.43) die Anfangsfeldstärke

$$E_a = p\,n\,\left(1 + \frac{\sqrt{B\,K/(A\,m\,n^2)}}{\sqrt{p \cdot r_k}}\right) \tag{2.44}$$

explizit ermitteln.

Mit den Konstanten A und B nach Tafel 2.8 gilt Gl. (2.44) für Normaltemperatur $T = T_0$. Mit der relativen Gasdichte δ nach Gl. (2.37) und dem Normaldruck p_0 kann dann für den Druck $p = \delta\,p_0$ gesetzt werden. Faßt man schließlich alle bekannten Größen zu neuen Konstanten zusammen, ergibt sich abhängig vom Krümmungsradius r_k für die Anfangsfeldstärke

$$E_a = \delta\,K_1\,(1 + K_2/\sqrt{\delta\,r_k}) \tag{2.45}$$

Für überschlägige Berechnungen sind die Konstanten K_1 und K_2 Tafel 2.21 zu entnehmen. In Bild 2.22 ist die Anfangsfeldstärke E_a über dem Krümmungsradius r_k dargestellt.

Tafel 2.21 Konstanten K_1 und K_2 einiger Gase für Zylinder- und Kugelelektroden

	K_1 in kV/cm	K_2 in $cm^{1/2}$ Zylinder	Kugel
Luft	30,0	0,33	0,47
N_2	44,0	0,28	0,40
SF_6	90,5	0,12	0,17

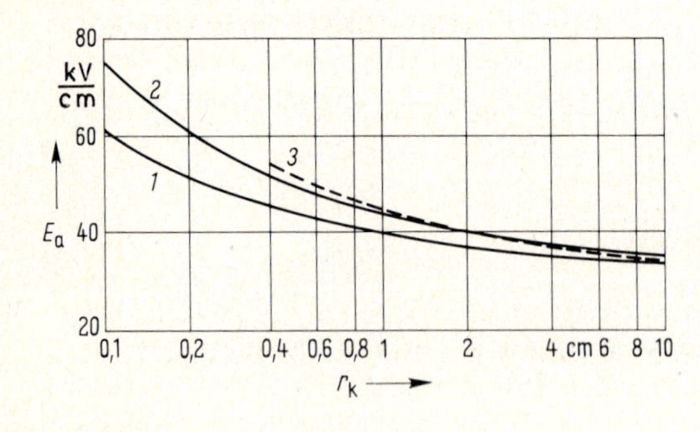

2.22 Anfangsfeldstärke E_a abhängig vom Krümmungsradius r_k
1 Zylinderelektroden nach Gl. (2.45),
2 Kugelelektroden nach Gl. (2.45),
3 Kugelelektroden nach Gl. (2.50)

2.6.1.2 Kugelelektroden. Mit der für Kugelelektroden mit radialsymmetrischem Feld nach Gl. (1.28) gültigen elektrischen Feldstärke $E = E_1\ (r_1/r)^2$ erhält man bei dem Ansatz nach Gl. (2.40) ein Integral, das sich nicht durch eine elementare Funktion ausdrücken läßt. Es wird deshalb nach Bild 2.23 die neue Veränderliche $x = r - r_1$ eingeführt. Für $x < r_1$ ergibt sich mit

$$\left(\frac{r}{r_1}\right)^2 = \left(1 + \frac{x}{r_1}\right)^2 = 1 + \frac{2\,x}{r_1} + \left(\frac{x}{r_1}\right)^2 \approx 1 + \frac{2\,x}{r_1} \qquad (2.46)$$

und für eine genügend weit entfernte Gegenelektrode ($r_2 \to \infty$) analog zu Gl. (2.40) das Integral

$$\int_{x=0}^{\infty} \alpha\, dx = \int_{x=0}^{\infty} A\, p\, e^{-\frac{B\,p}{E_1}\left(1 + \frac{2\,x}{r_1}\right)}\, dx = \frac{A\, E_1\, r_1}{2\,B}\, e^{-\frac{B\,p}{E_1}} \qquad (2.47)$$

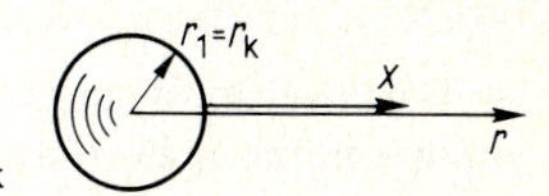

2.23
Kugelelektrode mit Radius r_1 und den Ortsveränderlichen Radius r und Weg x

Bei der Gleichgewichtsbedingung nach Gl. (2.26) nimmt Gl. (2.47) mit $E_1 = E_a$ den kritischen Wert

$$K = \frac{A\, E_a\, r_1}{2\,B}\, e^{-\frac{B\,p}{E_a}} \qquad (2.48)$$

an, aus dem sich mit $r_1 = r_k$ der Krümmungsradius der Kugel

$$r_k = \frac{2\,B\,K}{A\,p} \cdot \frac{e^{\frac{B}{(E_a/p)}}}{(E_a/p)} \qquad (2.49)$$

errechnet. Ein Vergleich von Gl. (2.43) und (2.49) weist aus, daß bei gleicher Anfangsfeldstärke E_a der Krümmungsradius r_k der Kugelelektrode doppelt so groß ist wie jener der Zylinderelektrode. Da aber die Funktionen $r_k = f\,(E_a)$ bis auf den Faktor 2 sonst völlig übereinstimmen, muß Gl. (2.45) auch für Kugelelektroden gelten, wobei aber der für Kugeln gültige Zahlenwert K_2 nach Tafel 2.21 gleich dem mit dem Faktor $\sqrt{2}$ multiplizierten, für Zylinderelektroden angegebenen Wert ist.

Nach [33] wurde für Luft mit der relativen Gasdichte $\delta = 1$ für Krümmungsradien im Bereich $0{,}5\ \text{cm} \leqslant r_k \leqslant 25\ \text{cm}$ die Anfangsfeldstärke

$$E_a = 22{,}8\ \frac{\text{kV}}{\text{cm}}\ (1 + 1/\sqrt[3]{r_k\ \text{cm}^{-1}}) \qquad (2.50)$$

empirisch ermittelt, wobei weiter nachgewiesen wurde, daß die Anfangsfeldstärke unabhängig von der Schlagweite s ist. Bild 2.22 vergleicht die Kurvenverläufe nach Gl. (2.45) und Gl. (2.50).

2.6.2 Durchschlagspannung im schwach inhomogenen Feld

Mit Anfangsfeldstärke E_a, Schlagweite s und Ausnutzungsfaktor η gilt für die Durchschlagspannung

$$U_d = E_a\, s\, \eta \tag{2.51}$$

Die Anfangsfeldstärke E_a für Zylinderelektroden kann entweder mit Gl. (2.41) oder (2.45) und für Kugelelektroden mit Gl. (2.45) bzw. (2.50) berechnet werden. Für Anordnungen mit Ausnutzungsfaktoren $\eta \geqslant 0{,}8$ lassen sich wieder die in Abschn. 2.4 für das homogene Feld abgeleiteten Gl. (2.28), (2.31) und (2.34) mit hinreichender Genauigkeit verwenden.

Beispiel 2.6. Für koaxiale Zylinderelektroden mit dem Außenradius $r_2 = 100$ mm wurden für Luft mit dem Druck $p = p_0 = 1{,}013$ bar und der Temperatur $T = T_0 = 293$ K die Durchschlag-Gleichspannungen nach Tafel 2.24 gemessen.

Die Durchschlagspannungen sind zu berechnen und zum Vergleich mit den gemessenen Werten in Kurvenform darzustellen.

Tafel 2.24 Durchschlag-Gleichspannungen U_d für Beispiel 2.6

r_1 in mm	10	20	30	40	50	60	70	80
U_d in kV	96	122	128	126	116	100	80	60

Für den Radius $r_1 = 30$ mm ist die Schlagweite $s = r_2 - r_1 = 100\text{ mm} - 30\text{ mm} = 70$ mm. Nach Gl. (1.92) ergibt sich der Ausnutzungsfaktor

$$\eta = \frac{\ln(r_2/r_1)}{(r_2/r_1) - 1} = \frac{\ln(100\text{ mm}/30\text{ mm})}{(100\text{ mm}/30\text{ mm}) - 1} = 0{,}516$$

und nach Gl. (2.45) mit den Konstanten $K_1 = 30$ kV/cm und $K_2 = 0{,}33\text{ cm}^{1/2}$ nach Tafel 2.21, der relativen Gasdichte $\delta = 1$ und dem Krümmungsradius $r_k = r_1 = 3{,}0$ cm die Anfangsfeldstärke

$$E_a = \delta\, K_1\, (1 + K_2/\sqrt{\delta\, r_k}) = 1 \cdot 30\,(\text{kV/cm})\,(1 + 0{,}33\text{ cm}^{1/2}/\sqrt{1 \cdot 3{,}0\text{ cm}})$$
$$= 35{,}72\text{ kV/cm}$$

Somit beträgt nach Gl. (2.51) die Durchschlagspannung

$$U_d = E_a\, s\, \eta = (35{,}72\text{ kV/cm})\; 7{,}0\text{ cm} \cdot 0{,}516 = 129{,}0\text{ kV}$$

Für den Radius $r_1 = 70$ mm und die Schlagweite $s = r_2 - r_1 = 100\text{ mm} - 70\text{ mm} = 30$ mm ist der Ausnutzungsfaktur $\eta = 0{,}8322 > 0{,}8$, so daß hier das Feld als nahezu homogen angenommen werden darf. Mit den Konstanten $A = 645\,(\text{bar cm})^{-1}$ und $B = 19$ kV/(bar mm) nach Tafel 2.8 und $K = 13{,}0$ erhält man nach Gl. (2.28) die Durchschlagspannung

$$U_d = \frac{B\, p\, s}{\ln(A\, p\, s/K)} = \frac{19\,(\text{kV/bar mm})\; 1{,}013\text{ bar} \cdot 70\text{ mm}}{\ln[645\,(\text{bar mm})^{-1}\; 1{,}013\text{ bar} \cdot 70\text{ mm}/13{,}0]} = 78{,}90\text{ kV}$$

Die Durchschlagspannungen, die für die übrigen Radien r_1 in gleicher Weise berechnet wurden, sind in Bild 2.25 zusammen mit den Meßwerten dargestellt. Im Bereich I liegt ein stark inhomogenes Feld mit Ausnutzungsfaktoren $\eta < 0{,}2$ vor, für das die Durchschlagspannungen $U_d > U_a$ nicht berechenbar sind. Hier steigen die Durchschlagspannungen, wie in Bild 2.25 eingezeichnet, mit abnehmenden Radien r_1 sogar wieder an.

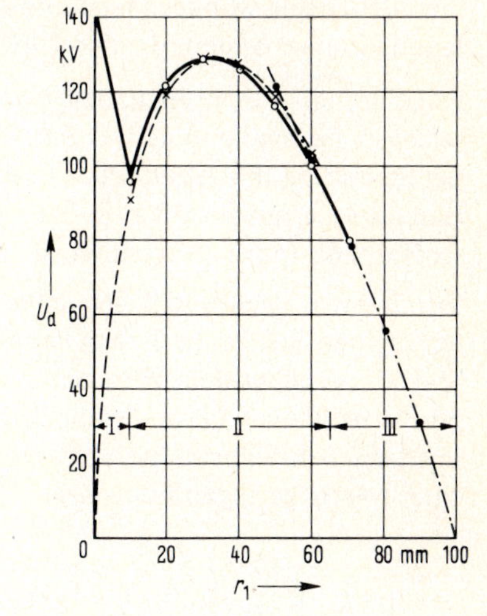

2.25
Durchschlagspannung U_d von koaxialen Zylinderelektroden mit dem Außenradius $r_2 = 100$ mm abhängig vom Innenradius r_1
(——o——) Meßwerte, (– – – x – – –) berechnet nach Gl. (2.53), (——•——•——•——) berechnet nach Gl. (2.28)
Bereich I: stark inhomogenes Feld
Bereich II: schwach inhomogenes Feld
Bereich III: Gültigkeit des Paschen-Gesetzes im schwach inhomogenen Feld

2.6.3 Stark inhomogene Felder

Bei einer Spitze-Platte-Anordnung mit stark inhomogenem elektrischen Feld (etwa $\eta < 0{,}2$) ist die Durchschlagspannung U_d stark abhängig von der Spannungspolarität. Hier tritt bei jeder Polarität beim Überschreiten der Anfangsspannung U_a als Folge der Ionisation nach Bild 2.26 vor der Spitze eine positive Raumladung auf, weil die im Gegensatz zu den positiven Gasmolekülen viel beweglicheren Elektronen schnell zur Anode abwandern (s. Abschn. 2.3.1). Dadurch wird in beiden Fällen die Potential- bzw. Feldstärkeverteilung zwischen den Elektroden in unterschiedlicher Weise geändert.

Bei negativer Spitze wird nach Bild 2.26 a das Potentialgefälle im Gebiet zwischen Raumladungswolke und positiver Platte verringert. Die positiven Raum-

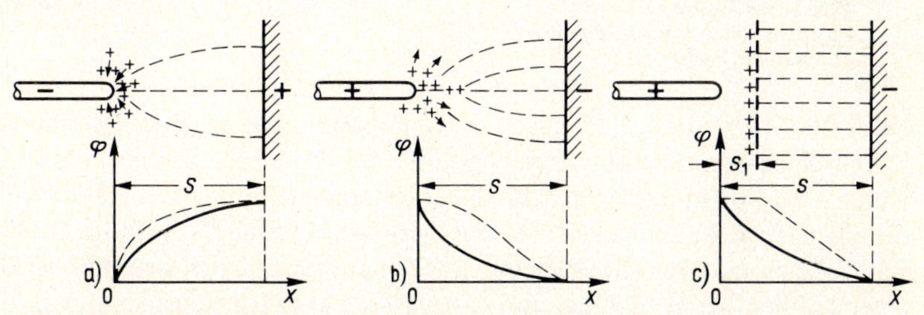

2.26 Spitze-Platte-Anordnung mit elektrischer Potentialverteilung bei negativer Spitze (a), positiver Spitze (b) und positiver Spitze mit dünnem Schirm (c)
(———) ohne und (– – – –) mit Raumladung

ladungen streben der nahen Spitze zu, und die Raumladungswolke zieht sich deshalb ständig zusammen. Demgegenüber wirkt die Raumladungswolke bei positiver Spitze nach Bild 2.26 b wie eine vorgeschobene Elektrode, wodurch das Potentialgefälle und somit die Feldstärke zur Platte hin vergrößert wird. In diese Richtung wandern auch die positiven Ionen, wobei sich voreilende Entladungskanäle bilden, die den Durchschlag begünstigen.

Es ist deshalb einzusehen, daß nach Bild 2.27 bei gleicher Schlagweite s die Durchschlagspannung bei positiver Spitze kleiner (etwa 50%) als bei negativer Spitze ist. Bei Spannung mit technischer Frequenz erfolgt der Durchschlag im Scheitel der Halbperiode mit positiver Spitze, so daß hier mit dem kleineren der beiden Durchschlagspannungen zu rechnen ist.

Durch einen nach Bild 2.26 c etwa im Abstand $s_1 = 0{,}1$ s vor der Spitze aufgestellten dünnen Schirm (z. B. aus Pappe) kann die Durchschlagspannung bei positiver Spitze gegenüber dem Wert ohne Schirm jedoch nahezu verdoppelt werden. Die positiv geladenen Gasmoleküle lagern sich hierbei am Schirm an und bewirken somit zwischen Schirm und negativer Platte ein homogenes elektrisches Feld mit einer relativ geringen Feldstärke.

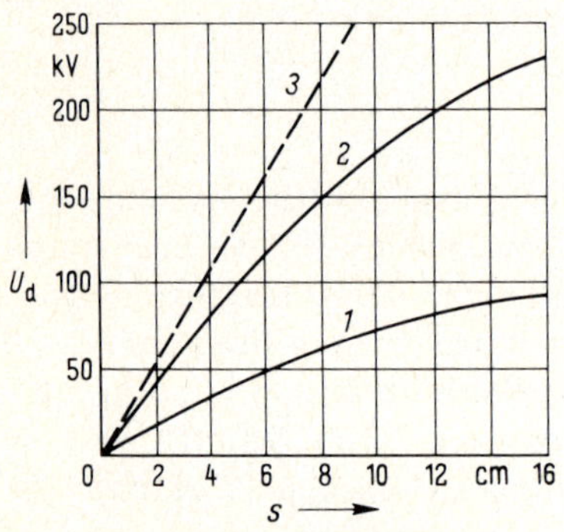

2.27 Statische Durchschlagspannung U_d einer Spitze-Platte-Anordnung in Luft abhängig von der Schlagweite s. Druck p = 1,013 bar, Öffnungswinkel der Kegelspitze 30°
1 positive Spitze, 2 negative Spitze, 3 homogenes Feld

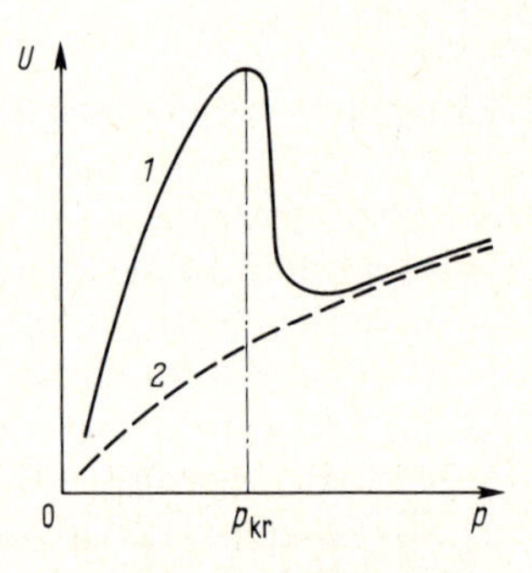

2.28 Durchschlag-Wechselspannung U_d (1) und Anfangsspannung U_a (2) einer Spitze-Platte-Anordnung abhängig vom Gasdruck p

Nach Bild 2.19 b und 2.25 tragen die Vorentladungen zu einer Erhöhung der Durchschlagspannung bei. Anders als im schwach inhomogenen Feld ist hier die Durchschlagspannung U_d größer als die Anfangsspannung U_a. Hierdurch ist auch die eigenartige Abhängigkeit der Durchschlagspannung U_d vom Gasdruck p nach Bild 2.28 zu erklären. Bei kleinen Drücken entwickelt sich der Durchschlag aus einer stabilen Vorentladung, und daher ist die Durchschlagspannung größer als die Anfangsspannung. Mit steigendem Druck und den damit immer kleiner werdenden mittleren freien Weglängen (s. Abschn. 2.3.1) verschwinden die Voraussetzungen für Vorentladungen, und es ergeben sich Durchschlagverhältnisse, wie sie im schwach inhomogenen Feld vorliegen. Der Durchschlagmechanismus wechselt nahezu sprunghaft von dem des stark inhomogenen Feldes ($U_d > U_a$) in jenen des schwach inhomogenen ($U_d = U_a$) über. Der kritische Druck, bei dem dieser Übergang einsetzt, beträgt für Luft etwa $p_{kr} = 12$ bar und für SF_6 etwa 1,5 bar.

Mit zunehmender Schlagweite, insbesondere aber bei so großen Schlagweiten, wie sie z. B. bei Hoch- und Höchstspannungsfreileitungen vorliegen, wächst die Durchschlagspannung nach Bild 2.29 nicht linear mit der Schlagweite s, so daß die mittlere Durchschlagfeldstärke

$$E_{dmi} = U_d/s \tag{2.52}$$

immer kleiner wird. Sie beträgt z. B. für eine Anordnung Stab-Ebene mit der Schlagweite s = 11 m nur noch $E_{dmi} = 1{,}8$ kV/cm (vgl. $E_d \approx 30$ kV/cm im homogenen Feld!). Hierdurch ergibt sich z. B. bei Freileitungen eine wirtschaftliche Grenze für die Übertragungsspannung, die heute etwa bei 2000 kV angenommen wird.

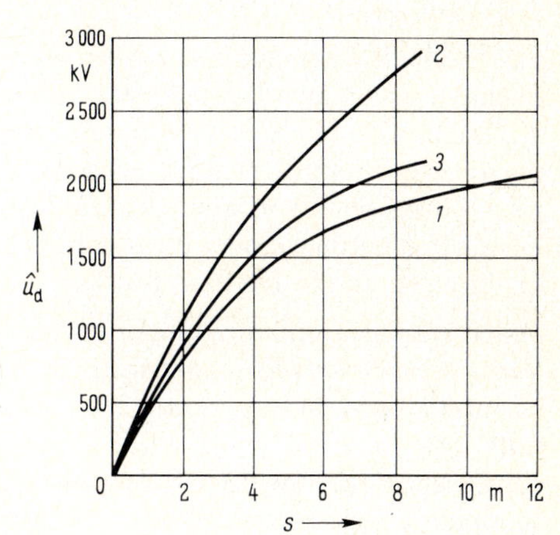

2.29
Scheitelwert der Durchschlag-Wechselspannung $\hat{u}_d$ abhängig von der Schlagweite s in Luft für Stab-Ebene (1), Stab-Stab (2) und Freileitungs-Isolatorenkette (3)

2.6.4 Luftfeuchtigkeit

Der Einfluß der Luftfeuchte auf die Durchschlagspannung hängt ab von Spannungsart, Spannungspolarität und Art der Vorentladung. Bei homogenen und schwach inhomogenen Feldern, bei denen nach Bild 2.19 Anfangsspannung U_a und Durchschlagspannung U_d zusammenfallen, ist die Luftfeuchtigkeit praktisch ohne Einfluß. Treten demgegenüber bei stark inhomogenen Feldern vor dem Durchschlag intensive Vorentladungen, z. B. Büschelentladungen, an der positiven Elektrode auf, so wächst insbesondere oberhalb der Normfeuchte $f_{a0} = 11$ g/m^3 die Durchschlagspannung mit der absoluten Luftfeuchtigkeit f_a. Gehen dagegen die Vorentladungen, wie z. B. bei einer Spitze-Platte-Anordnung mit negativer Spitze, von der negativen Elektrode aus, bleibt die

Luftfeuchtigkeit praktisch wieder ohne Einfluß auf die Durchschlagspannung. Die relative Luftfeuchtigkeit $f_r = f_a/f_{as}$, bei der die absolute Luftfeuchte f_a auf den von Druck p und Temperatur T abhängigen Sättigungswert f_{as} (z. B. $f_{as} = 17{,}3$ g/m^3 bei $T_0 = 293$ K und $p_0 = 1{,}013$ bar) bezogen wird, beeinflußt die Durchschlagspannung nicht, solange der Absolutwert f_a unverändert bleibt.

Mit dem Feuchte-Korrekturfaktor k_f und der relativen Gasdichte δ kann die für Normverhältnisse (p_0, T_0, f_{a0}) gültige Durchschlagspannung U_{d0} auf die für andere atmosphärische Verhältnisse zutreffende Durchschlagspannung

$$U_d = \delta\, U_{d0}/k_f \qquad (2.53)$$

umgerechnet werden. Die Werte des Korrekturfaktors k_f sind für die verschiedenen Elektrodenanordnungen, Spannungsarten und -polaritäten VDE 0432 zu entnehmen.

2.6.5 Äußere Teilentladung

Elektrische Vorentladungen werden auch als Teilentladungen (TE) bezeichnet, wobei innere und äußere Teilentladungen unterschieden werden. Äußere Teilentladungen treten an stark gekrümmten Oberflächen gasisolierter Elektroden auf. Demgegenüber liegen innere Teilentladungen immer dann vor, wenn Durchschläge in Hohlräumen (Gaseinschlüsse) von Feststoffisolierungen oder Flüssigkeiten einsetzen, also bei einer Schichtung von gasförmigen und festen bzw. flüssigen Isoliermitteln (s. Abschn. 3.2).

Teilentladungen sind meist nicht erwünscht, weil sie als äußere Teilentladungen Verluste bewirken (Koronaverluste), u. U. die drahtlose Nachrichtenübermittlung beeinträchtigen, in Isoliergasen chemische Reaktionen (z. B. Ozonbildung O_3 in Luft) verursachen oder als innere Teilentladungen zur funkenerosiven Zerstörung der Gesamtisolierung führen. Bei gasisolierten Elektroden wird deshalb durch geeignete Formgebung, z. B. durch Bündelleiter bei Höchstspannungsfreileitungen (s. Band IX), angestrebt, die Randfeldstärken entsprechend niedrig zu halten. Im Gegensatz hierzu hat die elektrische Sprühentladung bei Elektrofiltern zur Staubabscheidung praktische Bedeutung.

Wird an eine Spitze-Platte-Anordnung nach Bild 2.30 Wechselspannung angelegt, so setzen bei Spannungssteigerung zuerst in derjenigen Halbschwingung Teilentladungen ein, in der die Spitze ein negatives Potential gegenüber der Platte aufweist (negative Spitze). Diese Spannung wird als Einsetzspannung U_E bezeichnet und entspricht der Anfangsspannung U_a. Bei weiterem Spannungsanstieg ergeben sich auch bald Entladungen in der Halbschwingung mit positiver Spitze. In beiden Fällen handelt es sich um impulsartige Entladungen im Bereich der Spannungsscheitel (Bild 2.30 b), wobei die Impulsdauer einige 10 ns, die Impulsladung einige 100 pC und die mit der Spannung zunehmende Impulshäufigkeit bis zu 10^5 s^{-1} betragen können. Grundsätzlich treten solche Entladungsimpulse auch bei Gleichspannung auf. Bei konstanter Temperatur sinken die Teilentladungsein- und Aussetzspannungen U_E und U_A mit steigender *relativer Luftfeuchte*.

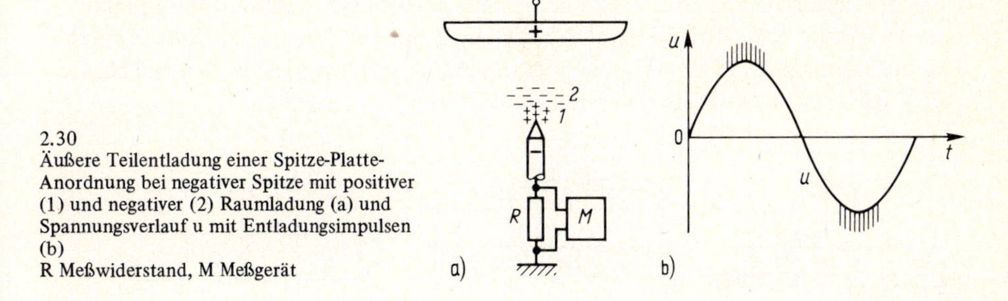

2.30
Äußere Teilentladung einer Spitze-Platte-Anordnung bei negativer Spitze mit positiver (1) und negativer (2) Raumladung (a) und Spannungsverlauf u mit Entladungsimpulsen (b)
R Meßwiderstand, M Meßgerät

Vor der *positiven Spitze* entsteht nach Bild 2.26 b eine positive Raumladungswolke, durch die die Feldstärke vor der Spitze geschwächt und das Bilden von Elektronenlawinen solange verhindert wird, bis durch Abwandern der Raumladungen sich erneut Ausgangsverhältnisse einstellen. Durch diesen sich wiederholenden Vorgang ergeben sich die impulsartigen Entladungen.

Bei *negativer Spitze* wird nach Bild 2.26 a die elektrische Feldstärke im Bereich zwischen positiver Raumladungswolke und Platte so verringert, daß sich die zur Platte wandernden Elektronen aufgrund relativ geringer Geschwindigkeit an Moleküle der elektronegativen Gasbestandteile (z. B. O_2 in Luft) anlagern und so zwischen positiver Raumladungswolke und Platte zusätzlich eine negative Raumladung aufbauen (Bild 2.30 a), die auf die Spitze feldschwächend wirkt und ebenfalls die Ladungsträgerbildung zwischenzeitlich zum Stillstand bringt. Diese Entladungsimpulse werden nach ihrem Entdecker auch *Trichel-Impulse* genannt.

Bei weiterer Spannungssteigerung entwickelt sich insbesondere bei positiver Spitze aus der Impulsentladung eine *impulslose Dauerentladung* (Dauerkorona), aus der sich mit anschließender Büschelentladung der Durchschlag entwickelt. Bei negativer Spitze würde u. U. die Dauerkorona erst bei Spannungen einsetzen, die oberhalb der Durchschlagspannung der positiven Spitze liegen. Der Wechselspannungs-Durchschlag erfolgt immer in der Halbschwingung mit positiver Spitze; für Untersuchungen der äußeren Teilentladung ist dagegen die negative Spitze heranzuziehen.

Mit Meßanordnungen, die nach Bild 2.30 a an den im Entladekreis liegenden Widerstand R angeschlossen werden, lassen sich Teilentladungen feststellen und bewerten. Zur Ermittlung der *Einsetzspannung* U_E und der *Aussetzspannung* U_A, die durchaus unterschiedliche Werte aufweisen können, genügt vielfach ein einfaches Oszilloskop (s. Abschn. 7.1.2).

2.7 Gleitentladung und Überschlag

Gleitentladungen entstehen an der Grenze zweier Isoliermittel mit verschiedenen Aggregatzuständen, z. B. auf der Oberfläche von festen Isolatoren in Gas oder Flüssigkeiten. In der in Bild 2.31 a dargestellten einfachen Prüfanordnung bildet jede Teilfläche ΔA der Isolierstoffoberfläche 2 mit der Plattenelektrode 3 einen Kondensator mit der Oberflächenkapazität ΔC_A. Als technisches Beispiel ist in Bild 2.31 b ein abgesetztes Kabel mit Metallmantel 5 angegeben.

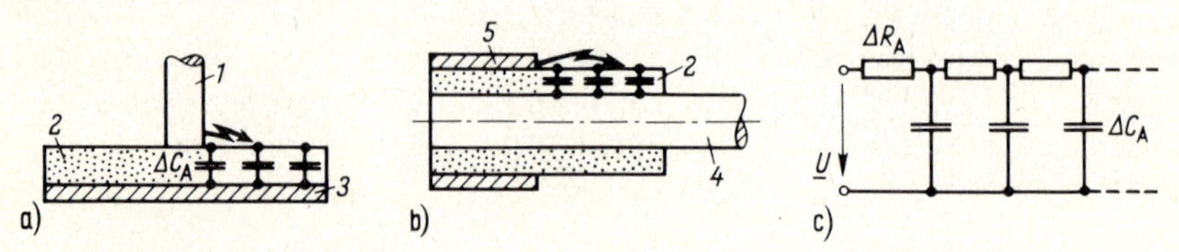

2.31 Prüfanordnung (a), abgesetztes Kabel (b) und Ersatzschaltung (c) zur Erläuterung der Gleitentladung
1 Stabelektrode, 2 Isolierstoff, 3 Plattenelektrode, 4 Kabelader, 5 Kabelmantel

Beim Überschreiten einer bestimmten Spannung gehen von der Stabelektrode 1 bzw. dem Metallmantel 5 Vorentladungen aus, die die Oberflächenkapazitäten aufladen, wobei die Größe des Ladestroms von den Oberflächenwiderständen ΔR_A, den Oberflächenkapazitäten ΔC_A und somit von der Isolierstoffdicke s und der anliegenden Spannung U abhängt. Hierbei bilden sich zunächst Stromfäden aus, deren Lebensdauer etwa 10 ns beträgt und die mit der erfolgten Aufladung enden, bis eine Spannungsveränderung eine erneute Nach- oder Umladung bewirkt. Bild 2.31 c gibt eine Ersatzschaltung an.

Ein Stromfaden geht nach Bild 2.32 schließlich in einen Gleitfunken über, sobald im Entladungskanal Ionisation einsetzt und folglich der Oberflächenwiderstand zusammenbricht. Bei Feststoffisolatoren in Gas kann dies z. B. eintreten, wenn die tangentiale Feldstärke die Durchschlagfeldstärke des Gases überschreitet und die Gasstrecke über den Oberflächenwiderständen ΔR_A teilweise durchschlagen wird. Die sich hierbei in der Prüfeinrichtung nach Bild 2.31 a ergebenden Entladungsbilder werden auch als Lichtenberg-Figuren bezeichnet.

Gleitentladungen sind besonders ausgeprägt bei Stoß- und Wechselspannung, können aber in seltenen Fällen auch bei Gleichspannung auftreten.

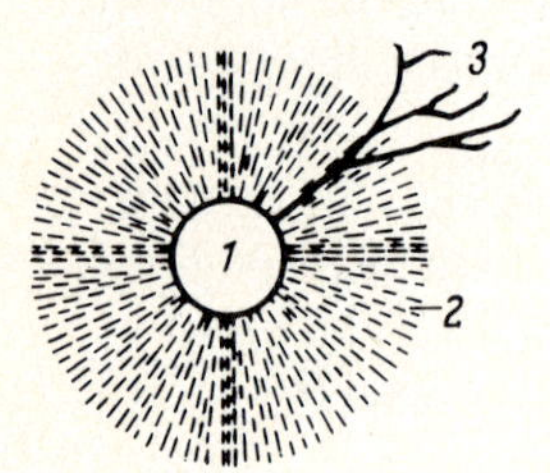

2.32
Schematische Darstellung von Stromfäden (2) und Gleitfunken (3) bei einer Prüfanordnung mit Stabelektrode (1)

Überbrückt der Gleitfunke die gesamte Isolierstoffoberfläche, kommt es zum Überschlag zwischen den spannungführenden Elektroden. Die Überschlagspannung $U_ü$ hängt von der Länge des Überschlagweges $s_ü$ (Kriechweglänge) und von der Oberflächenbeschaffenheit des Isolators ab. So können z. B. Schmutz- oder Salzablagerungen auf Freileitungsisolatoren in Verbindung mit Feuchtigkeit (Tau, Nebel) die Überschlagspannung stark absenken (s. a. Abschn. 7.2.4). Die mittlere Überschlagfeldstärke $E_ü = U_ü/s_ü$ ist wesentlich kleiner als die Durchschlagfeldstärken der beiden die Grenzfläche bildenden Isolierstoffe (z. B. 6 kV/cm bei Innenraum-Porzellanisolatoren in Luft).

Um bei großen Kriechweglängen möglichst kleine Bauhöhen der Isolatoren zu erhalten, werden diese mit weit ausladenden Schirmen versehen. Dort wo keine Verschmutzung zu erwarten ist, genügt i. allg. eine auf die Betriebsspannung bezogene Kriechweglänge $s_ü' = 2$ cm/kV. Bei starker Verschmutzung ist dieser Wert etwa zu verdoppeln.

3 Feste Isolierstoffe

3.1 Arten und Einsatzgebiete

Feste Isolierstoffe müssen überall dort verwendet werden, wo die Isolation zusätzliche mechanische Aufgaben zu erfüllen hat. Es sind anorganische Isolierstoffe (Porzellan, Glas, Glimmer) und organische (Kunststoff, Gummi, Papier) zu unterscheiden.

In Freiluftanlagen wird wegen der guten Witterungsbeständigkeit vorwiegend Porzellan oder Glas verwendet. Daneben gibt es für Sonderzwecke verschiedene Keramik-Massen, wie z. B. Steatit, bei dem Magnesiumsilikat als Grundstoff verwendet wird. Es zeichnet sich durch eine gegenüber Porzellan maßhaltigere Fertigung, bessere mechanische Eigenschaften und einen kleineren Verlustfaktor aus. Glimmer, das einzige Naturprodukt unter den Isolierstoffen, wird zur Nutenisolierung von Hochspannungsmaschinen eingesetzt oder mit Bindemitteln und Papier zu Isolierformteilen verarbeitet. Glimmer ist besonders unempfindlich gegen Einwirkungen durch elektrische Vorentladungen.

Die organischen Isolierstoffe sind dort von Vorteil, wo auf Biegsamkeit (Kabel, Leitungen), besonders dünne Isolation (Kondensatorpapier), nachträgliche Bearbeitbarkeit und spezielle elektrische oder mechanische Eigenschaften zu achten ist. Aus der breiten Skala der Kunststoffe sind die Thermoplaste Polyvinylchlorid (PVC) und Polyäthylen (PE), z. B. in der Kabeltechnik, die bekanntesten. Gießharzformstoffe, z. B. Epoxidharz, werden flüssig verarbeitet und zur Vermeidung von Gaseinschlüssen meist unter Vakuum ausgehärtet. Kunststoffe dieser Art sind temperaturfest (Duroplaste). Sie werden insbesondere zur Herstellung von Isolierungen für Innenraum-Schaltanlagen sowie im Wandler- und Transformatorenbau benutzt. Papier wird zum Umwickeln elektrischer Leiter verwendet, wobei es entweder, wie bei Kabeln, anschließend getränkt oder, wie bei Transformatoren, unter Öl eingesetzt wird.

Vielfach verwendet werden auch Schichtpreßstoffe, wie Vulkanfiber, Preßspan, Hartgewebe und Hartpapier, das z. B. ein aus Papier und Kunstharz geschichteter Isolierstoff ist, der in Platten, Rohren oder Winkelprofilen hergestellt wird. Hartpapier zeichnet sich durch seine guten elektrischen Eigenschaften, mechanische Festigkeit, Bearbeitbarkeit und Ölbeständigkeit aus. Es wird bevorzugt im Hochspannungs-Apparatebau (Transformatoren, Schaltgeräte) verwendet.

Für Eigenschaften und Prüfung fester Isolierstoffe sind VDE 0303, 0311, 0312, 0,315, 0335 und 0446 zu beachten.

3.2 Durchschlag fester Isolierstoffe

Die Berechnung der Durchschlagspannung ist hier in der bei Gasen angewendeten Weise nicht möglich, weil es sich bei festen Isoliermitteln i. allg. um keine reinen Werkstoffe mit homogener Struktur handelt. Vielmehr wird das Durchschlaggeschehen durch Verunreinigungen und Fehlstellen, z. B. Hohlräume, bestimmt, die entweder fertigungsbedingt sind oder im Laufe der Betriebszeit auftreten können. Weitere Einflußgrößen sind durch das elektrische Feld bewirkte Erwärmungsvorgänge. Derart willkürliche Einflußgrößen lassen sich vielfach nur qualitativ bewerten, aber allein die Kenntnis der verschiedenartigen Vorgänge, die zum Durchschlag führen können, ist wichtig, um Hochspannungsanlagen und -geräte in geeigneter Weise ausführen und prüfen zu können.

Es lassen sich hauptsächlich vier Durchschlagmechanismen unterscheiden, die sich in ihrer Wirkung teilweise überlagern können. Beim *Wärmedurchschlag* tritt eine thermische Zerstörung des Werkstoffs ein, z. B. durch dielektrische Erwärmung, in deren Folge auch die elektrische Festigkeit zusammenbricht. Da Erwärmungsvorgänge Zeit erfordern, kann ein solcher Durchschlag nur bei dauerhaft anliegender Spannung eintreten. Demgegenüber kommt es zu einem *rein elektrischen Durchschlag* bei kurzzeitiger Überbeanspruchung der elektrischen Festigkeit des Werkstoffs, z. B. durch Stoßspannung. Überlagern sich beide Mechanismen, spricht man von einem *wärmeelektrischen Durchschlag*. *Teilentladungen* (TE) in Hohlräumen (Gaseinschlüssen) können bei Wechselspannung zur funkenerosiven Zerstörung des Isolierstoffs und so zum Aufbau eines Durchschlagkanals führen. Bei sehr dünnen, hochdurchschlagfesten Isolierfolien kann das Material durch die elektrostatischen Kräfte zerquetscht werden und so seine Isolierfähigkeit verlieren. Man nennt dies einen *mechanischen Durchschlag*.

3.2.1 Wärmedurchschlag

Wird an eine Elektrodenanordnung eine Spannung dauerhaft angelegt, z. B. Wechselspannung, so erwärmt sich der Isolierstoff entweder durch die nach Abschn. 1.9.2 auftretenden dielektrischen Verluste oder durch Stromwärmeverluste infolge örtlich verstärkter Eigenleitfähigkeit.

In jedem Fall wird hierdurch dem Isolator ständig die *Verlustleistung* P_z zugeführt, die den Werksdoff auf die *Innentemperatur* ϑ_i aufheizt. Wegen der Temperaturdifferenz $\Delta\vartheta = \vartheta_i - \vartheta_a$ fließt bei der *Außentemperatur* ϑ_a die Leistung P_a als Wärmestrom wieder nach außen ab. Voraussetzung für den Wärmedurchschlag ist allerdings, daß die zugeführte Leistung P_z nach Bild 3.1 mit der Temperaturdifferenz $\Delta\vartheta$ stärker als linear wächst. Demgegenüber nimmt die abgeführte Leistung P_a bei konstanter Wärmeleitfähigkeit λ linear mit der Temperaturdifferenz zu. Ist die abgeführte Leistung $P_a = P_z$, kann keine weitere Erwärmung mehr erfolgen, und der stabile Endwert der Temperaturdifferenz $\Delta\vartheta$ ist erreicht. In Bild 3.1 ist dieser Gleichgewichtszustand bei der angelegten Spannung U_1 im Punkt G gegeben.

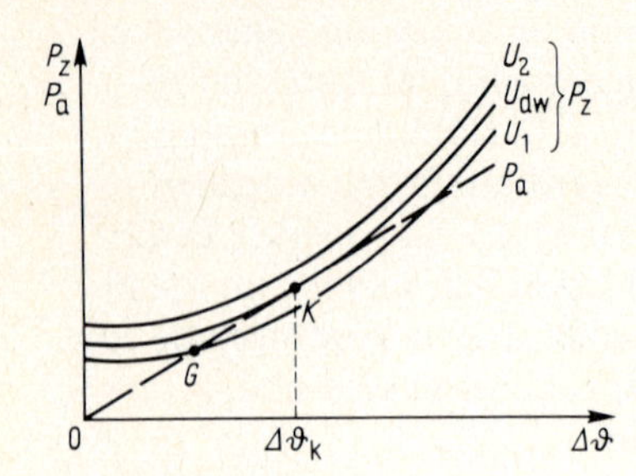

3.1
Zugeführte dielektrische Verlustleistung P_z (———) für verschiedene Spannungen U_1, U_2, U_{dw} und abgeführte Leistung P_a (— — — —) abhängig von der Temperaturdifferenz $\Delta\vartheta$

Wird die Spannung auf den kritischen Wert, die Kipp- oder Wärmedurchschlagspannung U_{dw}, erhöht, tangiert die Kurve der Leistung P_z die Leistungsgerade P_a im Kippunkt K. Hier liegt ein labiles Gleichgewicht vor. Bei weiterer Spannungserhöhung, z. B. auf die Spannung U_2, bleibt die zugeführte Leistung immer größer als die abgeführte. Die Innentemperatur ϑ_i wird dann bis zur thermischen Zerstörung des Isolierstoffs anwachsen, als deren Folge der Wärmedurchschlag auftritt. Die im Kippunkt K vorliegende Kipptemperaturdifferenz $\Delta\vartheta_k$ kann sich hierbei auf eine Innentemperatur ϑ_i beziehen, die weit unter der zulässigen Grenztemperatur des Werkstoffs liegt!

Die Temperaturabhängigkeit der dielektrischen Verlustzahl $\epsilon_r'' = \epsilon_r \tan\delta = \epsilon_r\, d$ kann bei vielen Werkstoffen mit dem Temperaturbeiwert σ, der Bezugstemperatur ϑ_0 und der hierfür geltenden dielektrischen Verlustzahl $\epsilon_{r0}'' = (\epsilon_r \tan\delta)_0 = (\epsilon_r\, d)_0$ durch eine Exponentialfunktion hinreichend genau beschrieben werden (Bild 3.2). Für die beliebige Temperatur ϑ gilt dann für die dielektrische Verlustzahl

$$\epsilon_r'' = \epsilon_{r0}''\, e^{\sigma(\vartheta - \vartheta_0)} \tag{3.1}$$

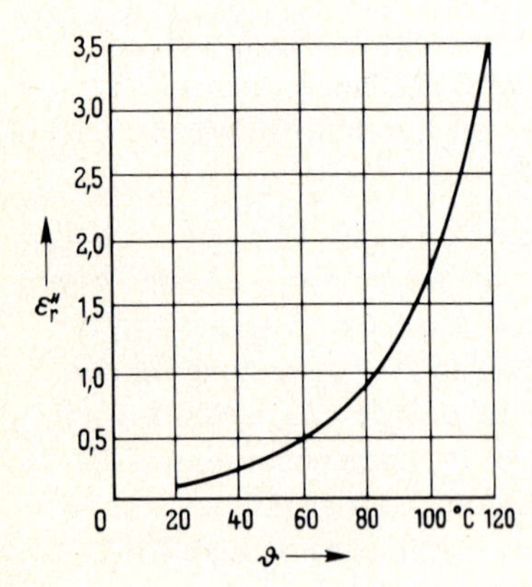

3.2
Dielektrische Verlustzahl $\epsilon_r'' = \epsilon_r \tan\delta$ von Porzellan abhängig von der Temperatur ϑ

In Tafel 3.3 sind für einige Werkstoffe Werte angegeben, die allerdings nur der überschlägigen Berechnung dienen können, da jeder Isolierstoff in sehr unterschiedlichen Güteklassen vorkommen kann.

Tafel 3.3 Dielektrische Materialeigenschaften einiger Isolierstoffe

Werkstoff	Wärmeleitfähigkeit λ in W/(m K)	Bezugsverlustzahl ϵ''_{r0}	Bezugstemperatur ϑ_0 in °C	Temperaturbeiwert σ in K^{-1}
Hartpapierplatten	0,30	0,250	20	0,0150
Hartpapierrohr	0,25	0,025	20	0,0150
Porzellan	0,8 bis 1,5	0,5	60	0,0334
Polyvenylchlorid	0,17	0,1	0	0,0462
Polyäthylen	0,3 bis 0,5	0,0005	0	≈ 0
Mineralöl (gute Qualität)	0,13 bis 0,16	0,001	50	0,044
Mineralöl (schlechte Qualität)	0,13 bis 0,16	0,03	50	0,044

3.2.1.1 Durchschlag infolge dielektrischer Erwärmung. Wird an planparallele Plattenelektroden nach Bild 3.4, deren Flächen A endlich, aber sehr groß angenommen werden, Wechselspannung angelegt, entsteht nach Gl. (1.54) im Feldbereich die dielektrische Verlustleistung P_d, die infolge der Temperaturdifferenz $\Delta\vartheta = \vartheta_i - \vartheta_a$ je zur Hälfte zur linken und zur rechten Platte mit der Außentemperatur ϑ_a abfließt. Da jedes Volumenelement dV eine solche Wärmequelle darstellt, wird der Wärmestrom zu den Platten hin immer größer, und es ergibt sich die auf der rechten Bildseite über der Wegveränderlichen x dargestellte Temperaturverteilung.

Die rechnerische Behandlung führt hierbei zu einer nichtlinearen Differentialgleichung 2. Ordnung, deren Lösung recht umständlich ist. Es soll deshalb hier ein vereinfachtes Denkmodell zugrunde gelegt werden, das letztlich zum gleichen Ergebnis führt. Wie auf der linken Hälfte von Bild 3.4 dargestellt, wird angenommen, daß die halbe Verlustleistung $P_d/2$ insgesamt auf der im Abstand x_1 befindlichen Fläche A entsteht und von dort über einen Bruchteil des Wärmewiderstands

$$R_\vartheta = \frac{s}{2\lambda A} \tag{3.2}$$

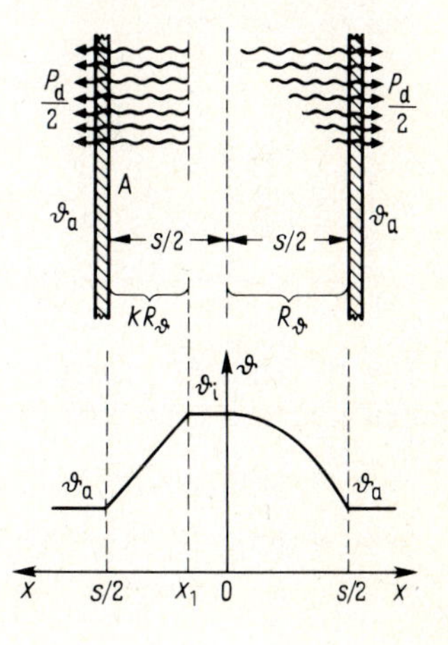

3.4
Planparallele Plattenelektroden mit dielektrischer Verlustleistung P_d und Temperaturverteilung über der Wegveränderlichen x bei wirklichen Verhältnissen (rechte Bildhälfte) und im Modellfall (linke Bildhälfte)

mit der Wärmeleitfähigkeit λ abfließt. Der Reduktionsfaktor k berücksichtigt, daß der Wärmestrom $P_d/2$ nur einen Teil der Strecke s/2 durchfließt. Hierbei ist x_1 zunächst nicht bekannt, jedoch muß im Bereich $0 \leqslant x \leqslant s/2$ ein Wert x_1 existieren, bei dem sich die gleiche Innentemperatur ϑ_i einstellt, wie auf der rechten Bildhälfte. Dies ist der Fall, wenn k = 0,837 gesetzt wird. Es gilt dann für die T e m p e r a t u r d i f f e r e n z

$$\Delta \vartheta = \vartheta_i - \vartheta_a = k\, R_\vartheta\, P_d/2 \tag{3.3}$$

Wird nach Gl. (1.54) die Verlustleistung $P_d = E^2\, \omega\, \epsilon_0\, \epsilon_r''$ As eingeführt, ergibt sich aus Gl. (3.3) mit der elektrischen Feldstärke E = U/s und unter Berücksichtigung von Gl. (3.1) die T e m p e r a t u r d i f f e r e n z

$$\Delta \vartheta = \frac{k\, \omega\, \epsilon_0\, \epsilon_{r0}''\, U^2}{4\, \lambda}\, e^{\sigma(\vartheta - \vartheta_0)} = \frac{k\, \omega\, \epsilon_0\, \epsilon_{r0}''\, U^2}{4\, \lambda}\, e^{\sigma\, \Delta\vartheta/2}\, e^{\sigma(\vartheta_a - \vartheta_0)} \tag{3.4}$$

wenn als Mittelwert für die Temperatur $\vartheta = (\vartheta_i + \vartheta_a)/2 = \Delta\vartheta/2$ und für $\vartheta - \vartheta_0 = [(\vartheta_i + \vartheta_a)/2] - \vartheta_0 = [\vartheta_i - \vartheta_a + 2\,(\vartheta_a - \vartheta_0)]/2 = (\Delta\vartheta/2) + \vartheta_a - \vartheta_0$ gesetzt wird.

Aus Gl. (3.4) folgt für das Quadrat der Spannung

$$U^2 = \frac{4\, \lambda}{k\, \omega\, \epsilon_0\, \epsilon_{r0}''}\, e^{-\sigma(\vartheta_a - \vartheta_0)}\, \Delta\vartheta\, e^{-\sigma\, \Delta\vartheta/2} = f(\Delta\vartheta) \tag{3.5}$$

dessen Abhängigkeit von der Temperaturdifferenz $\Delta\vartheta$ in Bild 3.5 wiedergegeben ist. Die Kipptemperaturdifferenz $\Delta\vartheta_k$ liegt vor, wenn U^2 den Scheitelwert der Kurve erreicht. Gl. (3.5) hat den Differentialquotienten

$$\frac{dU^2}{d\,\Delta\vartheta} = \frac{4\, \lambda}{k\, \omega\, \epsilon_0\, \epsilon_{r0}''}\, e^{-\vartheta(\vartheta_a - \vartheta_0)} \left(e^{-\sigma\, \Delta\vartheta/2} - \frac{\sigma\, \Delta\vartheta}{2}\, e^{-\sigma\, \Delta\vartheta/2} \right) \tag{3.6}$$

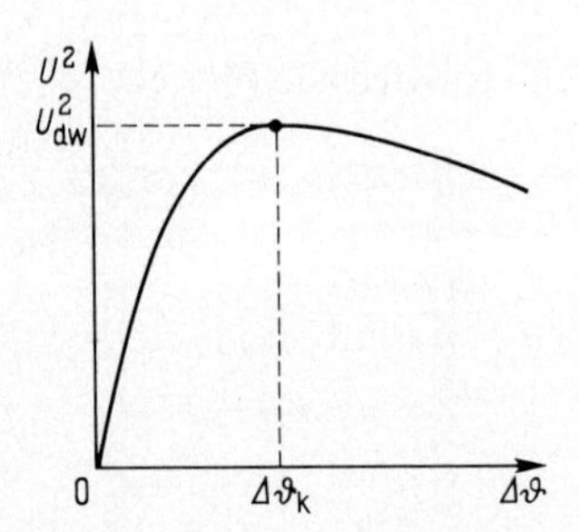

3.5
Quadrat der effektiven Wechselspannung U^2 abhängig von der Temperaturdifferenz $\Delta\vartheta$

Für $dU^2/(d\,\Delta\vartheta) = 0$ ergibt sich aus dem Klammerausdruck $(1 - \sigma\,\Delta\vartheta_k/2) = 0$ die K i p p t e m p e r a t u r d i f f e r e n z

$$\Delta\vartheta_k = 2/\sigma \tag{3.7}$$

Setzt man Gl. (3.7) in Gl. (3.5) ein und faßt alle konstanten Größen zusammen, wobei mit der Kreisfrequenz ω die Frequenz $f = \omega/(2\,\pi)$ und der Reduktionsfaktor k = 0,837 eingeführt werden, erhält man die Wärmedurchschlagspannung

$$U_{dw} = 0{,}748 \sqrt{\frac{\lambda}{\sigma\, f\, \epsilon_0\, \epsilon''_{r0}}}\; e^{-\sigma(\vartheta_a - \vartheta_0)/2} \tag{3.8}$$

Es ist besonders bemerkenswert, daß die Wärmedurchschlagspannung unabhängig von der Schichtdicke (Schlagweite s) des Isolierstoffs ist. Die Wärmedurchschlagfestigkeit kann deshalb nicht durch eine dickere Isolation, sondern ausschließlich durch Wahl eines anderen Werkstoffs verbessert werden.

Gl. (3.8) gilt auch für koaxiale Zylinderelektroden, wenn Innen- und Außenelektrode, z. B. durch gemeinsame Kühlung, die gleiche Außentemperatur ϑ_a aufweisen. Tritt die größte Temperatur ϑ_i, wie beim Einleiterkabel, am Innenleiter auf, erniedrigt sich die Wärmedurchschlagspannung gegenüber der nach Gl. (3.8) um die Hälfte. Eine weitere Erniedrigung ergibt sich, wenn im Innenleiter zusätzlich Stromwärmeverluste entstehen, die bei der Ableitung von Gl. (3.8) nicht berücksichtigt sind.

3.2.1.2 Einfluß von Stromwärmeverlusten. Bei den in Bild 3.6 dargestellten Zylinderelektroden wird angenommen, daß über der Schlagweite $s = r_2 - r_1$ die Wechselspannung U anliegt und im Innenleiter der Strom I fließt. Außerdem soll das elektrische Feld schwach inhomogen sein, so daß hinsichtlich der dielektrischen Verluste die Verhältnisse denen bei Plattenelektroden nach Abschn. 2.2.1.1 entsprechen.

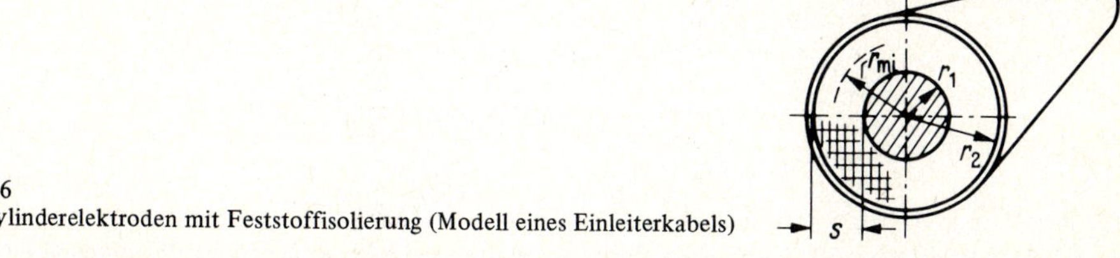

3.6
Zylinderelektroden mit Feststoffisolierung (Modell eines Einleiterkabels)

Das Außenrohr wird auf die Außentemperatur ϑ_a gekühlt; der Innenleiter weist mit der Innentemperatur ϑ_i die höchste Temperatur auf. Folglich gilt für die Wärmedurchschlagspannung nur der halbe Wert nach Gl. (3.8).

Neben den dielektrischen Verlusten P_d nach Gl. (1.54) müssen mit der Leiterlänge ℓ, dem Leiterwiderstand R, dem Leiterquerschnitt A_L und der elektrischen Leitfähigkeit γ zusätzlich die Stromwärmeverluste

$$P_{Str} = I^2\, R = I^2\, \ell/(\gamma\, A_L) \tag{3.9}$$

nach außen abgeführt werden. Analog zu Gl. (3.3) gilt dann mit dem Reduktionsfaktor k für die Temperaturdifferenz

$$\Delta\vartheta = \vartheta_i - \vartheta_a = (k\, P_d + P_{Str})\, R_\vartheta \tag{3.10}$$

Führt man die Rechnung wie in Abschn. 3.2.1.1 durch, erhält man die **Wärmedurchschlagspannung**

$$U'_{dw} = 0{,}374 \sqrt{\frac{\lambda}{\sigma f \epsilon_0 \epsilon''_{r0}}}\, e^{-\sigma(\vartheta_a - \vartheta_0)/2} \cdot e^{-\frac{P'_{Str}\, s\, \sigma}{4\, r_{mi}\, \lambda}} = U_{dw}\, f_m \qquad (3.11)$$

Hierbei wird die durch die dielektrischen Verluste allein bewirkte Wärmedurchschlagspannung U_{dw} um den **Minderungsfaktor**

$$f_m = \frac{U'_{dw}}{U_{dw}} = e^{-\frac{P'_{Str}\, s\, \sigma}{4\, r_{mi}\, \lambda}} \qquad (3.12)$$

mit den längenbezogenen Stromwärmeverlusten $P'_{Str} = P_{Str}/\ell$, der Schlagweite s, dem Temperaturbeiwert σ nach Gl. (3.1), der Wärmeleitfähigkeit λ und dem mittleren Radius $r_{mi} = (r_2 + r_1)/2$ herabgesetzt.

Beispiel 3.1. Eine PVC-isolierte Elektrodenanordnung mit Kupferleiter nach Bild 3.6 (z. B. Einleiterkabel) hat bei dem Leiterquerschnitt $A_L = 300\ \text{mm}^2$ den Leiterradius $r_1 = 10$ mm und den Mantelinnenradius $r_2 = 15$ mm. Der Metallmantel soll die Außentemperatur $\vartheta_a = 30\ °\text{C}$ aufweisen. Bekannt sind weiter die Frequenz f = 50 Hz, die für 20 °C geltende elektrische Leitfähigkeit $\gamma_{20} = 56\ \text{S m/mm}^2$ und der Temperaturbeiwert $\alpha_{20} = 4 \cdot 10^{-3}\ \text{K}^{-1}$ für die Wärmeabhängigkeit des Leiterwiderstands. Für den Isolierstoff gelten die Werte nach Tafel 3.3. Wie groß ist die Wärmedurchschlagspannung bei Leerlauf ($I \approx 0$) und bei dem Strom I = 600 A?

Im Leerlauf ($P'_{Str} = 0$) ist nach Gl. (3.11) die Wärmedurchschlagspannung

$$U_{dw} = 0{,}374 \sqrt{\frac{\lambda}{\sigma f \epsilon_0 \epsilon''_{r0}}}\, e^{-\sigma(\vartheta_a - \vartheta_0)/2}$$

$$= 0{,}374 \sqrt{\frac{0{,}17\ \text{W/(m K)}}{0{,}0462\ \text{K}^{-1} \cdot 50\ \text{s}^{-1}\ (8{,}854\ \text{pF/m})\ 0{,}1}} \cdot e^{-0{,}0462\ \text{K}^{-1}\ (30 - 0)\ \text{K}/2}$$

$$= 53920\ \text{V} \approx 54\ \text{kV}$$

Die Berechnung der Stromwärmeverluste setzt die Kenntnis der Leitertemperatur ϑ_i voraus, die in diesem Fall mit $\vartheta_i = 70\ °\text{C}$ geschätzt wird. Mit der auf die Leitertemperatur umgerechneten Leitfähigkeit (s. Band I)

$$\gamma = \gamma_{20}/[1 + \alpha_{20}(\vartheta_i - 20 °\text{C})] = (56\ \text{Sm/mm}^2)/[1 + 4 \cdot 10^{-3}\ \text{K}^{-1}\ (70\ °\text{C} - 20\ °\text{C})]$$
$$= 46{,}67\ \text{Sm/mm}^2$$

ergeben sich nach Gl. (3.9) die bezogenen Stromwärmeverluste

$$P'_{Str} = P_{Str}/\ell = I^2/(A_L\, \gamma) = (600\ \text{A})^2/(300\ \text{mm}^2 \cdot 46{,}67\ \text{Sm/mm}^2) = 25{,}71\ \text{W/m}$$

Mit der Schlagweite $s = r_2 - r_1 = 15\ \text{mm} - 10\ \text{mm} = 5$ mm und dem mittleren Radius $r_{mi} = (r_2 + r_1)/2 = (15\ \text{mm} + 10\ \text{mm})/2 = 12{,}5$ mm ist nach Gl. (3.12) der Minderungsfaktor

$$f_m = \exp\left[-\frac{P'_{Str}\, s\, \sigma}{4\, r_{mi}\, \lambda}\right] = \exp\left[-\frac{(25{,}71\ \text{W/m})\ 5\ \text{mm} \cdot 0{,}0462\ \text{K}^{-1}}{4 \cdot 12{,}5\ \text{mm} \cdot 0{,}17\ \text{W/(m K)}}\right] = 0{,}4972$$

Durch die Stromwärmeverluste wird die Wärmedurchschlagspannung auf rund 50% des bei Leerlauf auftretenden Wertes, also auf $U'_{dw} = U_{dw}\, f_m = 54\ \mathrm{kV} \cdot 0{,}5 = 27\ \mathrm{kV}$, abgesenkt.

3.2.1.3 Durchschlag durch leitfähigen Kanal. Bei Wärmedurchschlägen dieser Art wird davon ausgegangen, daß zwischen den Elektroden ein dünner, leitfähiger Kanal besteht, der sich durch den Ableitstrom I auf die Innentemperatur ϑ_i aufheizt und schließlich zur thermischen Zerstörung der Isolierstrecke führt. Nach Bild 3.7 wird hier vereinfachend ein zylindrischer Leitkanal mit dem Durchmesser D_k, der Länge s und dem Kanalquerschnitt $A_k = \pi\, D_k^2/4$ angenommen, der sich in dem Einbettungsmaterial mit der konstanten Außentemperatur ϑ_a befindet.

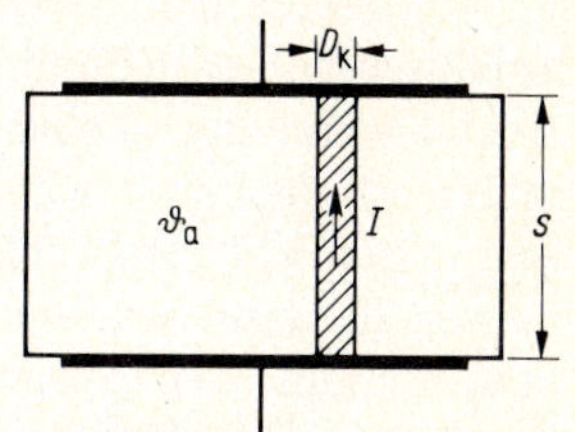

3.7
Plattenelektroden mit Feststoffisolierung und leitfähigem Kanal

Mit der Bezugstemperatur ϑ_0, der zugehörigen elektrischen Leitfähigkeit γ_0 und dem Temperaturbeiwert β soll die e l e k t r i s c h e L e i t f ä h i g k e i t

$$\gamma = \gamma_0\, e^{\beta(\vartheta_i - \vartheta_0)} = \gamma_0\, e^{\beta(\Delta\vartheta + \vartheta_a - \vartheta_0)} = \gamma_0\, e^{\beta(\vartheta_a - \vartheta_0)}\, e^{\beta\Delta\vartheta} \tag{3.13}$$

exponentiell mit der Kanaltemperatur ϑ_i bzw. der Temperaturdifferenz $\Delta\vartheta = \vartheta_i - \vartheta_a$ anwachsen. Bei der anliegenden Spannung U und dem Kanalwiderstand $R = s/(\gamma\, A_k)$ beträgt die als Stromwärme z u g e f ü h r t e L e i s t u n g

$$P_z = \frac{U^2}{R} = \frac{U^2\, \gamma\, A_k}{s} = \frac{U^2\, \gamma_0\, \pi\, D_k^2}{4\, s}\, e^{\beta(\vartheta_a - \vartheta_0)}\, e^{\beta\Delta\vartheta} \tag{3.14}$$

Wegen der Temperaturdifferenz $\Delta\vartheta$ wird andererseits über die Kanaloberfläche $A_0 = \pi\, D_k\, s$ mit der Wärmeübergangszahl α_k die L e i s t u n g

$$P_a = \alpha_k\, A_0\, \Delta\vartheta = \alpha_k\, \pi\, D_k\, s\, \Delta\vartheta \tag{3.15}$$

in das Einbettungsmaterial a b g e f ü h r t.

Temperaturgleichgewicht besteht, wenn die zugeführte Leistung nach Gl. (3.14) gleich der abgeführten Leistung nach Gl. (3.15), also $P_z = P_a$ ist. Hieraus findet man für das Quadrat der angelegten S p a n n u n g

$$U^2 = \frac{4\, \alpha_k\, s^2}{\gamma_0\, D_k}\, e^{-\beta(\vartheta_a - \vartheta_0)} \cdot \Delta\vartheta\, e^{-\beta\Delta\vartheta} \tag{3.16}$$

Der Vergleich mit Gl. (3.5) zeigt, daß es sich hierbei um die gleiche Funktion $U^2 = f(\Delta\vartheta)$ handelt und folglich auch der in Bild 3.5 dargestellte Kurvenverlauf zutrifft, aus dem sich die W ä r m e d u r c h s c h l a g s p a n n u n g

$$U_{dw} = 1{,}213\, \sqrt{\frac{\alpha_k}{\gamma_0\, D_k\, \beta}}\; s\, e^{-\beta(\vartheta_a - \vartheta_0)/2} \tag{3.17}$$

als Scheitelwert aus der 1. Ableitung mit der Kipptemperaturdifferenz $\Delta \vartheta_k = \beta^{-1}$ ermitteln läßt.

Wegen des sehr vereinfachten Berechnungsmodells hat Gl. (3.17) ausschließlich qualitative Bedeutung und kann bestenfalls Hinweise auf die Einflußgrößen vermitteln. Im Gegensatz zu Gl. (3.8) wächst hier die Wärmedurchschlagspannung mit der Isolierstoffdicke s.

3.2.2 Innere Teilentladung

Teildurchschläge in Hohlräumen fester Isolierstoffe führen nach Bild 3.8 a bei Wechselspannung zu einer funkenerosiven Zerstörung der Fehlstellenoberfläche, in deren Folge mit der Zeit Teildurchschlagkanäle zu den Elektroden vorwachsen und so den Volldurchschlag einleiten. Solche Hohlräume können bei Vergußmassen als Gasblasen oder bei Kabeln als Spalte zwischen den feldbegrenzenden Schichten und der Isolierung entstehen. Gasblasen weisen wegen der im Vergleich zum Feststoff geringeren Dielektrizitätszahl ϵ_r nach Abschn. 1.9.5 eine höhere elektrische Feldstärke als das umgebende Material auf. Vielfach ist auch der Dampfdruck in diesen Hohlräumen sehr niedrig, wodurch zusätzlich die Durchschlagfestigkeit nach Abschn. 2.4 herabgesetzt wird.

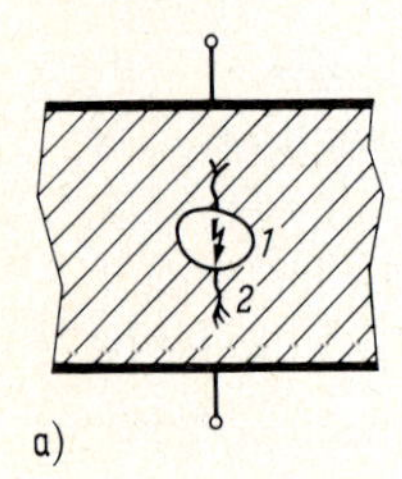

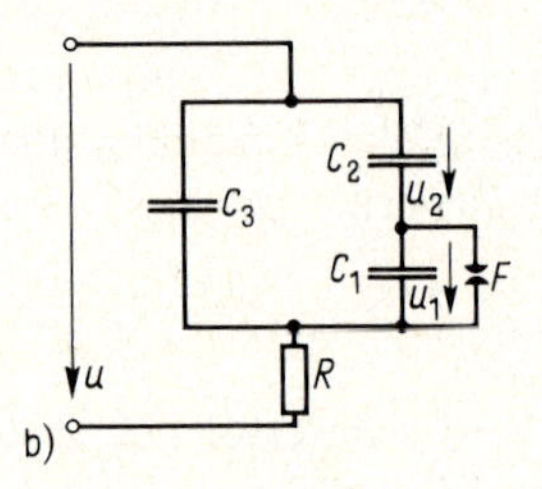

3.8
Prüfanordnung (a) mit Hohlraum 1 und Teildurchschlagkanal 2 und Ersatzschaltung (b)

In der in Bild 3.8 b angegebenen Ersatzschaltung bildet die Kapazität C_1 die Fehlstelle nach, die über die Funkenstrecke F mit der Spannung U_d durchschlägt. C_2 berücksichtigt die mit der Fehlstelle in Reihe liegende Kapazität und C_3 die restliche Parallelkapazität des Prüflings. Der äußere Widerstand R dient der Messung.

Liegt am Prüfling die zeitlich veränderliche Spannung u, so ergeben sich die Spannungen u_1 und u_2 durch die kapazitive Spannungsteilung. Erreicht hierbei die Spannung u_1 die Durchschlagspannung U_d, wird die Funkenstrecke F durchschlagen und die Kapazität C_1 entladen, wobei die Kapazität C_2 auf die momentane Gesamtspannung $u = u_{20}$ aufgeladen wird. Bei weiter ansteigender Spannung u baut sich dann an der Kapazität C_1 erneut die Spannung

$$u_1 = \frac{C_2}{C_1 + C_2} [u - u_{20}] \tag{3.18}$$

auf. In Bild 3.9 ist der Verlauf der Spannungen u und u_1 dargestellt. Nach jedem Durchschlag folgt nach Gl. (3.18) die Spannung u_1 abstandsgleich dem Verlauf der gestrichelt gezeichneten teilentladungsfreien Kurve. Hierbei wird angenommen, daß die Kapazität C_1 bei jedem Durchschlag völlig entladen wird, was den wirklichen Verhältnissen allerdings nicht entspricht, bei denen immer eine Restspannung erhalten bleibt.

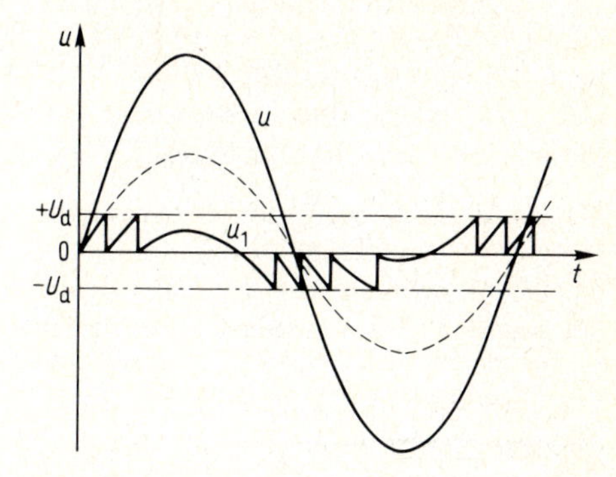

3.9
Verläufe der Prüfspannung u und der Spannung u_1 am Hohlraum mit der Durchschlagspannung U_d (– – – –) Verlauf der Spannung u_1 ohne Teilentladung

Man erkennt, daß sich dieser Vorgang bei genügend hoher Spannung in einer Vollschwingung mehrmals wiederholt, und zwar wächst die Teildurchschlaghäufigkeit mit der Höhe der angelegten Spannung. Im Gegensatz zur äußeren Teilentladung nach Abschn. 2.6.5, bei denen die Entladungsimpulse in den Spannungsscheiteln auftreten, sind sie bei innerer Teilentladung um die Spannungsnulldurchgänge gruppiert.

Da eine Teilentladung im Bereich einiger Nanosekunden abläuft und in dieser Zeit wegen der unvermeidlichen Induktivität der Zuleitung eine Nachladung nicht erfolgen kann, bricht also die Spannung am Prüfling zunächst um die Differenz Δu zusammen. Liegt an der Ersatzschaltung nach Bild 3.8 b zum Zeitpunkt des Teildurchschlags gerade die Gesamtspannung $u = u_g$, so müssen unmittelbar vor und nach dem Durchschlag der Funkenstrecke F die L a d u n g e n

$$Q = u_g \left(\frac{C_1\,C_2}{C_1 + C_2} + C_3\right) = (u_g - \Delta u)\,(C_2 + C_3) \tag{3.19}$$

der jeweiligen Gesamtkapazitäten gleich sein. Da an der Kapazität C_1 vor der Teilentladung die Durchschlagspannung $U_d = C_2\,u_g/(C_1 + C_2)$ liegt, kann die Gesamtspannung u_g in Gl. (3.19) durch die Durchschlagspannung U_d der Fehlstelle ausgedrückt werden. Es ergibt sich dann für die S p a n n u n g s a b s e n k u n g

$$\Delta u = \frac{C_2}{C_2 + C_3}\,U_d \approx \frac{C_2}{C_3}\,U_d \tag{3.20}$$

da i. allg. $C_3 \gg C_2$ ist. Es kann dann auch für die n a c h f l i e ß e n d e L a d u n g

$$\Delta Q \approx C_3\,\Delta u = C_2\,U_d \tag{3.21}$$

gesetzt werden.

Das plötzliche Auftreten solcher Ladungsimpulse bei Spannungssteigerung weist aus, daß sich in der Isolation des Prüflings Hohlräume befinden müssen, in denen sich Teilentladungen ereignen. Gemessen werden die Teilentladung-Einsetzspannung U_E und bei anschließender Spannungsabsenkung die Teilentladung-Aussetzspannung U_A. Die Größe der nach Gl. (3.21) nachfließenden Ladungen kann u. U. Hinweise auf die mögliche Abmessung der Fehlstelle geben; eine Aussage über die Lebensdauer der geprüften Anordnung ist hieraus jedoch nicht abzuleiten.

Beispiel 3.2. In der Kunststoffplatte nach Bild 3.10 mit der Dielektrizitätszahl $\epsilon_r = 3$ und der Dicke d = 5 mm befindet sich ein zylindrischer, mit Luft gefüllter Hohlraum der Tiefe s = 1 mm und dem Durchmesser D = 4 mm. Der Gasdruck beträgt p = 1,0 bar, die Temperatur $\vartheta = 20\,^\circ$C. Wie groß sind die Teilentladung-Einsetzspannung und die Ladung eines Teilentladungsimpulses?

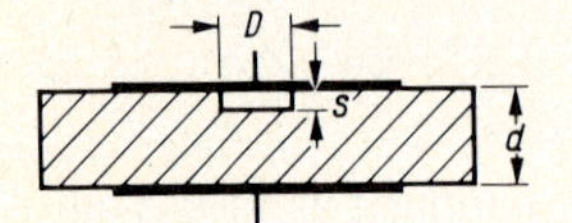

3.10
Prüfling mit zylindrischem Hohlraum

Nach Gl. (2.31) ist mit den Koeffizienten b = 2,405 kV/(bar mm) und c = 2,11 kV/(bar mm)$^{1/2}$ die Durchschlagspannung des Hohlraums

$$U_d = b\,p\,s + c\sqrt{p\,s} = [2{,}405\ \text{kV/(bar mm)}]\ 1{,}0\ \text{bar} \cdot 1{,}0\ \text{mm} + [2{,}11\ \text{kV/(bar mm)}^{1/2}]\,(1{,}0\ \text{bar} \cdot 1{,}0\ \text{mm})^{1/2} = 4{,}515\ \text{kV}$$

Für den Hohlraum erhält man die Kapazität

$$C_1 = \frac{\epsilon_0\,\pi\,D^2}{4\,s} = \frac{(8{,}854\ \text{pF/m})\,\pi\,(4\ \text{mm})^2}{4 \cdot 1{,}0\ \text{mm}} = 0{,}1113\ \text{pF}$$

und für den in Reihe liegenden Feststoff die Kapazität

$$C_2 = \frac{\epsilon_0\,\epsilon_r\,\pi\,D^2}{4\,(d-s)} = \frac{(8{,}854\ \text{pF/m}) \cdot 3\,\pi\,(4\ \text{mm})^2}{4\,(5\ \text{mm} - 1\ \text{mm})} = 0{,}0834\ \text{pF}$$

Die Einsetzspannung ist erreicht, wenn die am Hohlraum liegende Sinusspannung $u_1 = U_d$ wird. Aus Gl. (3.18) ergibt sich der Scheitelwert der Einsetzspannung

$$\hat{u}_E = (C_1 + C_2)\,U_d/C_2 = (0{,}1113\ \text{pF} + 0{,}0834\ \text{pF}) \cdot 4{,}515\ \text{kV}/(0{,}0834\ \text{pF}) = 10{,}54\ \text{kV}$$

Somit beträgt die Teilentladung-Einsetzspannung $U_E = \hat{u}_E/\sqrt{2} = 10{,}54\ \text{kV}/\sqrt{2} = 7{,}45\ \text{kV} \approx 7{,}5\ \text{kV}$. Nach Gl. (3.21) ist die bei einem Teildurchschlag nachfließende Ladung

$$Q = C_2\,U_d = 0{,}0834\ \text{pF} \cdot 4{,}515\ \text{kV} = 376{,}6\ \text{pC}$$

3.2.3 Rein elektrischer Durchschlag

Der Mechanismus des rein elektrischen Durchschlags von festen Isolierstoffen ist noch nicht endgültig geklärt. Es wird angenommen, daß die Entladungsvorgänge denen beim Gasdurchschlag ähnlich sind, jedoch kann die Durchschlagspannung nicht in gleicher Weise berechnet werden.

Ein elektrischer Durchschlag liegt i. allg. immer dann vor, wenn die Beanspruchungsdauer, wie z. B. bei Stoßspannung, so klein ist, daß sich ein Wärmedurchschlag oder ein Durchschlag infolge von Teilentladungen nicht entwickeln kann. Allgemein gilt mit der Durchschlagfeldstärke E_d, der Schlagweite s und dem Ausnutzungsfaktor η für die Durchschlagspannung

$$U_d = E_d\, s\, \eta \tag{3.22}$$

Betrachtet man einmal sehr vereinfacht einen Feststoff als sehr hoch komprimiertes Gas und überträgt die nach Abschn. 2.3 im Gas ablaufenden Entladungsvorgänge auf das feste Material, so muß die materialeigene Durchschlagfestigkeit (Intrinsic-Festigkeit) sehr viel größer sein als die von Gasen. In der Tat beträgt sie einige MV/cm und ist hauptsächlich von der Temperatur abhängig. Nach Bild 3.11 beträgt die für dünne Polyäthylenfolien bei der Temperatur $\vartheta = 20\ °C$ mit Gleichspannung ermittelte Durchschlagfeldstärke $E_d = 8{,}1$ MV/cm, die sich bei 100 °C bereits auf $E_d = 3{,}1$ MV/cm erniedrigt. Bei Epoxidharzformstoffen wurden mit Stoßspannung bei Schlagweiten s = 3 mm Durchschlagfeldstärken $E_d \approx 4$ MV/cm gemessen.

Die Unabhängigkeit der Durchschlagfeldstärke $E_d = U_d/s$ von der Materialdicke nach Bild 3.11 besagt, daß offenbar das Volumen des Isolierstoffs ohne Einfluß ist. Mit der Größe des geprüften Materialvolumens steigt allerdings die Wahrscheinlichkeit, daß sich in dem Isolierstoff Fehlstellen befinden, durch die die Durchschlagfestigkeit insbesondere bei Wechselspannung herabgesetzt wird. Diese in Bild 3.12 dargestellte Abhängigkeit vom Volumen V kann mit der Volumenkonstanten τ durch das Vergrößerungsgesetz

$$E_{d2} = E_{d1} \left(\frac{V_1}{V_2}\right)^{1/\tau} \tag{3.23}$$

beschrieben werden. Für Polyäthylen (PE) wurden Volumenkonstanten $\tau = 7{,}5$

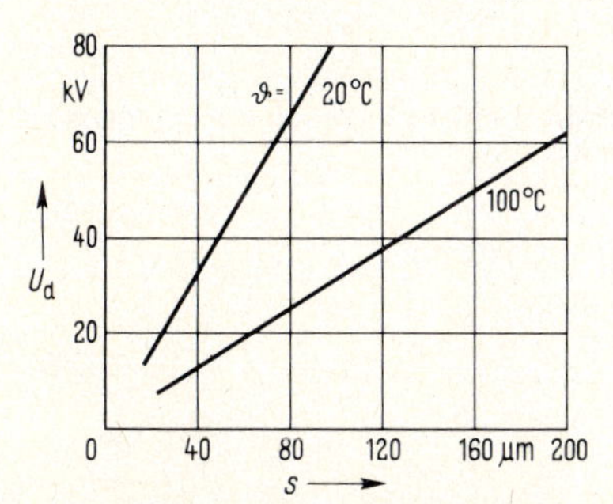

3.11 Durchschlag-Gleichspannung U_d von Polyäthylen (0,92 g/cm³) abhängig von der Schlagweite s bei verschiedenen Temperaturen ϑ

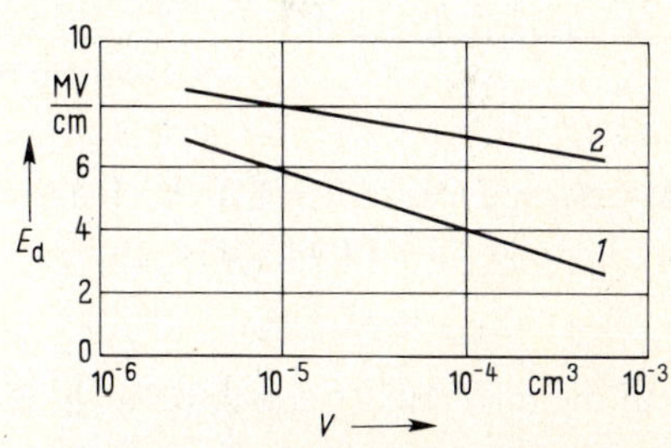

3.12 Durchschlagfeldstärke E_d von Polyäthylen niederer Dichte (1) und hoher Dichte (2) bei Wechselspannung (50 Hz) abhängig vom Probenvolumen V

(PE niederer Dichte) bis $\tau = 25$ (PE hoher Dichte) und für Epoxidharz $\tau = 1{,}2$ bis 2,6 ermittelt.

Beispiel 3.3. Nach Bild 3.12 beträgt für Polyäthylen (Kurve 1) bei dem Probenvolumen $V_1 = 10^{-5}$ cm³ die Durchschlagfeldstärke $E_{d1} = 6$ MV/cm. Mit welcher Durchschlagfestigkeit ist unter der Annahme, daß Gl. (3.23) uneingeschränkt gilt, bei dem Materialvolumen $V_2 =$ 100 cm³ zu rechnen, wenn die Volumenkonstante $\tau = 7{,}5$ beträgt?

Nach Gl. (3.23) ergibt sich die Durchschlagfeldstärke

$$E_{d2} = E_{d1}\left(\frac{V_1}{V_2}\right)^{1/\tau} = (6\ \mathrm{MV/cm})\left(\frac{10^{-5}\ \mathrm{cm}^3}{100\ \mathrm{cm}^3}\right)^{1/7,5} = 699{,}5\ \mathrm{kV/cm}$$

Für dicke Proben, wie z. B. extrudierte Kabelisolierung aus Polyäthylen, wird nach Tafel 1.19 die Durchschlagfeldstärke $E_d = (200$ bis $600)$ kV/cm angeben!

3.2.4 Mechanischer Durchschlag

Hierbei wird der Isolierstoff nicht unmittelbar elektrisch durchschlagen, sondern infolge der elektrostatischen Kräfte zerquetscht, wodurch letztlich auch die Isolierfähigkeit zerstört wird. Diese Durchschlagart ist deshalb ausschließlich bei sehr dünnen Isolierfolien mit extrem hoher elektrischer Durchschlagfestigkeit zu erwarten.

Die Isolierfolie nach Bild 3.13 mit der Ausgangsdicke s_0 und den beidseitigen Elektrodenflächen A wird bei der anliegenden Spannung U nach Gl. (1.50) durch die Kräfte

$$F = \frac{\epsilon_0\ \epsilon_r}{2}\left(\frac{U}{s}\right)^2 A \tag{3.24}$$

um Δs auf die Dicke s zusammengedrückt.

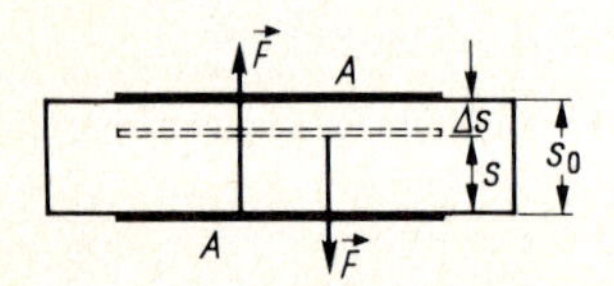

3.13
Unter der Wirkung der Feldkräfte F auf die Dicke s zusammengedrückte Isolierfolie mit der Ausgangsdicke s_0

Mit der mechanischen Durchschlagspannung U_{dM} wird die zugeordnete Durchschlagfeldstärke

$$E_{dM} = U_{dM}/s_0 \tag{3.25}$$

auf die meßbare Ausgangsdicke s_0 bezogen.

Bei linearer Abhängigkeit der relativen Dehnung $\Delta s/s_0$ von der mechanischen Druckspannung $\sigma_D = F/A$ ergibt sich mit dem Elastizitätsmodul E_M das Verhältnis $\Delta s/s_0 = (s_0 - s)/s_0 = 1 - (s/s_0) = F/(A\ E_M)$. Da aber erfahrungsgemäß die Druckkraft mit abnehmender Dicke s stärker als linear zunimmt, wird die Druckspannung

$$\sigma_D = \frac{F}{A} = E_M \log \frac{s_0}{s} = f\left(\frac{s_0}{s}\right) \qquad (3.26)$$

besser durch eine logarithmische Funktion angenähert. Wird Gl. (3.24) in Gl. (3.26) eingeführt, erhält man für das Quadrat der elektrischen Feldstärke

$$E^2 = \left(\frac{U}{s_0}\right)^2 = -\frac{2\,E_M}{\epsilon_0\,\epsilon_r}\left(\frac{s}{s_0}\right)^2 \log\frac{s}{s_0} = f\left(\frac{s}{s_0}\right) \qquad (3.27)$$

Die mechanische Durchschlagfeldstärke E_{dM} und somit die zugehörige mechanische Durchschlagspannung U_{dM} sind bei dem Verhältnis $(s/s_0)_m = e^{-1/2}$ erreicht, bei dem die Funktion $f(s/s_0)$ nach Gl. (3.27) ihren Scheitelwert aufweist, was durch Differentiation der Gl. (3.27) nach (s/s_0) und Nullsetzen des Differentialquotienten leicht nachzuprüfen ist. Hiermit ergibt sich aus Gl. (3.27) die mechanische Durchschlagfeldstärke

$$E_{dM} = 0{,}4\sqrt{E_M/(\epsilon_0\,\epsilon_r)} \qquad (3.28)$$

Dieser Gesetzmäßigkeit gehorchen z. B. die Werkstoffe Polyäthylen und Polyisobutylen.

Beispiel 3.4. Polyäthylen hat den Elastizitätsmodul $E_M = 12\ \mathrm{kN/cm^2}$ und die Dielektrizitätszahl $\epsilon_r = 2{,}3$. Wie groß sind mechanische Durchschlagfeldstärke E_{dM} und mechanische Durchschlagspannung U_{dM} bei der Foliendicke $s_0 = 10\ \mu m$?

Nach Gl. (3.28) betragen die mechanische Durchschlagfeldstärke

$$E_{dM} = 0{,}4\sqrt{E_M/\epsilon_0\,\epsilon_r} = 0{,}4\sqrt{(1{,}2\ \mathrm{kN/cm^2})/[(8{,}854\ \mathrm{pF/m})\cdot 2{,}3]} = 9{,}712\ \mathrm{MV/cm}$$

und die mechanische Durchschlagspannung

$$U_{dM} = E_{dM}\, s_0 = (9{,}712\ \mathrm{MV/cm}) \cdot 10\ \mu m = 9{,}7\ \mathrm{kV}$$

Bei dieser Spannung wäre der mechanische Durchschlag zu erwarten, sofern nicht bereits bei kleinerer Spannung ein elektrischer Durchschlag eintritt.

4 Flüssige Isolierstoffe

4.1 Arten und Einsatzgebiete

Neben der Isolierung spannungsführender Bauteile übernehmen flüssige Isoliermittel meist noch die Aufgabe eines Kühlmittels zur Ableitung der Stromwärme (z. B. Transformator) oder eines Löschmittels bei Schaltgeräten. Sie werden als Tränkmittel bei Kabeln und Kondensatoren eingesetzt, um die Durchschlagfestigkeit der Feststoffisolierung (Papier, Kunststoff) zu verbessern. I. allg. wird deshalb eine niedrige Viskosität möglichst über den gesamten Temperaturbereich gefordert.

Das wichtigste Isoliermittel ist das M i n e r a l ö l. Hohe Durchschlagfestigkeit, gute Wärmeleitfähigkeit, niedriger Stockpunkt (— 50 °C) und chemische Beständigkeit machen es als Isoliermittel besonders geeignet. Seine vergleichsweise geringe Dielektrizitätszahl $\epsilon_r = 2{,}2$ ist überall dort von Vorteil, wo bei geschichteten Dielektriken eine elektrische Entlastung der Feststoffisolierung wünschenswert ist (z. B. Transformator). Bei Isolierölen guter Qualität ist die dielektrische Verlustzahl sehr klein (s. Bild 1.24 und Tafel 3.3), steigt jedoch exponentiell mit der Temperatur an. Nachteilig ist die Brennbarkeit von Mineralöl und die mögliche Bildung explosiver Gase (Methan, Propan).

Man hat deshalb synthetische, nicht brennbare und unter der Sammelbezeichnung A s k a r e l e bekannte Isolierflüssigkeiten entwickelt. Es sind dies hochchlorierte Kohlenwasserstoffe, vornehmlich p o l y c h l o r i e r t e B i p h e n y l e (PCB), die z. B. unter dem Namen C h l o p h e n vertrieben werden. Die dielektrischen Eigenschaften hängen nach Bild 4.1 vom Grad der Chlorierung ab. Wegen der ver-

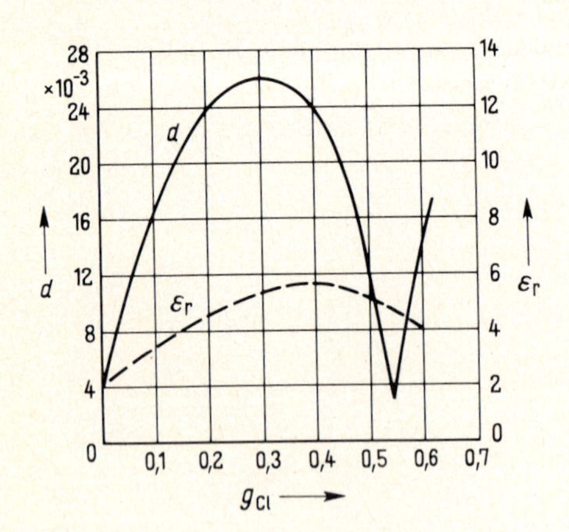

4.1
Verlustfaktor d = tan δ und Dielektrizitätszahl ϵ_r von polychloriertem Biphenyl abhängig vom relativen Gewichtsanteil Chlor g_{Cl}

gleichsweise großen Dielektrizitätszahl ϵ_r = 4,3 bis 6,4 werden polychlorierte Biphenyle seit vielen Jahren als flammenhemmende Isoliermittel bei Kondensatoren verwendet. Dort, wo Brennbarkeit unter keinen Umständen zulässig ist (Bergbau), werden polychlorierte Biphenyle als Transformatorflüssigkeit verwendet. Im Bereich üblicher Betriebstemperaturen nimmt ihre Verlustziffer im Gegensatz zu Öl mit steigender Temperatur ab, die Wärmekapazität und Wärmeleitfähigkeit dagegen zu. Polychlorierte Biphenyle weisen deshalb auch gute Kühleigenschaften auf. Die gegenüber Mineralöl um ca. 50% höhere Dichte trägt allerdings zu einer wesentlichen Steigerung des Isolationsgewichts bei.

Den Vorzügen stehen aber schwerwiegende Nachteile gegenüber. Polychlorierte Biphenyle sind wegen ihrer Giftigkeit gesundheitsschädlich und im starken Maße umweltfeindlich. Da sie biologisch nur schwer oder gar nicht abbaubar sind, wird ihre wachsende Konzentration in der Umwelt als ökologische Gefahr angesehen. Askarele dürfen nur in eigens hierfür bestimmten Anlagen vernichtet und keinesfalls dem Erdreich oder Abwasser zugeleitet werden!

Seit einigen Jahren werden deshalb *chlorfreie Isolierflüssigkeiten* mit dem Ziel untersucht, die polychlorierten Biphenyle zu ersetzen. Von den aussichtsreichen Flüssigkeiten hat *Benzylneocaprat* (BNC) als Ersatzimprägniermittel für Kondensatoren Bedeutung erlangt. Wenngleich die Dielektrizitätszahl ϵ_r = 3,8 nicht so groß ist wie bei polychlorierten Biphenylen und außerdem die Entflammbarkeit (Flammpunkt 155 °C) in Kauf genommen werden muß, so weist Benzylneocaprat andererseits sehr gute elektrische Eigenschaften auf. Hierzu gehört auch die mit steigender Temperatur abnehmende Verlustziffer.

Zu den synthetischen Flüssigkeiten gehört auch das *Silikonöl*, dessen Verlustfaktor wesentlich kleiner als der von Mineralöl ist. Es ist nicht gesundheitsschädlich, chemisch stabil, auch bei hohen Betriebstemperaturen (bis 150 °C) alterungsbeständig und kann mit zahlreichen festen Isolierstoffen in Verbindung stehen, ohne diese anzugreifen. Seine Viskosität bleibt über einen weiten Temperaturbereich nahezu unverändert. Die Feuergefährlichkeit ist zwar gegeben, wird aber gering bewertet. Es wird wegen seiner hohen Durchschlagfestigkeit als Einbettungsmaterial bei der Durchschlagprüfung fester Isolierstoffe verwendet (s. Abschn. 7.2.1) und als Isolier- und Kühlflüssigkeit in Transformatoren mit hohen Betriebstemperaturen (z. B. Lokomotiven).

4.2 Durchschlagfestigkeit

Die Durchschlagfestigkeit der Isolierflüssigkeiten hängt i. allg. sehr stark von den darin enthaltenen Verunreinigungen sowie vom Feuchtigkeits- und Gasgehalt ab. Hinsichtlich der elektrischen Entladung verhalten sich Flüssigkeiten ähnlich wie Gase. So können *Glimm-* und *Büschelentladungen* auftreten, durch die die Flüssigkeit unter Ruß- und Gasabscheidung zersetzt wird. Wie bei Gasen steigt auch hier die Durchschlagspannung mit dem Druck und mit kleiner werdender Schlagweite.

Für die Beurteilung der Qualität einer Isolierflüssigkeit sind auch die Spannungen von Bedeutung, bei denen T e i l e n t l a d u n g e n ein- und aussetzen. Durch Teilentladungen können z. B. Ölmoleküle aufgespalten und Gasblasen gebildet werden, die wiederum Orte weiterer Vorentladungen werden, so daß der Prozeß chemischer Veränderungen für die Dauer der Spannungsbeanspruchung fortschreitet. In polychlorierten Biphenylen ist hierbei die Entstehung von Salzsäure (HCl) möglich, die Schäden an benachbarten Feststoffisolierungen verursachen kann. Nach Bild 4.2 ist der Einsatz innerer Teilentladungen daran erkennbar, daß die Kurve des Verlustfaktors $d = \tan \delta$ über der Prüfspannung U bei der Einsetzspannung U_E zu höheren Werten hin abknickt. Die D u r c h s c h l a g f e l d s t ä r k e E_d von Isolierflüssigkeiten wird in der Regel mit genormten Kalottenelektroden (VDE 0370) bei der Schlagweite $s = 2,5$ mm ermittelt. So gemessene Werte sind reine Vergleichszahlen, mit denen zwar unterschiedlich Qualitäten festgestellt werden können, die aber nicht auf andere Elektrodenanordnungen übertragbar sind (s. Abschn. 7.2.1).

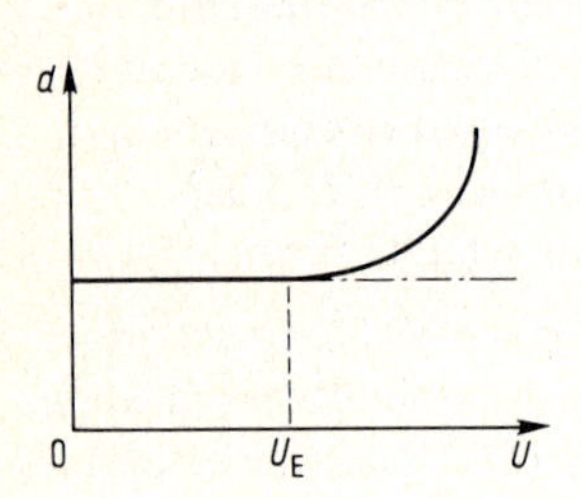

4.2 Verlustfaktor $d = \tan \delta$ von Isolieröl abhängig von der Spannung U mit Teilentladungs-Einsetzspannung U_E

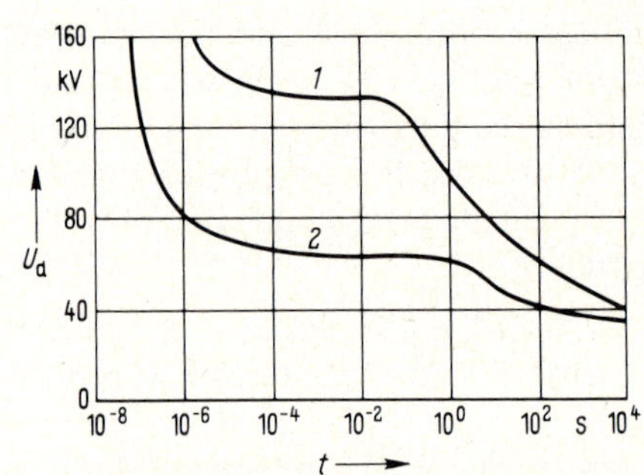

4.3 Durchschlagspannung U_d von Transformatoröl bei der Schlagweite $s = 2,5$ mm abhängig von der Beanspruchungsdauer t
1 geprüftes Ölvolumen $V = 20\ mm^3$,
2 geprüftes Ölvolumen $V = 200\ cm^3$

Wegen der, z. B. auch im technisch reinen Transformatoröl, noch vorhandenen mehr oder weniger leitfähigen Fremdeinschlüsse steigt mit der Größe des Prüfvolumens die Wahrscheinlichkeit, daß sich hierin Teilvolumina mit stark verminderten Durchschlagfestigkeiten befinden. Es gilt deshalb auch hier das V e r - g r ö ß e r u n g s g e s e t z nach Gl. (3.23), nach dem die Durchschlagfeldstärke E_d mit wachsendem Prüfvolumen V abnimmt (Bild 4.3).

Auch die Form des elektrischen Feldes beeinflußt die Durchschlagspannung, da die in der Flüssigkeit beweglichen Fremdkörper (z. B. Fasern) in Gebiete hoher elektrischer Feldstärke gezogen werden und dort Zonen mit stark verminderter Durchschlagfestigkeit bewirken oder gar den Durchschlag einleiten. Ein solcher F a s e r -

brückendurchschlag entsteht nach Bild 4.4 durch einen sich so bildenden, die Elektroden überbrückenden Kanal aus leitfähigen Faserteilchen. Diese leitende Brücke wird durch Stromwärme aufgeheizt, und es entwickelt sich ein Wärmedurchschlag ähnlich wie bei Feststoffen nach Abschn. 3.2.1.3 bei vergleichsweise niedriger Spannung. Dem Faserbrückendurchschlag kann durch Isolierbarrieren entgegengewirkt werden, die nach Bild 4.4 c quer zur Feldrichtung angeordnet werden.

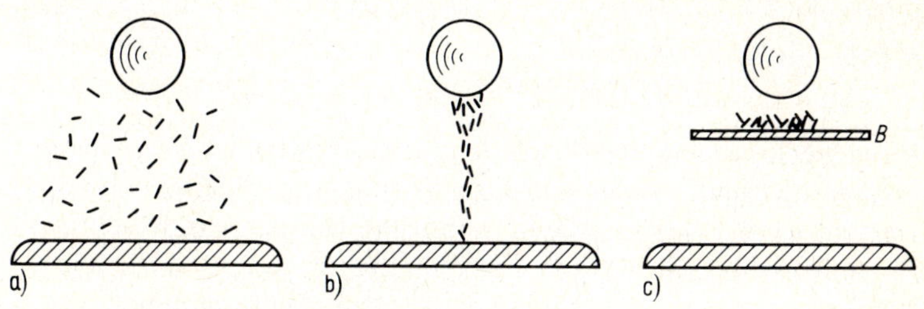

4.4 Faserbrückendurchschlag in Öl
a) Faserteilchen in feldfreier Flüssigkeit
b) Faserbrücke zwischen den Elektroden
c) Isolierbarriere B zur Verhinderung der Faserbrücke

Bei langer Beanspruchungsdauer kann es auch zu einem durch dielektrische Verluste verursachten Wärmedurchschlag nach Abschn. 3.2.1.1 oder zu einem Gasdurchschlag in einer die Elektroden überbrückenden Gasblase kommen. Dieser ist allerdings nur bei kleinen Schlagweiten (einige mm) zu erwarten. Er wird dadurch begünstigt, daß eine zunächst kugelige Gasblase durch die Feldkräfte eine längliche, gegebenenfalls die Elektroden verbindende Form annimmt. Bei sehr kurzzeitig anstehender Spannung (z. B. Stoßspannung) entsteht der Durchschlag ähnlich wie bei Gasen durch Stoßionisation mit entsprechend hohen Durchschlagfeldstärken E_d (s. Bild 4.5).

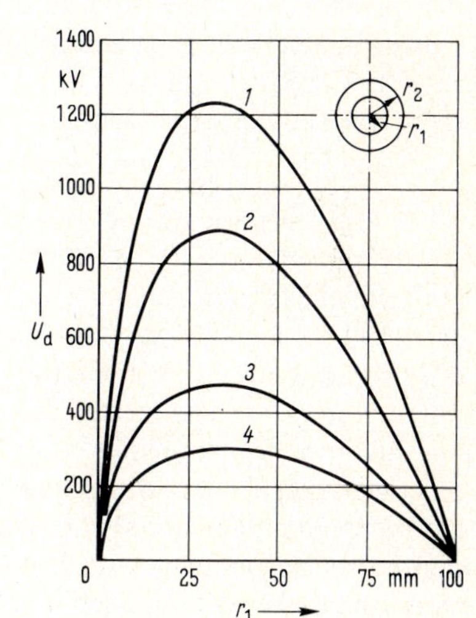

4.5
Durchschlagspannung U_d von Transformatoröl zwischen koaxialen Zylinderelektroden mit dem Außenradius r_2 = 100 mm abhängig vom Innenradius r_1 bei unterschiedlicher Spannungsbeanspruchung
1 Blitzstoßspannung 1,2/50 µs, 2 Schaltstoßspannung 200/5000 µs, 3 Sinusspannung 50 Hz bei stetiger Spannungssteigerung in 30 s bis zum Durchschlag (Effektivwert), 4 Sinusspannung 50 Hz bei Spannungssteigerung um 10 kV/min (Effektivwert)

5 Erzeugung hoher Spannungen

5.1 Hohe Wechselspannung

Hohe Wechselspannungen, wie sie in Laboratorien für Versuche und Prüfungen erforderlich sind, werden meist durch einphasige Hochspannungs-Transformatoren erzeugt, die im Vergleich zu betrieblichen Umspannern wesentlich kleinere Leistungen aufweisen (z. B. 500 kV, 1 MVA). Für einige Prüfzwecke eignen sich auch Reihenresonanzkreise insbesondere dann, wenn das zu prüfende Betriebsmittel eine vergleichsweise große Kapazität aufweist (Kabel, Kondensatoren).

5.1.1 Kenngrößen

Normalerweise wird die Wechselspannung u als periodische Schwingung mit dem linearen Mittelwert $\overline{u} = 0$ verstanden, deren Verlauf aber nicht unbedingt sinusförmig sein muß. Mit dem Augenblickswert der Spannung u, der Zeit t und der Periodendauer T gilt für den *Effektivwert der Spannung*

$$U = \sqrt{\frac{1}{T} \int_0^T u^2 \, dt} \tag{5.1}$$

Für reine Sinusschwingungen ist der *Scheitelwert* $\hat{u} = \sqrt{2}\,U$. Da sich Oberschwingungen nicht ganz ausschließen lassen, darf bei Wechselspannungsprüfungen nach VDE 0432 der *Scheitelfaktor* $\hat{u}/U$ vom Wert $\sqrt{2}$ um ± 5% abweichen, wobei die Prüffrequenz $f = 1/T$ im Bereich von 40 Hz bis 62 Hz liegen muß.

5.1.2 Prüftransformatoren

Prüftransformatoren haben vielfach eine einseitig geerdete Hochspannungswicklung nach Bild 5.1 a und b. Man unterscheidet zwei Ausführungsformen: Bei der *Kesselbauweise* nach Bild 5.1 a befinden sich Eisenkern und Wicklungen unter Öl in einem Stahlkessel, aus dem die Hochspannung über eine Porzellandurchführung herausgeleitet wird. Bild 5.1 b zeigt die *Isolierzylinderbauweise*, bei der alle aktiven Bauteile in einem mit Öl gefüllten Isolierzylinder aus Hartpapier oder Epoxidharz untergebracht sind. Beide Bauarten sind bis zu sehr hohen Spannungen (z. B. 1 MV) ausführbar, jedoch werden dann bei der Kesselbauweise die Durchführungen unverhältnismäßig groß, so daß für Spannungen über

400 kV meist Transformator-Einheiten in der raumsparenden Zylinderbauweise verwendet werden. Wegen der relativ großen Ölmenge und der hierdurch bewirkten schlechten Wärmeableitung sind Prüftransformatoren in Zylinderbauweise ohne Zusatzkühler allerdings nur für kleine Dauer-Nennströme (z. B. 0,5 A) geeignet.

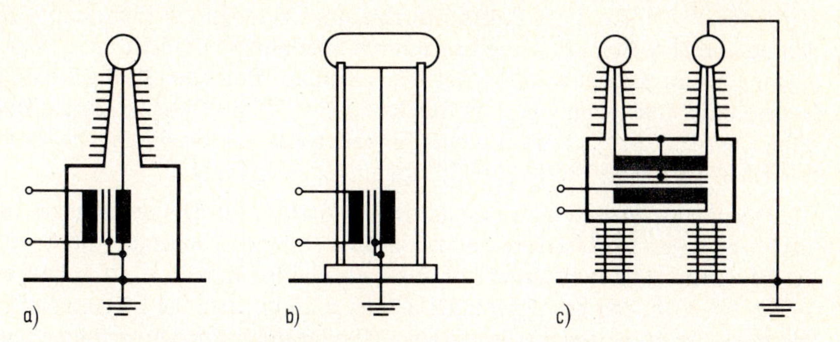

5.1 Ausführungsarten von Prüftransformatoren mit einseitig geerdeter Hochspannungswicklung in Kesselbauweise (a) und Isolierzylinderbauweise (b) sowie mit beidseitig isoliert herausgeführter Hochspannungswicklung (c)

Bei der in Bild 5.1 c gezeigten Schaltung ist die Mitte der Hochspannungswicklung mit dem Eisenkern und dem Gehäuse leitend verbunden, so daß deren Enden jeweils nur die halbe Hochspannung gegenüber dem Mittelpunkt aufweisen. Die beiden Durchführungen können deshalb entsprechend klein bemessen sein. Wird hierbei eine Seite der Hochspannungswicklung geerdet, muß das Transformatorgehäuse isoliert aufgestellt sein, da es gegen Erde die halbe Hochspannung führt. Wird dagegen die Mittenanzapfung der Hochspannungswicklung geerdet, entsteht eine zur Erde symmetrische Wechselspannung. Prüftransformatoren mit beidseitig isoliert herausgeführter Hochspannungswicklung können in Sonderfällen zur Erzeugung hoher Gleich- oder Stoßspannungen vorteilhaft sein (s. Abschn. 5.2.2).

Prüftransformatoren in einer Einheit werden für Spannungen bis 800 kV gebaut. Diese und höhere Spannungen erzeugt man wirtschaftlicher mit einer Transformatorkaskade nach Bild 5.2. Hierbei sind die Hochspannungswicklungen mehrerer Transformator-Einheiten in Reihe geschaltet, wobei die jeweilige Erregerwicklung E der Folgestufe über eine Koppelspule K der vorgeschalteten Stufe gespeist wird. Geben bei der dreistufigen Kaskade nach Bild 5.2 die drei Hochspannungswicklungen H jeweils die gleiche Leistung ab, muß die 1. Stufe für

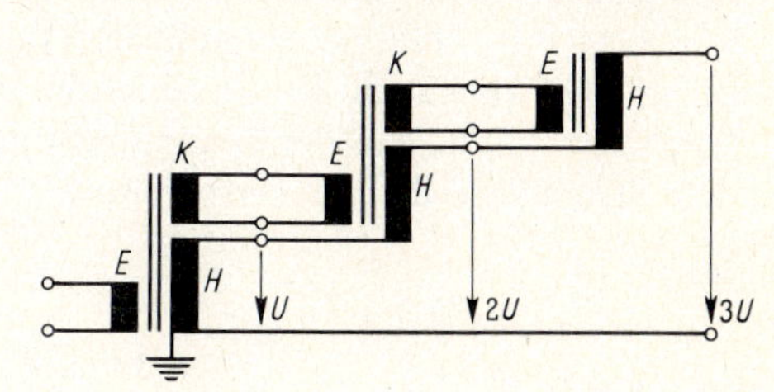

5.2
Dreistufige Wechselspannungskaskade

die Gesamtleistung bemessen sein. Dagegen wird der letzten Stufe nur noch 1/3 der Gesamtleistung zugeführt. Die der ersten Einheit nachgeschalteten Transformatoren liegen auf einer von Stufe zu Stufe höheren Spannung gegen Erde und müssen entsprechend isoliert aufgestellt sein.

Der innere Widerstand des Prüftransformators soll möglichst klein sein, damit Entladungsvorgänge beim Prüfling nicht durch Spannungseinbrüche am Transformatorausgang beeinträchtigt werden. Bei Transformator-Einheiten liegen die relativen Nenn-Kurzschlußspannungen im Bereich $u_{kN} = 1\%$ bis 6%. Die Kurzschlußspannung einer Kaskade beträgt bei zwei Einheiten das 3,5- bis 4fache, bei drei Einheiten das 8- bis 9fache der Kurzschlußspannung einer Einheit.

Die Prüfobjekte weisen meist kapazitives Verhalten auf. Die Belastungskapazitäten C_b betragen bei Isolatoren einige pF, bei Durchführungen 0,1 nF bis 0,4 nF, bei Leistungstransformatoren 1 nF bis 8 nF und bei Kabeln je 10 m Länge etwa 1,5 nF bis 3 nF. Zur kapazitiven Belastung gehören auch die Eigenkapazität des Prüftransformators und die Streukapazität aller unter Spannung stehenden Abschirmungen und Verbindungsleitungen gegen Erde. Mit der Kreisfrequenz ω und der Spannung U ist die erforderliche Leistung des Prüftransformators

$$S = U^2 \omega C_b \tag{5.2}$$

Große Belastungskapazitäten C_b können zu einer Spannungserhöhung gegenüber der Leerlaufspannung führen.

Die Wechselspannungs-Prüfanlage erfordert eine veränderliche Spannungsquelle. Hierfür eignen sich Stelltransformatoren mit kleiner Kurzschlußspannung, mit denen die Spannung des Primärnetzes (meist Niederspannung) von Null bis zum Höchstwert einstellbar ist. Umformergruppen, bei denen der Prüftransformator durch einen Synchrongenerator gespeist wird, erlauben eine vom Primärnetz unabhängige Spannungsregulierung.

5.1.3 Resonanzschaltungen

Für die Wechselspannungs-Prüfung von Betriebsmitteln mit großer Kapazität (z. B. Kabel, metallgekapselte Schaltanlagen), bei denen andererseits verhältnismäßig kleine Ableitströme zu erwarten sind, kann die Spannungserzeugung im Reihenresonanzkreis vorteilhaft sein. Nach Bild 5.3a wird die Reihenschaltung aus Prüflingskapazität C und der verstellbaren Induktivität L an die Erregerspannung $\underline{U}$ gelegt. Der Widerstand R berücksichtigt die i. all. kleinen, aber unvermeidlichen Wirkwiderstände. Aus der Spannungssumme folgt mit der Kreisfrequenz ω und dem Strom $\underline{I}$ für die Erregerspannung

$$\underline{U} = \underline{I}\,R + \underline{I}\left(j\,\omega\,L + \frac{1}{j\,\omega\,C}\right) \tag{5.3}$$

Bei Resonanz ist $\omega L = 1/(\omega C)$ und somit der Klammerausdruck $j\omega L + 1/(j\,\omega C) = 0$. Das zugehörige Zeigerdiagramm ist in Bild 5.3 b angegeben.

5.3
Reihenresonanzkreis (a) mit Zeigerdiagramm (b) bei Resonanzfrequenz

Nach Gl. (5.3) erhält man dann den Strom $I = U/R$ und somit die am Prüfobjekt liegende Kondensatorspannung

$$U_C = I/(\omega C) = U/(R\,\omega C) \tag{5.4}$$

die im Verhältnis zur Erregerspannung immer größer wird, je kleiner der Widerstand R ist. Allerdings wächst hiermit auch der Strom I, so daß mit Rücksicht auf die Spannungsquelle ein zusätzlicher Wirkwiderstand erforderlich werden kann.

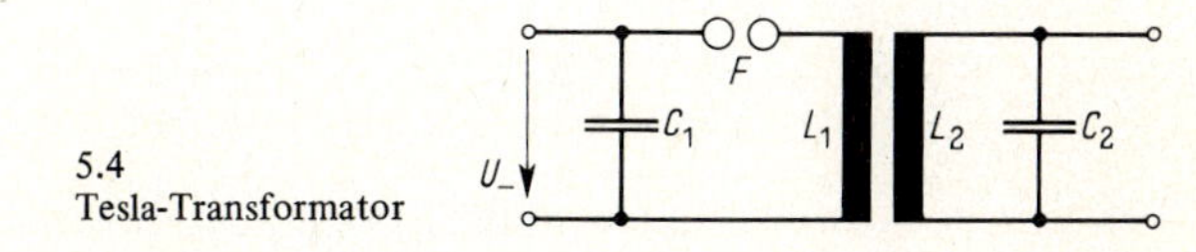

5.4
Tesla-Transformator

Eine besondere Art der Resonanzschaltung stellt der Tesla-Transformator nach Bild 5.4 dar, mit dem hochfrequente Prüfspannungen mit Frequenzen von etwa 10 kHz bis 100 kHz erzeugt werden können. Er besteht aus zwei magnetisch lose miteinander gekoppelten Schwingkreisen gleicher Resonanzfrequenz. Schlägt bei dem mit der Gleichspannung U_- gespeisten Schwingkreis 1 aus Induktivität L_1 und Kapazität C_1 die Funkenstrecke F durch, wird dieser zu einer durch den Widerstand des Funkenkanals gedämpften Schwingung angeregt. Hierdurch wird der nahezu ungedämpfte Schwingkreis 2 in Resonanz versetzt, die auch dann noch andauert, wenn die Schwingung im Kreis 1 bereits abgeklungen ist. Durch wiederholtes Zünden der Funkenstrecke entsteht so eine etwa konstante Prüfspannung gleicher Frequenz. Über unterschiedliche Windungszahlen in den i. allg. als Luftspulen ausgeführten Transformatorwicklungen wird die Spannung im Schwingkreis 2 herauftransformiert.

Tesla-Transformatoren können z. B. zur Prüfung von Antennen-Abspannisolatoren verwendet werden.

5.2 Hohe Gleichspannung

In Hochspannungs-Versuchsfeldern werden hohe Gleichspannungen i. allg. für grundlegende Untersuchungen, z. B. zum Studium des Einflusses der Spannungspolarität, und zur Prüfung von Hochspannungskabeln und Kondensatoren sowie von Betriebsmitteln der elektrischen Energieübertragung mit hochgespanntem

Gleichstrom (HGÜ) benötigt. Technische Bedeutung haben sie auch bei Röntgengeräten, Elektrofiltern, Farbspritzanlagen und anderen mit hoher Gleichspannung betriebenen Anlagen.

Hohe Gleichspannungen werden meist durch Gleichrichtung hoher Wechselspannungen gegebenenfalls in Verbindung mit Vervielfachungsschaltungen gewonnen, wobei vorwiegend Halbleiter-Gleichrichter, gelegentlich auch Hochvakuum-Ventile mit beheizter Kathode und selten mechanische Nadelgleichrichter verwendet werden. Für Sonderzwecke werden auch elektrostatische Gleichspannungs-Generatoren eingesetzt.

5.2.1 Kenngrößen

Als Prüfgleichspannung gilt mit dem Augenblickswert der Spannung u, der Zeit t und der Periodendauer T nach VDE 0432 der lineare Mittelwert

$$\overline{u} = U_{-} = \frac{1}{T} \int_0^T u \, dt \qquad (5.5)$$

Periodische Abweichungen vom linearen Mittelwert werden als Überlagerungen bezeichnet, wobei der Überlagerungsfaktor das Verhältnis des Scheitelwerts der Überlagerung zum linearen Mittelwert der Spannung angibt. Er darf 5% nicht überschreiten.

Die an eine Gleichspannungsquelle gestellten Anforderungen sind hauptsächlich durch Größe und Art des Prüfstrombedarfs bestimmt, der sowohl vom zu prüfenden Betriebsmittel als auch von den Prüfbedingungen abhängt.

5.2.2 Vervielfachungsschaltungen

Bild 5.5a zeigt eine Spannungsverdoppler-Schaltung, mit der eine zum Erdbezugspotential symmetrische Gleichspannung $U_{-} = 2\,\hat{u}$ in zweifacher Höhe des Scheitelwerts $\hat{u}$ der Transformator-Wechselspannung U erzeugt werden kann. Die zugehörigen Potentialverläufe der Schaltungspunkte 1 bis 4 sind in Bild 5.5b für verlustlose Kondensatoraufladung dargestellt. Werden statt des Punktes 3 die Punkte 4 bzw. 2 geerdet, ergibt sich eine positive bzw. negative Gleichspannung gegen Erde. Dies setzt allerdings voraus, daß nun ein Transformator mit beidseitig isoliert herausgeführter Hochspannungswicklung nach Bild 5.1c zur Verfügung steht.

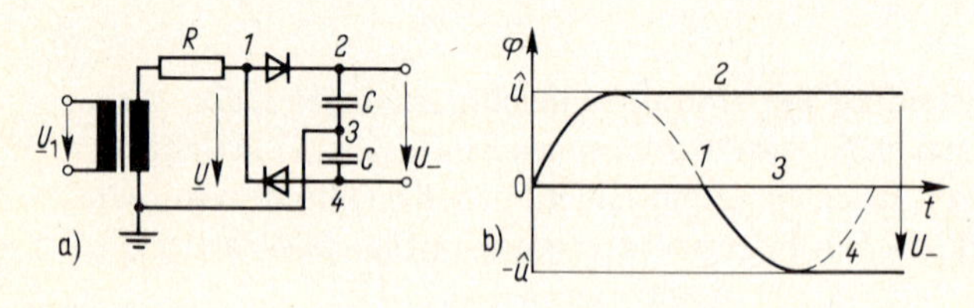

5.5
Gleichspannungs-Verdopplerschaltung (a) mit Potentialverläufen (b)

Bei Prüftransformatoren mit einseitig geerdeter Hochspannungswicklung ist die Verdopplerschaltung nach Bild 5.6a (Greinacher-Schaltung) zu verwenden. Die zugehörigen Potentialverläufe der Schaltungspunkte 1 bis 4 weisen aus, daß die Gleichspannung $U_- = 2\,\hat{u}$ erst nach einer Vielzahl von Perioden erreicht wird. Durch Umkehr der Ventile kann die Spannungspolarität geändert werden.

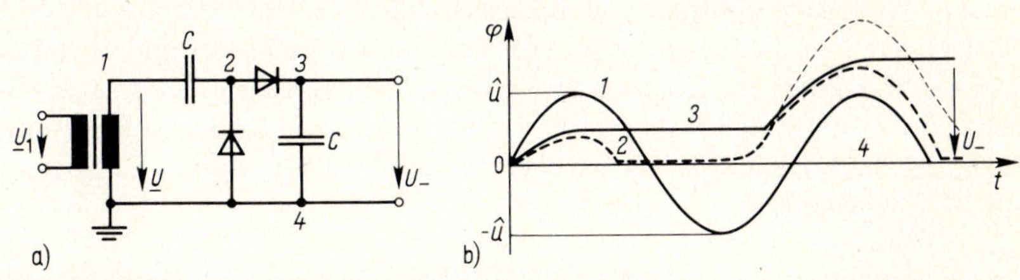

5.6 Gleichspannungs-Verdopplerschaltung nach Greinacher (a) mit Potentialverläufen (b)

Die Greinacher-Schaltung kann verwendet werden, um die Ladegleichspannung für Stoßspannungsgeneratoren (s. Abschn. 5.3.2) zu erzeugen. Ihr besonderer Vorzug ist, daß mit ihr mehrstufige Schaltungen mit (theoretisch) beliebiger Spannungsvervielfachung verwirklicht werden können. Mit der dreistufigen Gleichspannungs-Kaskade (Greinacher-Kaskade) nach Bild 5.7 lassen sich im Leerlauf Gleichspannungen vom 6fachen des Wechselspannungs-Scheitelwerts erzeugen, weil jede Stufe für sich eine Verdopplerschaltung darstellt. Die in die Kaskade eingetragenen Schaltungspunkte 1 bis 4 entsprechen jenen der Greinacher-Schaltung nach Bild 5.6a. Gleichspannungskaskaden werden für Spannungen bis zu mehreren MV ausgeführt. Alle Vervielfachungsschaltungen können jedoch nur mit verhältnismäßig kleinen Strömen belastet werden. Bei hohen Prüfspannungen zwischen 1 MV und 2 MV werden i. allg. Gleichströme bis etwa 30 mA verlangt. Die Entwicklung der Energieübertragung mit hochgespanntem Gleichstrom erfordert jedoch Gleichspannungsgeneratoren, die Ströme von etwa 1 A liefern können.

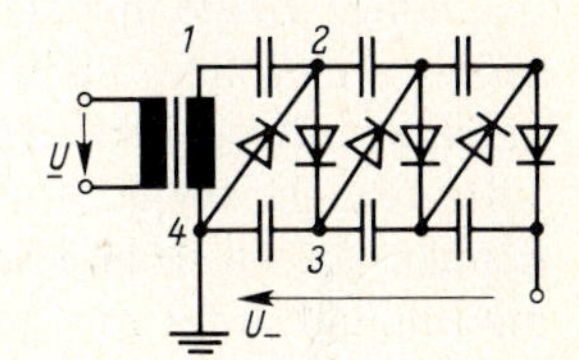

5.7
Dreistufige Gleichspannungskaskade (Greinacher-Kaskade)

5.2.3 Elektrostatische Generatoren

Grundsätzlich arbeiten alle elektrostatischen Generatoren nach dem gleichen Prinzip, elektrische Ladungen durch mechanische Hilfsmittel entgegen den Feldkräften zu bewegen und folglich auf ein höheres Potential zu bringen. Sie sind i. allg. dort von Vorteil, wo eine sehr hohe, überlagerungsfreie Gleichspannung bei verhältnismäßig kleiner Leistung (z. B. 1 kW) benötigt wird. Ein bevorzugtes Einsatzgebiet ist die kernphysikalische Experimentiertechnik.

Am bekanntesten ist der in Bild 5.8 schematisch dargestellte Bandgenerator nach Van de Graaff. Ein über zwei Rollen laufendes Band aus isolierendem Material wird kontinuierlich durch ein stark inhomogenes elektrisches Feld bewegt, wobei sich die durch Stoßionisation vor der positiven Spitzenelektrode entstehenden positiven Ladungsträger auf ihrem Weg zur Gegenelektrode am Transportband anlagern (vgl. hierzu Bild 2.26c). Die auf der Isolierbandoberfläche haftenden Ladungsträger werden nach oben befördert und dort über einen Ladungsabnehmer der Hochspannungselektrode zugeführt. Der über das Band gehende Ladungsträgertransport bestimmt somit den möglichen Belastungsstrom (z. B. 0,2 mA). Gleichspannungsgeneratoren dieser Art wurden für Spannungen bis 10 MV gebaut.

Andere elektrostatische Generatoren, wie solche, die nach dem Prinzip der Kapazitätsänderung arbeiten, haben für die Hochspannungsversuchstechnik keine besondere Bedeutung erlangt.

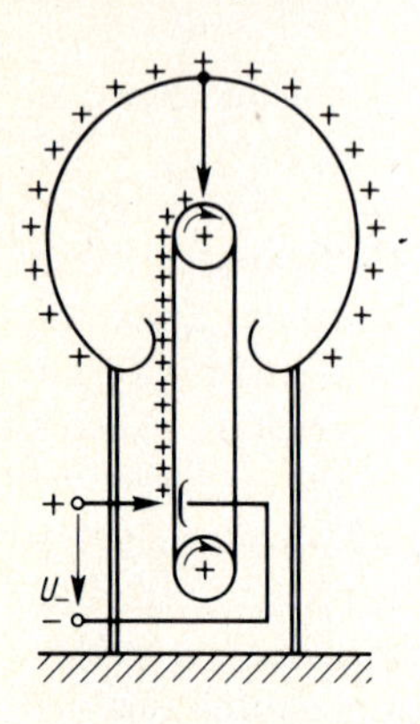

5.8
Bandgenerator nach van de Graaff

5.3 Stoßspannungen

Unter einer Stoßspannung versteht man eine nur sehr kurzzeitig anstehende Hochspannung, wie sie in Netzen der elektrischen Energieversorgung entweder durch äußere atmosphärische Einflüsse (äußere Überspannung, Blitzstoßspannung) oder durch Schaltvorgänge (innere Überspannung, Schaltstoßspannung) gelegentlich auftreten. Da solche Stoßspannungen die Betriebsspannung weit überschreiten können, führen sie gegebenenfalls zu Durch- oder Überschlägen in bzw. an Betriebsmitteln und somit zu einer Beeinträchtigung der elektrischen Energieversorgung. Man ist deshalb bestrebt, solche Stoßspannungen in Hochspannungslaboratorien nachzubilden, um betriebssichere Anlagenteile entwickeln und prüfen zu können.

5.3.1 Kenngrößen

Blitz- und Schaltstoßspannungen unterscheiden sich in der Zeit, die bis zum Erreichen des ersten Scheitels vergeht. Stoßspannungen mit Zeiten bis zu einigen 10 μs werden i. allg. als Blitzstoßspannungen, solche mit längeren Zeiten als Schaltstoßspannungen bezeichnet (VDE 0432).

Die Blitzstoßspannung ist nach Bild 5.9 durch den Scheitelwert der Stoßspannung û, die Stirnzeit T_1 und die Rückenhalbwertzeit T_2 gekennzeichnet. Da sich bei einem oszillographisch aufgezeichneten Blitzstoßspannungsverlauf weder der Beginn noch der Scheitelpunkt eindeutig festlegen lassen, wird als Stirnzeit T_1 die Zeit vereinbart, die sich aus den Schnittpunkten einer durch die Punkte A (u = 0,3 û) und B (u = 0,9 û) gezogenen Geraden mit der Zeitachse (Stoßbeginn 0_1) und der durch den Scheitel gehenden Parallelen ergibt. Hierbei ist die Stirnzeit T_1 das 1,67fache der zwischen den Punkten A und B liegenden Zeitspanne.

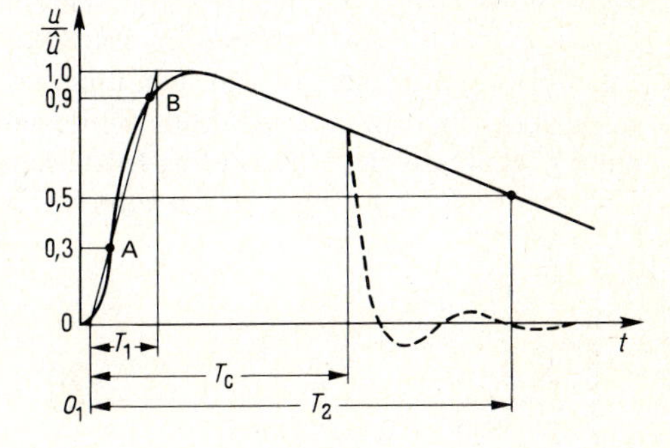

5.9
Verhältnis der Blitzstoßspannung u zum Scheitelwert û abhängig von der Zeit t mit Stirnzeit T_1, Rückenhalbwertzeit T_2 und Zeit bis zum Abschneiden T_c. Beginn der Stoßspannung 0_1 (nach VDE 0432)

Bricht die Stoßspannung vor ihrem Abklingen infolge eines Durch- oder Überschlags zusammen, ergibt sich eine abgeschnittene Stoßspannung (in Bild 5.9 gestrichelt), deren Abschneidezeitpunkt durch die Zeit bis zum Abschneiden T_c (time to cut) angegeben wird. Erfolgt das Abschneiden auf der Stirn der Stoßspannung, ergeben sich keilförmige Spannungsverläufe, auch Keilwellen oder Keilspannungen genannt. Künstlich abgeschnittene Stoßspannungen werden zur Prüfung von Geräten benutzt, in die im praktischen Betrieb abgeschnittene Stoßwellen einlaufen können (z. B. Transformator). Bevorzugt angewendet wird die volle Blitzstoßspannung mit der Stirnzeit $T_1 = 1{,}2\ \mu s$ (± 30%) und der Rückenhalbwertszeit $T_2 = 50\ \mu s$ (± 20%). Sie wird als Blitzstoßspannung 1,2/50 bezeichnet.

Bei Schaltstoßspannungen wird nach Bild 5.10 mit der Scheitelzeit T_{cr} (time to crest) die Zeitspanne zwischen dem tatsächlichen Beginn und

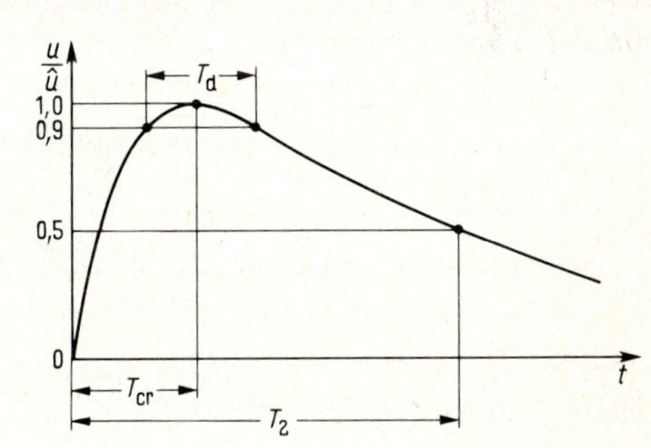

5.10
Verhältnis der Schaltstoßspannung u zum Scheitelwert û abhängig von der Zeit t mit Scheitelzeit T_{cr}, Rückenhalbwertzeit T_2 und Scheiteldauer T_d (nach VDE 0432)

dem Erreichen des Scheitelwerts angegeben. Neben der Rückenhalbwertzeit T_2 ist auch die Scheiteldauer T_d eine Kenngröße, mit der die Zeitspanne bezeichnet wird, während der die Schaltstoßspannung 90% ihres Scheitelwerts übersteigt. Die bevorzugt angewendete Prüf-Schaltstoßspannung hat die Scheitelzeit $T_{cr} = 250\ \mu s$ (± 20%) und die Rückenhalbwertzeit $T_2 = 2500\ \mu s$ (± 60%). Sie wird als Schaltstoßspannung 250/2500 bezeichnet.

Für einen Prüfling, z. B. einen Isolator, läßt sich die Stoßkennlinie nach Bild 5.11 ermitteln. Sie gibt die Überschlagstoßspannung $u_{üs}$ in Abhängigkeit von der Überschlagszeit $t_ü$ an. Als Überschlagspannung wird hierbei die höchste auftretende Spannung angegeben, bei Rücken- oder Scheiteldurchschlägen also der Scheitelwert û. Diejenige Stoßspannung, bei der gerade die Hälfte aller Spannungsstöße zum Überschlag am Prüfling führt, wird 50%-Überschlagstoßspannung genannt. Bei elektrischen Durchschlägen arbeitet man sinngemäß mit der 50%-Durchschlagstoßspannung.

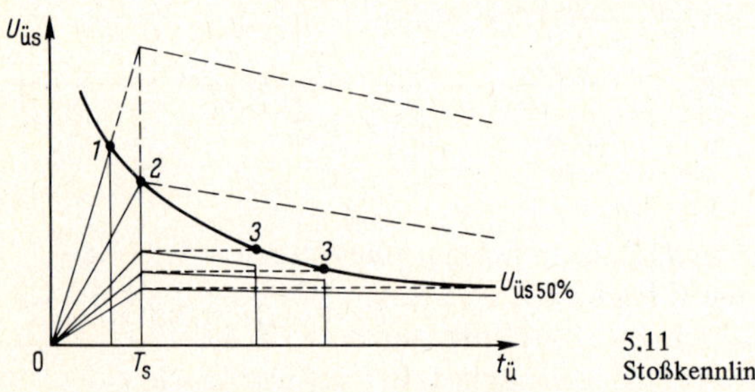

5.11
Stoßkennlinie

5.3.2 Erzeugung von Stoßspannungen

Bild 5.12 zeigt die beiden Grundschaltungen zur Erzeugung von Stoßspannungen. Die Stoßkapazität C_s liegt über dem hochohmigen Ladewiderstand R_ℓ an der Ladegleichspannung U_ℓ. Nach Zünden der Schaltfunkenstrecke F_s wird die Belastungskapazität C_b, gegebenenfalls die Eigenkapazität des Prüflings, über den Dämpfungswiderstand R_d aufgeladen und gleichzeitig über den Entladewiderstand R_e entladen. Die beiden Stoßkreise nach Bild 5.12a und Bild 5.12b unterscheiden sich allein durch die Anordnung der Widerstände R_d und R_e.

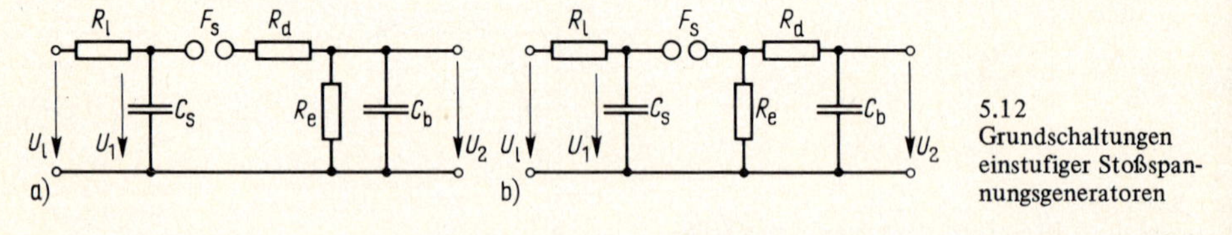

5.12
Grundschaltungen einstufiger Stoßspannungsgeneratoren

Der genaue zeitliche Verlauf der Spannung u_2 läßt sich z. B. für die Schaltung nach Bild 5.12a aus der Differentialgleichung

$$C_s\, C_b\, R_e\, R_d \frac{d^2 u_2}{dt^2} + (R_e\, C_b + R_e\, C_s + R_d\, C_s) \frac{du_2}{dt} + u_2 = 0 \tag{5.6}$$

ermitteln, deren Lösung mit den beiden Zeitkonstanten $T_m \gg T_n$ die Spannung

$$u_2 = \frac{U_\ell\, T_m\, T_n}{R_d\, C_b\, (T_m - T_n)} (e^{-t/T_m} - e^{-t/T_n}) \tag{5.7}$$

ergibt. Für die Dimensionierung von Stoßspannungsgeneratoren ist Gl. (5.7) allerdings zu unhandlich. Es werden deshalb nachstehend Näherungsgleichungen angegeben, die aus der exakten Lösung nach Gl. (5.7) entwickelt wurden. Zu ihrem besseren Verständnis soll der Verlauf der Stoßspannung u_2 vereinfacht in zeitlich getrennte Auf- und Entladevorgänge unterteilt werden.

Hierbei wird angenommen, daß der Entladewiderstand R_e erst nach erfolgter Umladung zugeschaltet wird. Dann ergibt sich der in Bild 5.13 dargestellte zeitliche Verlauf der Aufladespannung u_{2a} an der Belastungskapazität C_b. Die Spannung u_1 am Stoßkondensator geht entsprechend zurück, bis nach genügend langer Zeit $u_1 = u_{2a\infty}$ ist. Wird nun der Entladewiderstand R_e zugeschaltet, so wird über ihn die Parallelschaltung von Stoß- und Belastungskapazität entladen. Die dabei am Entladewiderstand R_e anliegende Spannung u_{2e} fällt exponentiell ab. Aus der Überlagerung dieser beiden Vorgänge ergibt sich der wirkliche Verlauf der Stoßspannung u_2.

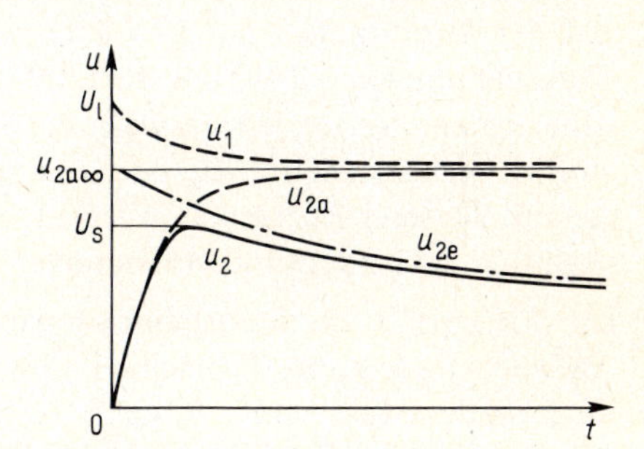

5.13
Stoßspannungsverlauf u_2 als Überlagerung von Aufladespannung u_{2a} und Entladespannung u_{2e}

Für die Aufladung der Belastungskapazität C_b gilt mit dem Entladewiderstand $R_e = \infty$ für die Spannung u_{2a} mit der Aufladezeitkonstanten

$$T_a = R_d\, C_s\, C_b/(C_s + C_b) \tag{5.8}$$

die Differentialgleichung

$$T_a\, (du_{2a}/dt) + u_{2a} = U_\ell\, C_s/(C_s + C_b) \tag{5.9}$$

und deren Lösung für die Aufladespannung

$$u_{2a} = \frac{C_s\, U_\ell}{C_s + C_b} (1 - e^{-t/T_a}) \tag{5.10}$$

die bei $t = \infty$ dem Spannungsendwert

$$u_{2a\infty} = U_\ell\, C_s/(C_s + C_b) \tag{5.11}$$

zustrebt. Wird nun ausgehend von diesem Spannungsendwert der Entladevorgang durch Zuschalten des Entladewiderstands R_e eingeleitet, so fällt mit dem vernachlässigbaren Dämpfungswiderstand $R_d \approx 0$ die Entladespannung u_{2e} mit der Entladezeitkonstanten

$$T_e = R_e (C_s + C_b) \tag{5.12}$$

nach Bild 5.13 exponentiell ab. Gl. (5.11) läßt erkennen, daß zum Erreichen hoher Endwerte $\hat{u}_{2a\infty}$ und daher hoher Stoßspannungs-Scheitelwerte $\hat{u}$ die Stoßkapazität $C_s \gg C_b$ sein muß. Allerdings kann mit Rücksicht auf die Rückenhalbwertzeit T_2 das Verhältnis C_s/C_b nicht beliebig groß gewählt werden. Zweckmäßig sollte die Stoßkapazität $C_s \approx 10\, C_b$ betragen, mindestens aber 1 nF.

Das Verhältnis von Scheitelwert der Stoßspannung $\hat{u}$ und Ladespannung U_ℓ nennt man den Ausnutzungsgrad

$$\eta_a = \hat{u}/U_\ell \tag{5.13}$$

der Anlage, der wieder vom Kapazitätsverhältnis C_s/C_b abhängt. Hohe Scheitelwerte $\hat{u}$ setzen einen großen Spannungsendwert $u_{2a\infty}$ nach Gl. (5.11) voraus, so daß der Ausnutzungsgrad $\eta_a = \hat{u}/U_\ell \sim u_{2a\infty}/U_\ell = C_s/(C_s + C_b)$ sein muß. Für Stoßspannungen 1,2/50 und 1,2/200 sind die Schaltungen nach Bild 5.12a und b nahezu gleichwertig, jedoch weist die Schaltung in Bild 5.12b insbesondere bei großen Verhältnissen C_s/C_b den besseren Ausnutzungsgrad η_a auf. Stoßspannungen mit kürzerer Rückenhalbwertzeit, z. B. 1,2/5, können nur durch die Schaltung nach Bild 5.12b verwirklicht werden.

Die Stirnzeit T_1 der Stoßspannung wird nach Bild 5.13 hauptsächlich durch die Aufladezeitkonstante T_a nach Gl. (5.8), die Rückenhalbwertzeit T_2 dagegen durch die Entladezeitkonstante T_e nach Gl. (5.12) bestimmt. Mit den Zeitfaktoren k_1 und k_2, die nach Tafel 5.14 vom Verhältnis T_1/T_2 abhängen, können deshalb die Stirnzeit $T_1 \approx k_1 T_a$ und die Rückenhalbwertzeit $T_2 \approx k_2 T_e$ durch die Auf- und Entladezeitkonstanten näherungsweise ausgedrückt werden, die für $R_e \gg R_d$ und $C_s \gg C_b$ etwa mit den Zeitkonstanten $T_m \approx T_a$ und $T_n \approx T_e$ in Gl. (5.7) übereinstimmen.

Zur hinreichend genauen Bemessung von Stoßspannungsgeneratoren reichen die Näherungsgleichungen (5.14) bis (5.19) aus. Mit der Stoßkapazität C_s, der Belastungskapazität C_b, dem Dämpfungswiderstand R_d und dem Entladewiderstand R_e gilt bei der Schaltung von Bild 5.12a für die Stirnzeit

$$T_1 = k_1 \frac{R_d R_e C_s C_b}{(R_d + R_e)(C_s + C_b)} \tag{5.14}$$

die Rückenhalbwertzeit

$$T_2 = k_2 (R_d + R_e)(C_s + C_b) \tag{5.15}$$

und den Ausnutzungsgrad

$$\eta_a = \frac{R_e\, C_s}{(R_d + R_e)(C_s + C_b)} \qquad (5.16)$$

und bei der Schaltung nach Bild 5.12b für die Stirnzeit

$$T_1 = k_1\, R_d\, C_s\, C_b/(C_s + C_b) \qquad (5.17)$$

die Rückenhalbwertzeit

$$T_2 = k_2\, R_e\, (C_s + C_b) \qquad (5.18)$$

und den Ausnutzungsgrad

$$\eta_a = C_s/(C_s + C_b) \qquad (5.19)$$

mit den Zeitfaktoren k_1 und k_2 nach Tafel 5.14.

Tafel 5.14 Zeitfaktoren k_1 und k_2 für verschiedene Stoßspannungen

Stoßspannungen	1,2/5	1,2/50	1,2/200
k_1	1,49	2,96	3,15
k_2	1,44	0,73	0,70

Bei vorgegebener Stoßspannung und bekannten Kapazitäten C_s und C_b können aus Gl. (5.14) und (5.15) bzw. Gl. (5.17) und (5.18) die zugehörigen Dämpfungs- und Entladewiderstände ermittelt werden. Für die Schaltung nach Bild 5.12a hat der Dämpfungswiderstand

$$R_{d\,1/2} = \frac{T_2}{2\,k_2\,(C_s + C_b)} \pm \sqrt{\left[\frac{T_2}{2\,k_2\,(C_s + C_b)}\right]^2 - \frac{T_1\,T_2}{k_1\,k_2\,C_s\,C_b}} \qquad (5.20)$$

das Wertepaar R_{d1} und R_{d2}, mit dem sich nach Gl. (5.15) ein in den Zahlenwerten gleiches Paar Entladewiderstände R_{e1} und R_{e2} ergibt. Bei $R_{d1} < R_{d2}$ ist z. B. im Hinblick auf einen hohen Ausnutzungsgrad η_a der kleinere Wert als Dämpfungswiderstand $R_d = R_{d1}$ und der größere als Entladewiderstand $R_e = R_{d2}$ vorzusehen.

Der Stoßkreis weist immer eine kleine, allein durch die Leitungsführung bedingte Induktivität L auf. Hochfrequente Schwingungen werden vermieden, wenn der Dämpfungswiderstand

$$R_d \geqslant 2\sqrt{L\,(C_s + C_b)/(C_s\,C_b)} \qquad (5.21)$$

gewählt wird. Aus Gl. (5.20) lassen sich weiter die Grenzwerte für mögliche Kapazitätsverhältnisse C_s/C_b ermitteln, wenn der Radikand Null gesetzt wird. Für die Stoßspannung 1,2/50 ergibt sich $C_s/C_b \leqslant 40$; für die Stoßspannung 1,2/200 das Verhältnis $C_s/C_b \leqslant 185$. Die Stoßspannung 1,2/5 läßt sich mit der Schaltung nach

Bild 5.12a nicht verwirklichen, was durch einen für alle Kapazitätsverhältnisse C_s/C_b negativen Radikanden ausgewiesen wird.

Wie aus Bild 5.13 ersichtlich, sind für bestimmte Stoßspannungsscheitelwerte $\hat{u}$ entsprechend höhere Ladespannungen U_ℓ erforderlich. Solche einfachen Stoßkreise werden für Ladespannungen bis 300 kV gebaut. Die in Bild 5.15 gezeigte Vielfachstoßschaltung nach Marx ermöglicht dagegen die Erzeugung von Stoßspannungen, die um ein Vielfaches höher als die Ladespannungen sind. Die zunächst parallel geschalteten Kapazitäten C_s werden hier nach dem Aufladen durch Zünden der Funkenstrecken F_1 bis F_4 in Reihe geschaltet, wobei sich die einzelnen Spannungen kurzzeitig addieren. Die Schaltfunkenstrecke F_s spricht an und legt die Summenspannung über den Widerstand R_d an den Prüfling P, dessen Eigenkapazität C_p sich zur Belastungskapazität C_b addiert. Als Stoßkapazität im Sinne von Gl. (5.14) bis (5.19) gilt hier die Reihenschaltung der in Bild 5.15 dargestellten Kapazitäten C_s. Ebenso muß die Summe aller mit R_d bezeichneten Widerstände als Dämpfungswiderstand aufgefaßt werden. Mit solchen Stoßspannungsgeneratoren können mit Ladespannungen von etwa 300 kV Stoßspannungen bis 10 MV erzeugt werden.

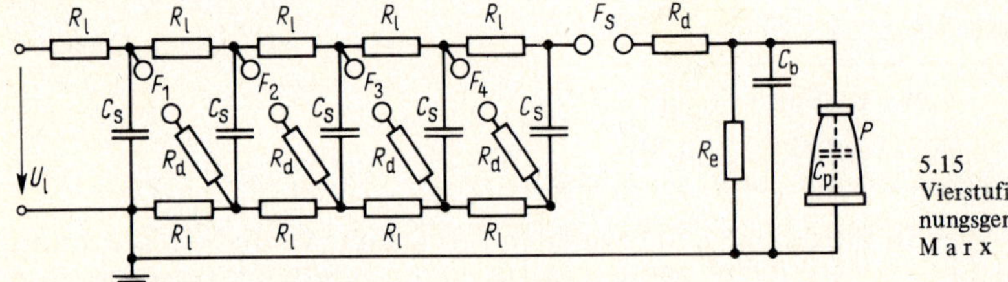

5.15
Vierstufiger Stoßspannungsgenerator nach Marx

Grundsätzlich sind die für die Blitzstoßspannungserzeugung angegebenen Schaltungen in Bild 5.12 und 5.15 auch zur Erzeugung von Schaltstoßspannungen geeignet. Außerdem kann man durch Anlegen eines Spannungsstoßes an die Niederspannungswicklung eines Prüftransformators oder des zu prüfenden Transformators in der Hochspannungswicklung die gewünschte Schaltstoßspannung induzieren. Bei einem anderen Verfahren wird der Spannungsstoß durch plötzliches Unterbrechen des Stroms in einer Drosselspule oder Transformatorwicklung hervorgerufen [12].

Beispiel 5.1. Eine SF_6-isolierte, koaxiale Rohrleitung mit den Radien $r_1 = 7$ cm, $r_2 = 15$ cm und der Länge $\ell = 5$ m soll mit der in Bild 5.16 dargestellten zweistufigen Stoßanlage geprüft werden, wobei die Rohrleitung als Belastungskapazität wirkt. Bekannt sind weiter die Kapazitäten $C_1 = C_2 = 10$ nF.

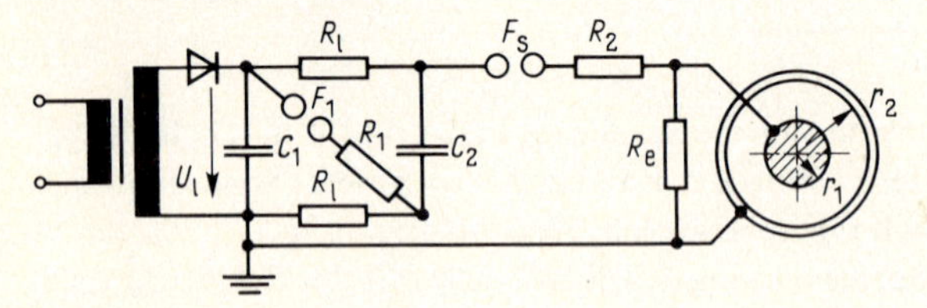

5.16
Zweistufige Stoßanlage mit Rohrleitung als Belastungskapazität

Für die Stoßspannung 1,2/50 sind der Dämpfungswiderstand R_d und der Entladewiderstand R_e zu ermitteln. Weiter ist anzugeben, für welche Wechselspannung der Transformator oberspannungsseitig mindestens ausgelegt sein muß, damit der Stoßspannungsscheitelwert $\hat{u} = 200$ kV erreicht wird.

Die beiden in Reihe liegenden Kapazitäten ergeben die Stoßkapazität $C_s = C_1/2 = 10$ nF/2 = 5 nF. Der Dämpfungswiderstand $R_d = R_1 + R_2$ setzt sich aus den beiden im Umladekreis liegenden Widerständen R_1 und R_2 zusammen.

Nach Gl. (1.25) ist die Belastungskapazität der Rohrleitung

$$C_b = \frac{2\pi \ell \epsilon_0 \epsilon_r}{\ln(r_2/r_1)} = \frac{2\pi \cdot 5\,\text{m}\,(8{,}854\,\text{pF/m}) \cdot 1}{\ln(15\,\text{cm}/7\,\text{cm})} = 0{,}365\,\text{nF}$$

Dämpfungs- und Entladewiderstand ergeben sich aus Gl. (5.13) mit den Zeitfaktoren $k_1 = 2{,}96$ und $k_2 = 0{,}73$ nach Tafel 5.14 als Wertepaar

$$R_{d\,1/2} = \frac{T_2}{2\,k_2\,(C_s + C_b)} \pm \sqrt{\left[\frac{T_2}{2\,k_2\,(C_s + C_b)}\right]^2 - \frac{T_1\,T_2}{k_1\,k_2\,C_s\,C_b}}$$

$$= \frac{50\,\mu\text{s}}{2 \cdot 0{,}73\,(5\,\text{nF} + 0{,}365\,\text{nF})}$$

$$\pm \sqrt{\left(\frac{50\,\mu\text{s}}{2 \cdot 0{,}73\,(5\,\text{nF} + 0{,}365\,\text{nF})}\right)^2 - \frac{1{,}2\,\mu\text{s} \cdot 50\,\mu\text{s}}{2{,}96 \cdot 0{,}73 \cdot 5\,\text{nF} \cdot 0{,}365\,\text{nF}}}$$

Hieraus erhält man den kleineren Wert als Dämpfungswiderstand $R_{d1} = R_d = R_1 + R_2 = 1330\,\Omega$ und den größeren als Entladewiderstand $R_{d2} = R_e = 11{,}44\,\text{k}\Omega$. Es ist dann mit Gl. (5.9) der Ausnutzungsgrad

$$\eta_a = \frac{R_e\,C_s}{(R_e + R_d)(C_s + C_b)} = \frac{11{,}44\,\text{k}\Omega \cdot 5\,\text{nF}}{(11{,}44\,\text{k}\Omega + 1{,}33\,\text{k}\Omega)(5\,\text{nF} + 0{,}365\,\text{nF})} = 0{,}835$$

Daher beträgt der Stoßspannungsscheitelwert $\hat{u} = 2\,U_\ell\,\eta_a$, und man findet die erforderliche Ladespannung

$$U_\ell = \hat{u}/(2\,\eta_a) = 200\,\text{kV}/(2 \cdot 0{,}835) = 119{,}8\,\text{kV}$$

also den erforderlichen Effektivwert der Transformatoroberspannung $U = U_\ell/\sqrt{2} = 119{,}8\,\text{kV}/\sqrt{2} = 84{,}68\,\text{kV} \approx 85\,\text{kV}$.

6 Messung hoher Spannungen

Es gibt viele Verfahren zur Messung hoher Spannungen. Hier sollen nur solche Meßmethoden in den Grundzügen angesprochen werden, die in Hochspannungslaboratorien Bedeutung haben. Auf die Beschreibung von Meßsystemen der Hochspannungs-Energieübertragung, z. B. induktive Wandler, wird verzichtet; sie werden in Band IV behandelt. Ebenso wird die Kenntnis der anzuschließenden Meßgeräte, wie Strom- und Spannungsmesser der unterschiedlichen Bauarten, Oszilloskope u. dgl., vorausgesetzt. Verfeinerte Meßtechniken und Sonderverfahren finden sich in der weiterführenden Literatur [3], [19], [21], [27], [30].

6.1 Kugelfunkenstrecke

Die Meß-Kugelfunkenstrecke nach Bild 6.1 besteht aus zwei durchmessergleichen, vorzugsweise aus Kupfer gefertigten Kugeln, deren verstellbare Schlagweite $s \leqslant 0{,}5\ D$ den halben Kugeldurchmesser D nicht überschreiten sollte. Diese Forderung ist i. allg. immer dann erfüllt, wenn der Kugeldurchmesser mindestens so groß in mm gewählt wird, wie die zu messende Spannung in kV beträgt (z. B. $U = 100$ kV, $D \geqslant 100$ mm). Bei solchen Schlagweiten ist das zwischen den Kugeln bestehende elektrische Feld so schwach inhomogen, daß nach dem Paschen-Gesetz von Gl. (2.28) ein definierter Zusammenhang zwischen der Durchschlagspannung U_d in Luft und der Schlagweite s besteht.

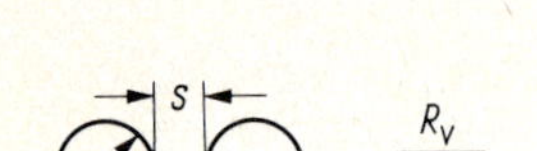

6.1
Kugelfunkenstrecke mit Vorwiderstand R_V

In Tafel 6.2 sind für Normalbedingungen (Temperatur $\vartheta_0 = 20\ °C$, Druck $p_0 = 1{,}013$ bar) die Durchschlagspannungen U_{d0} abhängig von der Schlagweite s für zwei Kugeldurchmesser D angegeben, wobei sich die Werte für positive Stoßspannung einerseits von denen für negative Stoßspannung, Wechselspannung sowie positive und negative Gleichspannung andererseits teilweise unterscheiden. Weitere Tabellen für andere Durchmesser findet man in VDE 0433.

Weichen die atmosphärischen Verhältnisse von den Normalbedingungen ab, müssen die Tabellenwerte mit dem von der relativen Gasdichte δ nach Gl. (2.39) abhängi-

Tafel 6.2 Durchschlagspannung U_{d0} in kV einpolig geerdeter Kugelfunkenstrecken abhängig von der Schlagweite s und Kugeldurchmesser D bei 20 °C und 1,013 bar für Gleich- und Wechselspannung (≃) und Stoßspannung (⌒) unterschiedlicher Polarität (+, –)

Schlagweite s in cm	Kugeldurchmesser D in cm			
	5		10	
	≃ (+,–) ⌒ (–)	⌒ (+)	≃ (+,–) ⌒ (–)	⌒ (+)
0,20	8,0			
0,25	9,6			
0,30	11,2	11,2		
0,40	14,3	14,3		
0,50	17,4	17,4	16,8	16,8
0,60	20,4	20,4	19,9	19,9
0,70	23,4	23,4	23,0	23,0
0,80	26,3	26,3	26,0	26,0
0,90	29,2	29,2	28,9	28,9
1,0	32,0	32,0	31,7	31,7
1,2	37,6	37,8	37,4	37,4
1,4	42,9	43,3	42,9	42,9
1,5	45,5	46,2	45,5	45,5
1,6	48,1	49,0	48,1	48,1
1,8	53,0	54,5	53,5	53,5
2,0	57,5	59,5	59,0	59,0
2,2	61,5	64,0	64,5	64,5
2,4	65,5	69,0	69,5	70,0
2,6	(69,0)	(73,0)	74,5	75,5
2,8	(72,5)	(77,0)	79,5	80,5
3,0	(75,5)	(81,0)	84,0	85,5
3,5	(82,5)	(90,0)	95,0	97,5
4,0	(88,5)	(97,5)	105	109
4,5			115	120
5,0			123	130
5,5			(131)	(139)
6,0			(138)	(148)
6,5			(144)	(156)
7,0			(150)	(163)
7,5			(155)	(170)

gen und in Tafel 6.3 angegebenen Korrekturfaktor k_0 auf die dann geltende Durchschlagspannung

$$U_d = k_0 \, U_{d0} \tag{6.1}$$

umgerechnet werden. Im Bereich $0{,}95 \leqslant \delta \leqslant 1{,}05$ ist $k_0 = \delta$.

T a f e l 6.3 Korrekturfaktor k_0 abhängig von der relativen Gasdichte δ nach VDE 0433

relative Gasdichte δ	0,85	0,90	0,95	1,00	1,05	1,10	1,15
Korrekturfaktor k_0	0,86	0,91	0,95	1,00	1,05	1,09	1,13

Zur Vermeidung eines zu starken Abbrands und zur Unterdrückung von elektrischen Schwingungen ist der in Bild 6.1 dargestellte Vorwiderstand R_v vorzusehen, der für Gleichspannung und Wechselspannungen bis 1 kHz im Bereich $10\ \mathrm{k\Omega} \leqslant R_v \leqslant 1\ \mathrm{M\Omega}$ liegen kann, wobei der Widerstandswert um so kleiner anzusetzen ist, je größer die Kapazität der Meß-Kugelfunkenstrecke ist. Für die Ermittlung der Kapazität s. Abschn. 1.5.6. Bei Stoßspannungen sollte der Vorwiderstand möglichst klein sein. Zur Vermeidung von Entladeschwingungen reichen Widerstände $R_v \leqslant 500\ \Omega$ i. allg. aus.

Meßkugelfunkenstrecken sind zur Ermittlung der Scheitelwerte von Wechselspannungen bis zu Frequenzen f = 100 kHz und Stoßspannungen sowie von Gleichspannungen geeignet. Die Meßunsicherheit beträgt bei Wechselspannung, sowie bei positiver und negativer Stoßspannung 3%. Bei positiver und negativer Gleichspannung ist sie mit 5% wegen des hier merklichen Einflusses von Staub und Fasern in der Luft höher anzusetzen.

Beispiel 6.1. Zur Abschätzung der Frequenzabhängigkeit der Durchschlagspannung wird nach Bild 6.4 angenommen, daß bei einem sinusförmigen Spannungsimpuls mit dem Scheitelwert $\hat{u}$ zur Zeit t_1 die statische Durchschlagspannung $U_d = 0{,}95\ \hat{u}$ erreicht ist, der Durchschlag aber erst nach der Entladeverzugszeit $t_v = 0{,}2\ \mu s$ zur Zeit t_2 eintritt. Für welche Frequenz trifft dies zu?

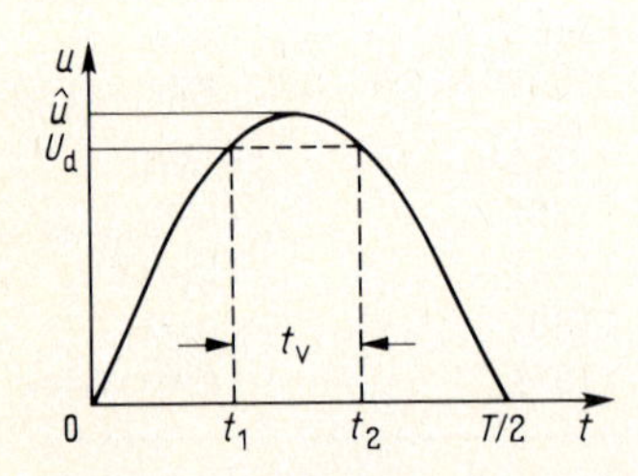

6.4
Erläuterung des Scheitelwert-Anzeigefehlers infolge der Entladeverzugszeit t_v

Bei einer mit Gleichspannung geeichten Funkenstrecke ist hier also der Meßwert 5% kleiner als der wirklich aufgetretene Scheitelwert. Mit der Periodendauer T und der Kreisfrequenz $\omega = 2\pi f = 2\pi/T$ beträgt der Winkel $\omega t_v = 2\pi f t_v = \pi/5$, und es ergibt sich hieraus die Frequenz $f = 1/(10\ t_v)$.

Kugelfunkenstrecken mit der Entladeverzugszeit $t_v = 0{,}2\ \mu s$ (s. Abschn. 2.4.3) zeigen hiernach also den Scheitelwert einer Spannung bis zur Frequenz $f = 1/(10 \cdot 0{,}2\ \mu s) = 500$ kHz mit höchstens 5% Fehler an.

6.2 Hochohmige Widerstände

Die Effektivwerte hoher Wechselspannungen U und hohe Gleichspannungen U_- können nach Bild 6.5 über den Strom

$$I = U/R \qquad (6.2)$$

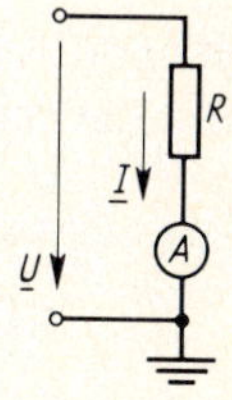

6.5
Spannungsmessung über den Strom I im hochohmigen Widerstand R

gemessen werden, der bei Anlegen der Spannung U durch den Widerstand R fließt. Befindet sich hierbei der Strommesser außerhalb des abgegitterten Hochspannungsraums, sollte parallel zum Meßinstrument eine Schutzfunkenstrecke angeschlossen werden. Damit das Meßsystem keine merkliche Rückwirkung auf die Spannungsquelle ausübt, muß der Widerstand R so hochohmig sein, daß entsprechend kleine Ströme ($I < 1$ mA) fließen. Wegen des Energieverbrauchs ist dieses Meßverfahren für elektrostatische Spannungsquellen nicht geeignet.

Die Stromwärme verändert den Widerstand R, wodurch sich spannungs- und zeitabhängige Meßungenauigkeiten ergeben. Diese Temperaturabhängigkeit wird bei ohmschen Spannungsteilern (s. Abschn. 6.4.1) vermieden.

6.3 Kapazitive Ladeströme

Anstelle des hochohmigen Widerstands R nach Abschn. 6.2 kann zur Messung der Effektivwerte von Wechselspannungen nach Bild 6.6 auch ein Kondensator mit der Kapazität C verwendet werden. Mit dem Ladestrom I und der Kreisfrequenz ω ergibt sich die Spannung

$$U = I/(\omega C) \qquad (6.3)$$

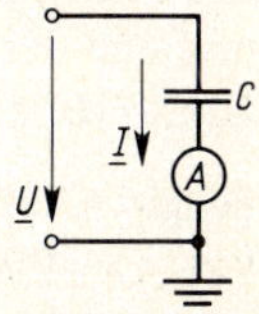

6.6
Spannungsmessung über den Ladestrom I der Kapazität C

Hier treten Meßfehler dann auf, wenn die Grundschwingung der Hochspannung von Oberschwingungen überlagert ist, weil der Leitwert ωC frequenzabhängig ist. In solchen Fällen sind kapazitive Spannungsteiler (s. Abschn. 6.4.2) günstiger, bei denen die Spannungsteilung von der Frequenz unbeeinflußt bleibt.

Aus dem kapazitiven Ladestrom läßt sich auch mit dem anzeigenden Scheitelwertmesser nach Chubb und Fortescue unmittelbar der Scheitelwert einer Wechselspannung ermitteln. In der Schaltung nach Bild 6.7a ist die Kapazität C über zwei parallel und gegeneinander geschaltete Gleichrichter an Erde angeschlossen. Der mit einem der Gleichrichter in Reihe liegende Strommesser mit Drehspulmeßwerk mißt den linearen Mittelwert (Gleichrichtwert)

$$\overline{|i|} = \frac{1}{T} \int_{t_1}^{t_2} i \, dt \tag{6.4}$$

der positiven Anteile des kapazitiven Ladestroms nach Bild 6.7b. Mit der Frequenz f ist die Periodendauer $T = 1/f$. Wird für die elementare Ladung $dQ = i\,dt = C\,du$ eingeführt, so ergibt sich für den Gleichrichtwert des Stromes

$$\overline{|i|} = f\,C \int_{-\hat{u}}^{+\hat{u}} du = f\,C \cdot 2\,\hat{u} \tag{6.5}$$

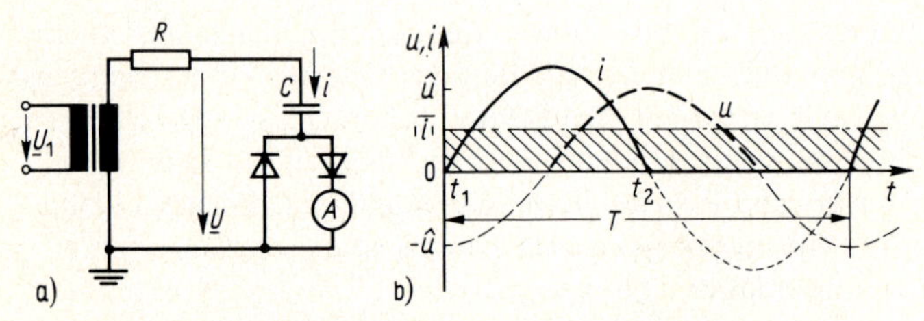

6.7 Schaltung (a) zur Hochspannungs-Scheitelwertmessung über den Kondensatorladestrom mit zugehörigen Strom- und Spannungsverläufen (b) (Verfahren nach Chubb und Fortescue)

Hieraus folgt für den Scheitelwert der Spannung

$$\hat{u} = \frac{\overline{|i|}}{2\,f\,C} \tag{6.6}$$

Der Scheitelwert einer Wechselspannung $\hat{u}$ kann also unmittelbar über den Gleichrichtwert $\overline{|i|}$ des Ladestroms gemessen werden. Gl. (6.6) ist nicht nur für sinusförmige Spannungen erfüllt. Voraussetzung ist lediglich, daß eine sich periodisch ändernde Spannung mit gleichen negativen und positiven Scheitelwerten $\hat{u}$ vorliegt, und daß der Spannungsverlauf keine Einsattelungen aufweist. Dieses Meßverfahren kann z. B. zur Eichung von Kugelfunkenstrecken herangezogen werden.

Beispiel 6.2. Wie groß ist bei der Wechselspannung $u = u_1\,[\sin \omega t + 0{,}3 \sin (3\,\omega t)]$ der wirkliche Scheitelwert, und welcher Wert ergibt sich nach dem Verfahren von Chubb und Fortescue, wenn Gl. (6.6) zugrundegelegt wird?

Aus der Differentiation der Spannung

$$du/d(\omega t) = u_1\,[\cos \omega t + 3 \cdot 0{,}3 \cos (3\,\omega t)]$$

findet man mit $du/d(\omega t) = 0$ den Winkel $(\omega t)_m = 46{,}6°$, bei dem der 1. Scheitelwert der

Spannung

$$\hat{u} = u_1 \; [\sin 46{,}6^\circ + 0{,}3 \sin(3 \cdot 46{,}6^\circ)] = 0{,}9202 \; u_1$$

vorliegt. Den Winkel für den Sattelpunkt $(\omega\, t)_{min} = 90^\circ$ ersieht man aus Bild 6.8 mit der zugehörigen Spannung

$$u_{min} = u_1 \; [\sin 90^\circ + 0{,}3 \sin(3 \cdot 90^\circ)] = 0{,}70 \; u_1$$

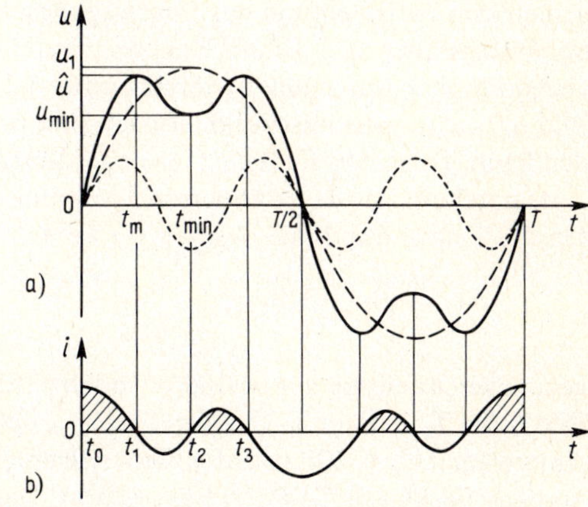

6.8
Sinusschwingung mit überlagerter 3. Oberschwingung zur Ermittlung des Meßfehlers beim direkt anzeigenden Scheitelwertmesser mit Spannungs- (a) und Stromverlauf (b)

In Bild 6.8 ist ebenfalls der kapazitive Strom dargestellt. Integriert man die schraffierten Flächen und berücksichtigt hierbei, daß jeweils zwei der Flächen gleich groß sind, erhält man mit Gl. (6.4) und Gl. (6.5) den Gleichrichtwert

$$\overline{|i|} = \frac{2}{T}\left[\int_{t_0}^{t_1} i\,dt + \int_{t_2}^{t_3} i\,dt\right] = 2\,f\,C\left[\int_{0}^{+\hat{u}} du + \int_{u_{min}}^{+\hat{u}} du\right]$$

$$= 2\,f\,C\,(2\,\hat{u} - u_{min}) = 2\,f\,C\,(2 \cdot 0{,}9202\; u_1 - 0{,}70\; u_1) = 2\,f\,C \cdot 1{,}1404\; u_1$$

Eingesetzt in Gl. (6.6) ergibt sich der gemessene Scheitelwert

$$\hat{u}_M = \frac{\overline{|i|}}{2\,f\,C} = \frac{2\,f\,C \cdot 1{,}1404\; u_1}{2\,f\,C} = 1{,}1404\; u_1$$

als eine Spannung, die rund 24% größer als die des wirklichen Scheitelwerts ist. Einsattelungen im Spannungsverlauf täuschen also einen höheren Scheitelwert vor.

6.4 Spannungsteiler

Wechselspannungen niederer Frequenz und Gleichspannungen lassen sich mit ohmschen oder kapazitiven Spannungsteilern ohne Schwierigkeit messen. Zu beachten ist hierbei, daß bei den meist leistungsschwachen Hochspannungsquellen das Meßsystem selbst nicht als merklicher Verbraucher wirksam wird.

Problematisch ist dagegen die oszillographische Aufzeichnung von Stoßspannungen. Hier kommt es nicht allein darauf an, den Spannungshöchstwert richtig zu messen, vielmehr wird auf die maßstabsgetreue Nachbildung des gesamten Spannungsverlaufs Wert gelegt. Dies ist bei steilen Spannungsflanken, also bei Stoßspannungen und hier insbesondere bei keilförmigen Stoßspannungen (Keilwellen, s. Abschn. 5.3.1), meist nicht ganz ohne Übertragungsfehler möglich.

Bei ohmschen und kapazitiven Spannungsteilern ist nicht zu vermeiden, daß Wirkwiderstände, Kapazitäten und durch die Leitungsführung bedingte Induktivitäten gemeinsam vorliegen und das Übertragungsverhalten bestimmen. Wird an einen Spannungsteiler nach Bild 6.9 die Spannung U_1 sprunghaft angelegt, erreicht die abgenommene Spannung u_2 ihren Endwert U_2 zeitlich verzögert, wobei sich nach Bild 6.9b ein aperiodischer oder nach Bild 6.9c ein schwingender Verlauf ausbilden kann. In beiden Fällen ist also eine Verfälschung des wahren Spannungsverlaufs gegeben. Mit der normierten Spannung $u_2/U_2 = g(t)$ wird dieses Fehlverhalten des Teilers durch die Antwortzeit (response time)

$$T_r = \int_0^\infty [1 - g(t)]\, dt \tag{6.7}$$

gekennzeichnet, die der in Bild 6.9b schraffierten Fläche T_1 entspricht und nach Bild 6.9c $T_r = T_1 - T_2 + T_3 - T_4 + \ldots$ beträgt. Stoßspannungsteiler sollen eine Antwortzeit $T_r \leqslant 200$ ns aufweisen. Allgemein werden eine kleine Zeitfläche T_1 und das Verhältnis $T_r/T_1 = 1$ angestrebt. Die Antwortzeit dient u. a. auch zur Abschätzung des Amplitudenfehlers bei Keilwellen [27].

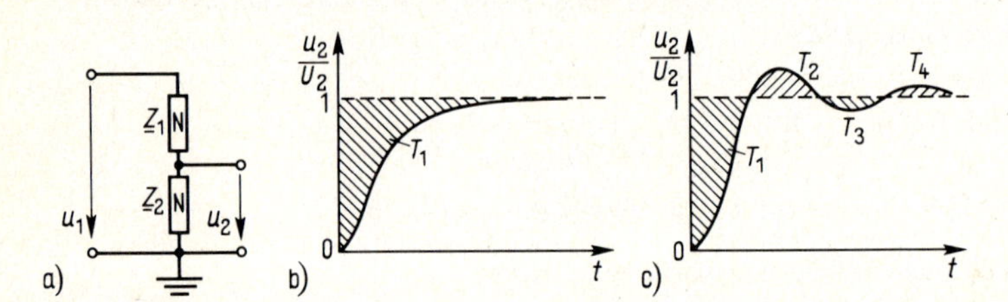

6.9 Spannungsteiler (a) mit aperiodischer (b) und schwingender Sprungantwort (c)

6.4.1 Ohmsche Spannungsteiler

Unbelastete ohmsche Spannungsteiler haben das Übersetzungsverhältnis

$$\ddot{u} = U_1/U_2 = (R_1 + R_2)/R_2 \tag{6.8}$$

Dieses Übersetzungsverhältnis kann jedoch durch den Anschluß von Meßkabel und Meßgerät frequenzabhängig verfälscht werden. Meist sind die Wirkwiderstände der Meßgeräte (z. B. Oszilloskop, elektrostatische Spannungsmesser) so groß (MΩ), daß ihr Einfluß vernachlässigt werden darf. In Bild 6.10a ist deshalb nur die Meßkapazität C_M als Belastung dargestellt, die sich aus den Kapazitäten von Meßkabel und Meßgerät zusammensetzt.

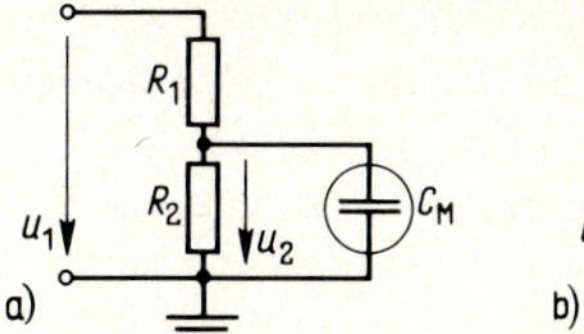

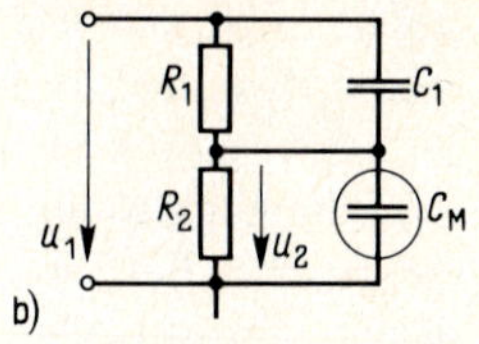

6.10
Ohmscher Spannungsteiler belastet mit Meßkapazität C_M (a) und zusätzlicher Kompensationskapazität C_1 (b) zur Verminderung der Frequenzabhängigkeit

Bei hochfrequenten Spannungen, also auch bei Stoßspannungen, kann der Einfluß der Meßkapazität C_M dadurch kompensiert werden, daß dem Widerstand R_1 die Kapazität C_1 zugeordnet wird. Die aus R_1 und C_1 bzw. R_2 und C_M gebildeten Impedanzen Z_1 und Z_2 nehmen mit der Frequenz in gleicher Weise ab, wenn

$$C_1 \; R_1 = C_M \; R_2 \tag{6.9}$$

gewählt wird, so daß das Übersetzungsverhältnis nach Gl. (6.8) erhalten bleibt.

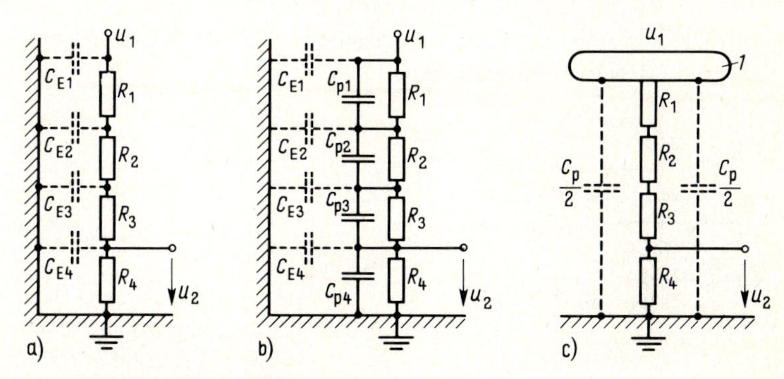

6.11 Ohmscher Spannungsteiler
a) mit verteilten Erdkapazitäten C_E
b) ohmsch-kapazitiv gemischter oder kompensierter Spannungsteiler mit Parallelkapazitäten C_p
c) gesteuerter ohmscher Spannungsteiler mit Steuerelektrode 1

Ohmsche Spannungsteiler für sehr hohe Spannungen, die meist aus einer Kette von Widerständen aufgebaut sind und entsprechend große Abmessungen aufweisen, werden durch die verteilten Erdkapazitäten C_E nach Bild 6.11a in ihrem Übersetzungsverhältnis beeinflußt. Die Folge sind eine große Antwortzeit T_r und eine längs der Widerstandskette unlineare Potentialverteilung, so daß das Übersetzungsverhältnis nach Gl. (6.8) nicht mehr zutrifft. Durch die in Bild 6.11b eingezeichneten Parallelkondensatoren mit den Kapazitäten C_p kann dieser Nachteil aufgehoben werden, wobei das Verhältnis $C_p/C_E \approx 3$ i. allg. ausreicht. Größere Parallelkapazitäten führen gegebenenfalls zu einer unzulässig starken Rückwirkung des Teilers auf die Spannungsquelle. Man spricht hier von einem *ohmsch-kapazitiv gemischten* oder von einem *kompensierten Spannungsteiler*. Allerdings muß durch die Zusatzkapazitäten in Verbindung mit der Induktivität des Meßsystems mit erhöhter Schwingungsfähigkeit gerechnet werden.

Bei dem gesteuerten ohmschen Spannungsteiler erreicht man diesen Kompensationseffekt dadurch, daß nach Bild 6.11 c der Teilerkopf als Steuerelektrode ausgebildet wird, die gegebenenfalls in Verbindung mit Zwischenelektroden in der Umgebung der Widerstandssäule ein nahezu homogenes elektrisches Feld erzeugt. Nachteilig sind die i. allg. recht großen Abmessungen der Steuerelektroden.

6.4.2 Kapazitive Spannungsteiler

Im Gegensatz zum kapazitiv belasteten ohmschen Spannungsteiler weist der kapazitive Spannungsteiler nach Bild 6.12 ein von der Frequenz unabhängiges Übersetzungsverhältnis

$$ü = U_1/U_2 = (C_1 + C_2)/C_1 \qquad (6.10)$$

auf. Die Kapazität C_2 kann hier gegebenenfalls die Kapazität des Meßgeräts selbst sein oder diese mit einschließen.

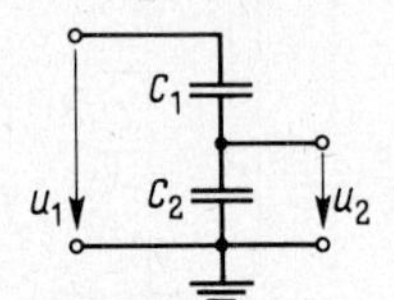

6.12 Kapazitiver Spannungsteiler

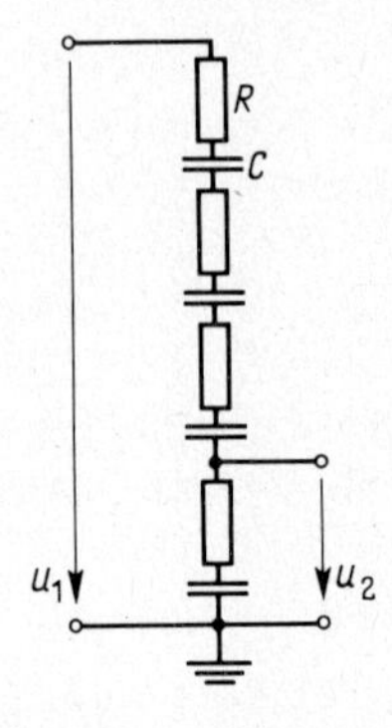

6.13 Gedämpfter kapazitiver Spannungsteiler

Auch bei kapazitiven Spannungsteilern kann das Übersetzungsverhältnis, wenngleich auch frequenzunabhängig, durch die verteilten Erdkapazitäten C_E (vgl. hierzu Bild 6.11 a) verändert werden, jedoch läßt sich dies durch eine entsprechende Eichkorrektur berücksichtigen. Nachteilig ist, daß dieses Meßsystem wegen der unvermeidlichen Leitungsinduktivität und der fehlenden Widerstände sehr schwingungsanfällig ist. Solche Schwingungen können beim gedämpften kapazitiven Spannungsteiler nach Bild 6.13 dadurch vermieden werden, daß in die Kette der Kapazitäten zusätzlich Wirkwiderstände eingefügt werden. Betrachtet man den Teiler als Leitung mit der bezogenen Induktivität L', der bezogenen Erdkapazität C'_E und dem sich hieraus ergebenden Wellenwiderstand $Z_L = \sqrt{L'/C'_E}$ (s. Abschn. 8.2.1), wird eine ausreichende Schwingungsdämpfung erreicht, wenn der in die Teilerkette eingefügte Widerstand $R \approx 4\ Z_L$ beträgt [27]. Ein solcher gedämpfter Teiler wirkt bei niederen Frequenzen wie ein kapazitiver, bei sehr hohen Frequenzen wie ein ohmscher Spannungsteiler und ist deshalb für einen weiten Frequenzbereich einsetzbar.

7 Hochspannungsprüfung

Es ist zwischen der elektrischen Prüfung von einzelnen Bauteilen, Geräten oder ganzen Anlagen, die unter dem Begriff Betriebsmittel zusammengefaßt werden, und der Prüfung von Isolierstoffen zu unterscheiden.

7.1 Prüfung von Betriebsmitteln

Kurz- oder Fertigungslängen von Kabeln, Isolatorenketten für Freileitungen, Transformatoren, aber auch ganze Kabel- und Schaltanlagen werden nach ihrer Fertigstellung mit Hochspannung geprüft, um mögliche Schwachstellen der Isolation vor Auslieferung oder Inbetriebnahme herauszufinden. Hierbei wird hauptsächlich untersucht, ob der Prüfling den Stoß- und Wechselspannungen standhält, die im Betrieb aufgrund von Erfahrungswerten ungünstigenfalls zu erwarten sind, oder ob bereits bei Betriebsspannung Teilentladungen auftreten, die als innere Teilentladungen, z. B. bei Kabeln und Transformatoren, die Isolation mit der Zeit zerstören können oder als äußere Teilentladungen, z. B. bei Freileitungsisolation, zu Funkstörungen führen und zusätzlich Übertragungsverluste verursachen.

Solche Prüfungen werden aus Kostengründen auf das erforderliche Maß beschränkt. Man kann z. B. jedes Hochspannungskabel oder jeden Transformator beim Hersteller einer Stückprüfung unterziehen. Isolatorenketten von Freileitungen dagegen werden erst auf der Baustelle aus den Isolatoren und Armaturen zusammengesetzt und mit Mast und Seil verbunden. Eine anschließende Hochspannungsprüfung wäre, wenn überhaupt, nur sehr aufwendig durchzuführen. Hier genügt eine Typprüfung eines oder mehrerer Exemplare des betreffenden Betriebsmittels.

7.1.1 Durchschlag und Überschlag

7.1.1.1 Isolationskoordination. Eine elektrische Anlage so zu bemessen, daß sie allen Überspannungen auf Dauer widersteht, ist schon aus wirtschaftlichen Erwägungen heraus nicht möglich. Es muß deshalb dafür gesorgt werden, daß unvermeidbare Durch- und Überschläge möglichst nur dort auftreten, wo anschließend das Isoliervermögen vollständig wiederhergestellt wird (selbstheilende Isolation) und der Weiterbetrieb der Versorgungsanlage ohne Verzögerung möglich ist –

z. B. bei Überschlägen an Freileitungsisolatoren. Demgegenüber muß ein Durchschlag der gasisolierten Schaltstrecke eines Trennschalters aus Sicherheitsgründen oder der inneren Isolation eines Transformators aus Kostengründen unbedingt verhindert werden.

Nach VDE 0111 sind deshalb den einzelnen Betriebsmitteln mit der Nenn-Steh-Wechselspannung U_{rW}, der Nenn-Steh-Blitzstoßspannung U_{rB} und der Nenn-Steh-Schaltstoßspannung U_{rS} bestimmte Isolationspegel zugeordnet. Steh-Spannung ist hierbei diejenige Spannung, der ein Prüfling als Stoßspannung eine bestimmte Anzahl von Spannungsstößen oder als Wechselspannung eine begrenzte Zeit gerade noch standhalten muß.

Die Isolationskoordination umfaßt die Auswahl der Isolationspegel der einzelnen Betriebsmittel unter Berücksichtigung der Spannungen, die in dem betreffenden Netz auftreten können. Es erfolgt also eine Abstufung mit dem Ziel, hochwertige Isolation von Durch- und Überschlägen freizuhalten. Hierbei werden die Eigenschaften der Überspannungs-Schutzeinrichtungen (z. B. Ventilableiter nach Abschn. 8.3.1) und die auftretenden Überspannungsbeanspruchungen so berücksichtigt, daß die Wahrscheinlichkeit eines Schadens an der Isolation eines Betriebsmittels auf ein wirtschaftlich und betriebsmäßig vertretbares Maß reduziert wird (VDE 0111).

Der Schutzpegel eines Überspannungsableiters, also die an seinem Einbauort durch ihn erzwungene Spannungsgrenze, ist hierbei so festgelegt, daß etwa das 0,7- bis 0,8fache der Nenn-Steh-Stoßspannung nicht überschritten wird (VDE 0675).

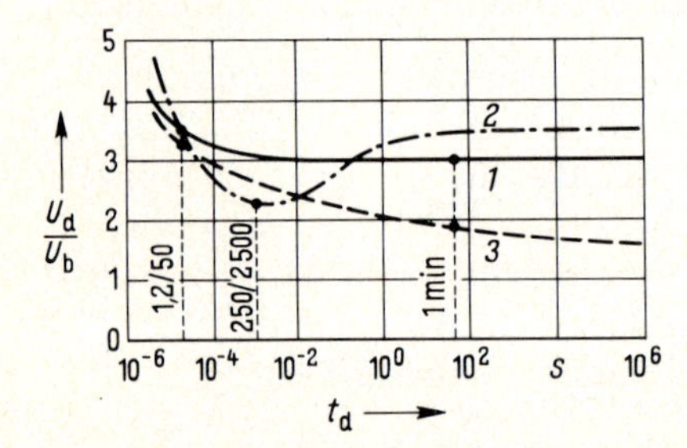

7.1
Auf die Betriebsspannung U_b bezogene Durchschlagspannung U_d abhängig von der Beanspruchungsdauer t_d für unterschiedliche Isolationsgruppen
1 Gasisolation mit homogenem Feld, 2 Gasisolation mit stark inhomogenem Feld, 3 Öl- und Feststoffisolierungen

Bild 7.1 zeigt die auf die Betriebspannung U_b bezogene Durchschlagspannung U_d abhängig von der Beanspruchungsdauer t_d für nach Form und Art unterschiedliche Isolationen. Hierbei lassen sich im wesentlichen drei Gruppen unterscheiden. Gasisolation mit homogenen und schwach inhomogenen elektrischen Feldern 1 sowie Öl- oder Feststoffisolierungen 3 weisen eine mit der Beanspruchungsdauer stetig abnehmende Durchschlagspannung auf. Für Isolationen dieser Art, z. B. Kabel oder Mittelspannungs-Sammelschienen, reichen deshalb Prüfungen mit Blitzstoßspannung (höchste Durchschlagspannung) und betriebsfrequenter Wechselspannung (niedrigste Durchschlagspannung) aus. Bei Gasisolationen mit stark inhomogenen Feldern 2 kann im Zeitbereich der Schaltstoßspannungen die Durchschlagspannung unter diejenige bei Wechselspannung sinken, so daß die Durchschlagfestigkeit solcher Isolationen, z. B. Isolatorenketten von Freileitungen, mit Blitz- und Schaltstoßspannung ausreichend überprüft werden können.

Mit der höchsten Spannung für Betriebsmittel U_m, das ist der Effektivwert der höchsten Leiter-Leiter-Spannung, für die ein Betriebsmittel im Hinblick auf seine Isolation bemessen ist, unterscheidet VDE 0111 deshalb die drei Spannungsbereiche A ($1\ kV < U_m < 52\ kV$), B ($52\ kV \leqslant U_m < 300\ kV$) und C ($U_m \geqslant 300\ kV$). Für die Bereiche A und B sind Prüfungen mit Blitzstoßspannung und kurzzeitig anliegender Wechselspannung vorgesehen, wobei eventuelle Schaltüberspannungen durch die Kurzzeit-Wechselspannungsprüfung mit erfaßt werden. Als Nenn-Isolationspegel gelten hier die Nenn-Steh-Blitzstoßspannung und die Nenn-Steh-Wechselspannung.

Betriebsmittel, die dem Bereich C zuzuordnen sind, werden mit Schalt- und Blitzstoßspannung geprüft, wobei die Nenn-Steh-Schaltstoßspannung und die Nenn-Steh-Blitzstoßspannung die Nenn-Isolationspegel bilden.

Durch eine zusätzliche Langzeit-Wechselspannungsprüfung kann nachgewiesen werden, daß das Betriebsmittel im Hinblick auf Alterung oder Verschmutzung angemessen ausgelegt ist. Die Festlegung der Prüfspannungen, Prüfverfahren und Prüfbedingungen findet man für die verschiedenen Betriebsmittel in den betreffenden VDE-Vorschriften. Die Hochspannungsprüftechnik regelt VDE 0432.

7.1.1.2 **Wechselspannungsprüfung.** Die Kurzzeit-Wechselspannungsprüfung dient dem Nachweis, daß das betreffende Betriebsmittel einer zeitweiligen (transienten) Spannungserhöhung ohne Schaden standhält. In der Regel wird die 1-Minuten-Prüfung durchgeführt, bei der die Spannung von Null stetig auf die vorgeschriebene Prüfwechselspannung $U_{p\sim}$ hochgefahren, dort 1 min gehalten und wieder heruntergefahren wird. Hierbei darf kein Durchschlag eintreten. Zur Vermeidung zusätzlicher Schaltüberspannungen ist ein plötzliches Ausschalten der Spannung zu unterlassen.

Die Prüfspannungen betragen meist ein Mehrfaches der betriebsmäßig vorliegenden Spannung gegen Erde U_0. Sofern zu erwarten ist, daß ein Durchschlag erst nach längerer Spannungsbelastung eintreten könnte, wie dies z. B. infolge dielektrischer Erwärmung möglich ist (s. Abschn. 3.2.1), sind durch die VDE-Vorschriften längere Prüfzeiten vorgesehen. So werden z. B. Kabel je nach Bauart mit Prüfwechselspannungen $U_{p\sim} = 2{,}5\ U_0$ bis $3\ U_0$ und ganze Kabelanlagen mit $U_{p\sim} = 2\ U_0$ geprüft, wobei jede Kabelader 15 min bis 30 min an Spannung liegt.

Steht Wechselspannung nicht zur Verfügung, ist in einigen Fällen ersatzweise eine Prüfung mit Gleichspannung zulässig, wobei dann die Prüf-Gleichspannung $U_{p-} = 3\ U_{p\sim}$ beträgt.

Bei der Prüfung der äußeren Isolation sind nach VDE 0432 die Prüfspannungen auf die atmosphärischen Bedingungen umzurechnen (s. a. Abschn. 2.4.4 und

2.6.4). Freiluftisolatoren werden Typprüfungen bei Norm-Beregnung (VDE 0432) oder mit künstlich aufgebrachter Fremdschicht (Verschmutzung, VDE 0448) unterzogen, um den wirklichen Betriebsverhältnissen Rechnung zu tragen.

Hinsichtlich der Erzeugung hoher Wechselspannungen und deren Kenngrößen s. Abschn. 5.1.

7.1.1.3 Stoßspannungsprüfung. Sie dient dem Nachweis, daß ein Betriebsmittel den Nenn-Steh-Stoßspannungen standhält, die seinen Isolationspegel bestimmen. Hierbei werden nach Abschn. 5.3.1 hauptsächlich die Blitzstoßspannung 1,2/50 und die Schaltstoßspannung 250/2500 verwendet.

Durch die 50%-Durchschlagprüfung (s. Abschn. 5.3.1) kann wegen der Vielzahl der Durchschläge insbesondere bei selbstheilender Isolation (Gasstrecken) mit großer Sicherheit nachgewiesen werden, daß die so statistisch ermittelte Stehspannung nicht kleiner als die geforderte Nenn-Steh-Stoßspannung ist. I. allg. gilt die Prüfung aber als bestanden, wenn bei drei Spannungsstößen mit der Nenn-Steh-Stoßspannung sowohl bei positiver als auch bei negativer Polarität kein Hinweis auf einen Fehler gefunden wird. VDE 0111 sieht weiter eine Prüfung mit Nenn-Steh-Stoßspannung mit 15 Stößen vor, die dann als erfolgreich gilt, wenn bei selbstheilender Isolation höchstens zwei Durchschläge auftreten und bei nicht selbstheilender Isolation kein Durchschlag auftritt.

Auch hierbei sind bei äußerer Isolation die Prüfspannungen nach VDE 0432 auf die bei der Prüfung vorliegenden atmosphärischen Verhältnisse umzurechnen (s. Abschn. 2.4.4 und 2.6.4). Hinsichtlich der Erzeugung von Stoßspannung und deren Kenngrößen s. Abschn. 5.3.

7.1.1.4 Gleichspannungsprüfung. Bauteile und Geräte für mit Gleichspannung betriebenen Anlagen, z. B. für die Hochspannungs-Gleichstrom-Übertragung (HGÜ), müssen mit Gleichspannung geprüft werden. Für Außenisolationen sind hierbei Langzeitprüfungen erforderlich, weil anders als bei Wechselspannungsanlagen das elektrische Gleichfeld die Ablagerung der in der Luft befindlichen flüssigen und festen Schwebeteilchen begünstigt.

Aber auch Betriebsmittel und Anlagen der Wechselstromübertragung können ersatzweise mit Gleichspannung geprüft werden, wobei je nach Vorschrift etwa eine Prüfgleichspannung vom dreifachen Wert der Prüfwechselspannung verwendet wird. Diese vergleichsweise hohe Prüfgleichspannung ist erforderlich, weil hier wesentliche, den Durchschlag begünstigende Einflüsse der Wechselspannungsprüfung entfallen, wie die dielektrische Erwärmung, die innere Teilentladung oder die Gleitentladung.

Prüflinge mit großer Kapazität, z. B. ganze Kabelanlagen, erfordern bei Wechselspannung wegen des großen Blindleistungsbedarfs leistungsstarke Prüfanlagen, die vor Ort nicht immer verfügbar sind. Demgegenüber braucht eine Gleichspannungsanlage außer dem Ladestrom lediglich die i. allg. kleinen Ableitverluste zu decken und kann deshalb leistungsschwach und gut transportierbar ausgeführt werden. Anlagen zur Erzeugung hoher Gleichspannung und die Kennwerte der Prüfspannung findet man in Abschn. 5.2.

7.1.2 Teilentladungsprüfung

Innere Teilentladungen (s. Abschn. 3.2.2) weisen darauf hin, daß sich in der Isolation des Prüflings Störstellen befinden, die die Lebensdauer des betreffenden Betriebsmittels beeinträchtigen können. Teilentladungsprüfungen (TE-Prüfung) werden deshalb z. B. an Transformatoren (VDE 0533) oder Kabeln nach den in VDE 0434 festgelegten Richtlinien mit der für das jeweilige Gerät vorgeschriebenen Prüfspannung durchgeführt.

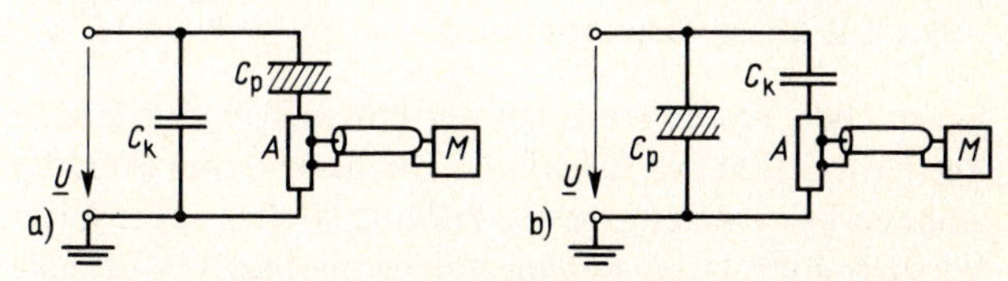

7.2 Meßschaltungen für die Teilentladungsprüfung mit Ankopplungsvierpol A in der Erdleitung der Prüflingskapazität C_p (a) und in Reihe mit dem Koppelkondensator C_k (b), M Meßgerät

Hierbei wird ein Ankopplungsvierpol A entweder nach Bild 7.2a in die Erdleitung des Prüflings mit der Kapazität C_p oder nach Bild 7.2b in Reihe mit dem Meß- oder Koppelkondensator C_k geschaltet. Im einfachsten Fall genügt ein ohmscher Widerstand (s. Bild 3.8). Zur möglichst empfindlichen Bestimmung der Teilentladungs-Einsetzspannung bzw. -Aussetzspannung wird ein Schwingkreis mit Resonanzanpassung an den Meßgeräteeingang empfohlen (VDE 0434), der große Ankopplungswiderstände ermöglicht.

Bei jeder Teilentladung bricht die Spannung am Prüfling nach Gl. (3.20) um den Betrag Δu zusammen, und es fließt deshalb aus der Spannungsquelle bzw. aus dem Koppelkondensator C_k nach Gl. (3.21) die Ladung ΔQ als sehr steil ansteigender (1 ns) und entsprechend langsam abfallender Stromimpuls nach. Die hierdurch am Ankopplungsvierpol entstehende Spannung wird über eine abgeschirmte Leitung dem Meßgerät M zugeführt. Dies kann z. B. ein Oszilloskop oder ein speziell hierfür entwickeltes Teilentladungs-Meßgerät mit Breitbandverstärkung sein. Durch Filter unterschiedlicher Mittenfrequenz und Bandbreite werden Anteile des Hochfrequenzspektrums des Teilentladungsimpulses ausgewählt, wobei die Amplitude des Einschwingvorgangs annähernd der Ladung des Impulses proportional ist, so daß mit solchen Geräten unmittelbar die Impulsladung (in pC) gemessen werden kann.

Äußere Teilentladungen (Korona) treten z. B. an den Oberflächen von Hochspannungsfreileitungs-Armaturen auf. Da hier hauptsächlich der Entstehungsort der elektrischen Entladung interessiert, der durch eine elektrische Messung ähnlich der nach Bild 7.2 nicht zu lokalisieren ist, wird auch die akustische, meist jedoch die optische Ortung angewendet. Hierbei wird der unter Spannung stehende Prüfling im abgedunkelten Raum mit dem Fernglas beobachtet und bei Spannungssteigerung die Glimmeinsetzspannung, bei anschließender Spannungsabsenkung die i. allg. kleinere Glimmaussetzspannung ermittelt. Die jeweilige, für Normbedingungen vorgeschriebene Prüfspannung, bei der kein Glimmen festgestellt werden darf, muß mit der bei der Prüfung vorliegenden relativen Luftdichte nach Abschn. 2.4.4 umgerechnet werden.

Das optische Erkennen des Ein- und Aussetzens von Teilentladungen durch das menschliche Auge unterliegt dem subjektiven Eindruck des jeweiligen Beobachters. Objektive Ergebnisse erfordern allerdings einen größeren meßtechnischen Aufwand, wie z. B. den Einsatz von Restlichtverstärkern oder Ultraschalldetektoren mit Laser-Zieleinrichtung.

Bei solchen Prüfungen spielt der Prüfaufbau eine entscheidende Rolle. Da bei Betriebsmitteln der Hoch- und Höchstspannungsübertragung schon aus Kostengründen nur eine einphasige Prüfung (Leiter gegen Erde) möglich ist, muß der Versuchsaufbau die veränderten geometrischen Verhältnisse und das Fehlen der benachbarten Phasen berücksichtigen. Bild 7.3 zeigt die tatsächliche und vorgeschlagene Laboranordnung[1]) zur Prüfung der Glimmaussetzspannung an einer 420 kV-Freileitungs-Tragkette.

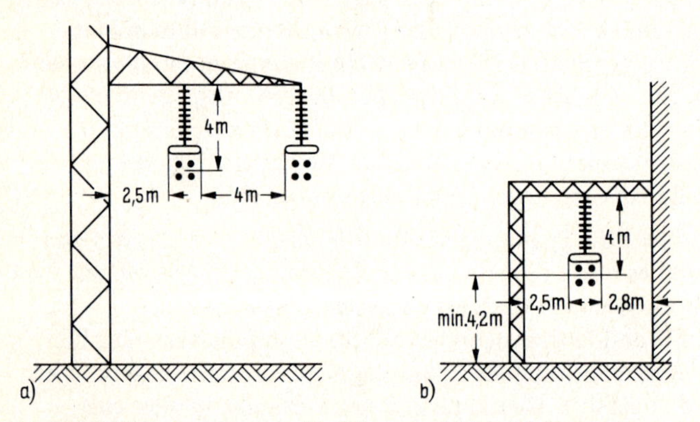

7.3 Tatsächliche Anordnung am Freileitungsmast (a) und Laboranordnung (b) zur Prüfung der Glimmaussetzspannung einer 420 kV-Tragkette

[1]) Stolz, W.; Weck, K.H.: Das Glimmverhalten von Lichtbogenschutzarmaturen. Forschungsgemeinschaft für Hochspannungs- und Hochstromtechnik e. V. Mannheim-Rheinau, Technischer Bericht 1–245 (1980)

7.2 Prüfung von Isolierstoffen

Elektrische Prüfungen an Isolierstoffen werden mit dem Ziel durchgeführt, die Eigenschaften der verschiedenen Materialien unter der Wirkung elektrischer Felder zu ermitteln. Die hierbei gewonnenen Erkenntnisse ermöglichen die Auswahl der Werkstoffe für die jeweiligen Einsatzgebiete und geben Hinweise für die Bemessung der Isolation.

Grundsätzlich interessieren Durchschlagfestigkeit, dielektrische Eigenschaften und elektrischer Widerstand des betreffenden Werkstoffs. Kriechstrom (s. Abschn. 7.2.4), der durch eine leitende Fremdschicht über die Isolierstoffoberfläche fließt, kann die Isolation dauerhaft schädigen. Zur Festlegung ausreichender Kriechstrecken wird deshalb auch die Kriechstromfestigkeit überprüft. Einzelheiten auch von mechanischen Prüfungen, von Untersuchungen der Lichtbogenfestigkeit und der chemischen Beständigkeit sind in VDE 0303 und in den jeweiligen Einzelvorschriften für die verschiedenen Materialien festgelegt.

7.2.1 Durchschlagfestigkeit

Die Durchschlagfeldstärke E_d ist keine spezifische Stoffeigenschaft. Sie ist z. B. bei Gasen nach Gl. (2.28) und (2.39) abhängig von der Schlagweite s, dem Druck p und der Temperatur T. Feste und flüssige Isolierstoffe weisen i. allg. keine homogene Materialstruktur auf, so daß Fehlstellen (z. B. Hohlräume) oder sonstige Verunreinigungen in der Isolation Teilvolumina verminderter Durchschlagfestigkeit bewirken, durch die die elektrische Festigkeit des Werkstoffs insgesamt beeinträchtigt wird (s. Abschn. 3 und 4).

Auch hier sind mechanische Druck- und Zugspannungen, Temperatur, Beanspruchungsdauer, Alterung und insbesondere die Spannungsart (Gleich-, Wechsel- oder Stoßspannung) von Einfluß. Insofern ist die unter gleichen Bedingungen ermittelte Durchschlagfeldstärke eine die Materialien vergleichende Größe.

Für Gase (VDE 0373) und Flüssigkeiten (VDE 0370) wird sie mit Kugelkalotten-Elektroden nach Bild 7.4 bei der Schlagweite s = 2,5 mm und für Feststoffe z. B. mit der Elektrodenanordnung nach Bild 7.5 bei Materialdicken $s \leqslant 3$ mm i. allg. mit Wechselspannung gemessen. Mit der Durchschlagspannung U_d gilt als Durchschlagfeldstärke $E_d = U_d/s$.

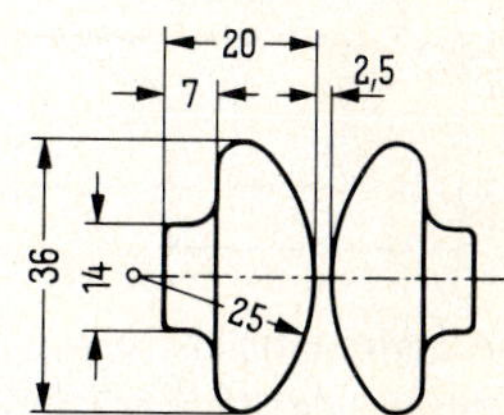

7.4
Kugelkalotten-Elektroden nach VDE 0303 (Maße in mm)

Befindet sich die Elektrodenanordnung nach Bild 7.5 in Luft, würde sich vor Erreichen der Durchschlagspannung ein Überschlag längs der Probenoberfläche entwickeln. Zur Vermeidung solcher Vorentladungen muß die Elektrodenanordnung in flüssige Isolierstoffe, z. B. Mineralöl, Rizinusöl, Silikonöl, Askarele, gegebenenfalls auch in Gießharz-Formstoffe (z. B. Epoxid-Harz) eingebettet werden. Durchschläge durch den Einbettungsstoff (z. B. Öl) werden verhindert, wenn mit der elektrischen Leitfähigkeit γ, der Kreisfrequenz ω, der Dielektrizitätszahl ϵ_r und der elektrischen Feldkonstanten ϵ_0 bei Gleichspannung $(\gamma E_d)_{Öl} > (\gamma E_d)_{Probe}$ und bei Wechselspannung $(\gamma E_d)_{Öl} > (\omega \epsilon_0 \epsilon_r E_d)_{Probe}$ eingehalten wird.

Die jeweiligen Prüfvorschriften für die verschiedenen Isoliermittel, z. B. VDE 0311, 0312, 0315, 0335 und 0370, sind zu beachten.

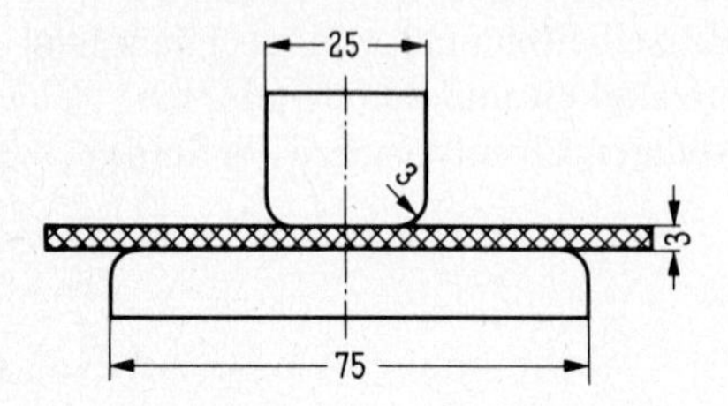

7.5
Elektrodenanordnung zur Messung der Durchschlagspannung fester Isolierstoffe bis 3 mm Dicke nach VDE 0303

7.2.2 Dielektrische Eigenschaften

Hier interessieren Dielektrizitätszahl ϵ_r, Verlustfaktor $d = \tan \delta$ mit dem Verlustwinkel δ und Verlustzahl ϵ_r'' nach Abschn. 1.9.2. Da der Verlustwinkel δ äußerst klein ist, kann die Dielektrizitätszahl $\epsilon_r = C_x / C_0$ hinreichend genau aus der Kapazität C_0 eines Plattenkondensators nach Gl. (1.12) mit Luftisolierung (besser Vakuum) und der Kapazität C_x mit dem zu untersuchenden Isolierstoff bestimmt werden. Nach Bild 1.25 muß die elektrische Feldstärke genügend klein gehalten und die Prüfanordnung nach Bild 7.6 mit einer Ringelektrode versehen werden, die den Einfluß des Randfeldes bei der Messung ausschließt und im Meßbereich des Prüflings einen idealen Plattenkondensator gewährleistet. Die gleiche Prüfanordnung wird auch zur Messung der Eigenleitfähigkeit nach Abschn. 7.2.3 verwendet.

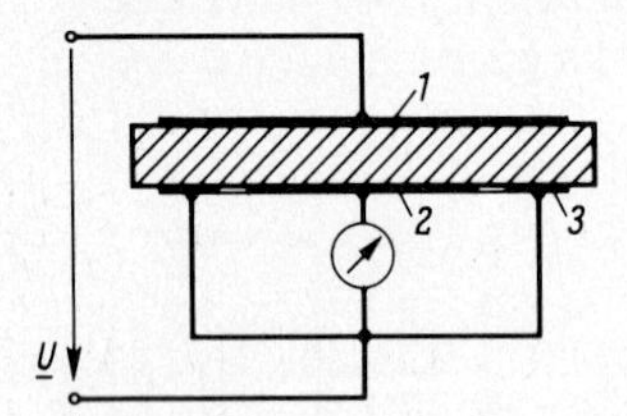

7.6
Prüfanordnung mit Plattenelektroden 1 und 2 und Ringelektrode 3

Als Meßeinrichtungen eignen sich Schwingkreisschaltungen mit Resonanzabstimmung oder Meßbrücken. Mit der Schering-Brücke nach Bild 7.7 können der Verlustfaktor tan δ_x, der Wirkwiderstand R_x und die Kapazität C_x des Prüflings unmittelbar gemessen werden. Die Schaltung enthält die bekannte Kapazität C_n eines verlustlosen Kondensators (meist Preßgaskondensator), die verstellbaren Meßwiderstände R_3 und R_4 und die einstellbare Vergleichskapazität C_4 der Meßbrücke.

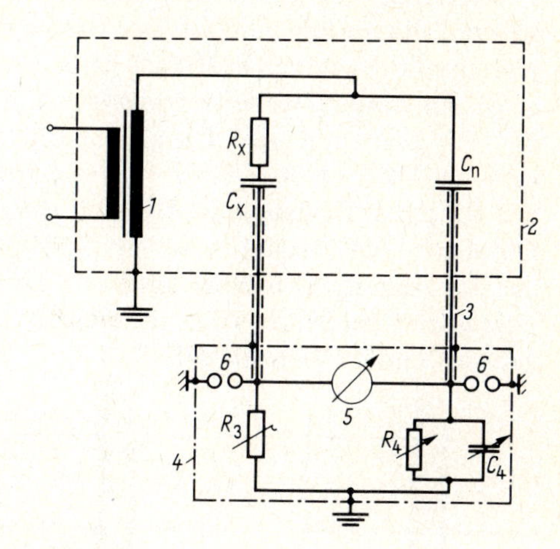

7.7
Schering-Brücke mit Prüftransformator 1, Hochspannungsschutzgitter 2, Abschirmung 3, Meßkoffer 4, Abgleichinstrument 5 und Schutzfunkenstrecke 6

Die Meßbrücke ist abgestimmt, wenn die Verhältnisse der Impedanzen

$$\frac{\underline{Z}_x}{\underline{Z}_3} = \frac{Z_x}{Z_3} \angle \varphi_x - \varphi_3 = \frac{\underline{Z}_n}{\underline{Z}_4} = \frac{Z_n}{Z_4} \angle \varphi_n - \varphi_4 \tag{7.1}$$

gleich sind. Somit müssen auch die Winkeldifferenzen $\varphi_x - \varphi_3 = \varphi_n - \varphi_4$ sein, woraus sich mit $\varphi_3 = 0$, $\varphi_n = \pi/2$ und $\varphi_x = (\pi/2) - \delta_x$ der Verlustwinkel der Prüflingsimpedanz $\delta_x = \varphi_4$ ergibt. Aus dem komplexen Leitwert $\underline{Y}_4 = (1/R_4) + j\,\omega\,C_4$ errechnet sich dann der Verlustfaktor

$$d_x = \tan \delta_x = R_4\,\omega\,C_4 \tag{7.2}$$

unmittelbar aus den an der Meßbrücke eingestellten Vergleichswerten.

Nach Gl. (7.1) ist die Impedanz des Prüflings

$$\underline{Z}_x = \frac{\underline{Z}_3\,\underline{Z}_n}{\underline{Z}_4} = R_x - j\,(1/\omega\,C_x) = \frac{(R_3/\omega\,C_n)}{R_4 - j\,(1/\omega\,C_4)}$$

$$= \frac{C_4\,R_3}{C_n} - j\,\frac{R_3}{R_4\,\omega\,C_n} \tag{7.3}$$

aus der sich insbesondere die K a p a z i t ä t d e s P r ü f l i n g s

$$C_x = C_n\,R_4/R_3 \tag{7.4}$$

mit der Meßbrücke ermitteln läßt.

7.2.3 Isolationswiderstand

Als Isolationswiderstand gilt jeder elektrische Widerstand eines Isolierstoffs zwischen zwei Elektroden, der sich aus dem Durchgangswiderstand R_D im Inneren des Werkstoffs und dem Oberflächenwiderstand R_0 zusammensetzt. Der Durchgangswiderstand kann bei Isolierstoffplatten mit der mit einer Ringelektrode versehenen Anordnung nach Bild 7.8a gemessen werden, wobei vorzugsweise mit Gleichspannung im Bereich von 100 V bis 1 kV gearbeitet wird. Die gleiche Elektrodenanordnung kann nach Bild 7.8b auch zur Messung des Oberflächenwiderstands verwendet werden, wobei der über den Ringspalt fließende Oberflächenstrom gemessen wird. Meist wird aber der Oberflächenwiderstand zwischen zwei 10 cm langen und im Abstand von 1 cm auf den Isolierstoff federnd aufgesetzte Schneiden gemessen. Für rohrförmige oder anders geformte Isolatoren werden entsprechend ausgebildete Prüfanordnungen verwendet (VDE 0303).

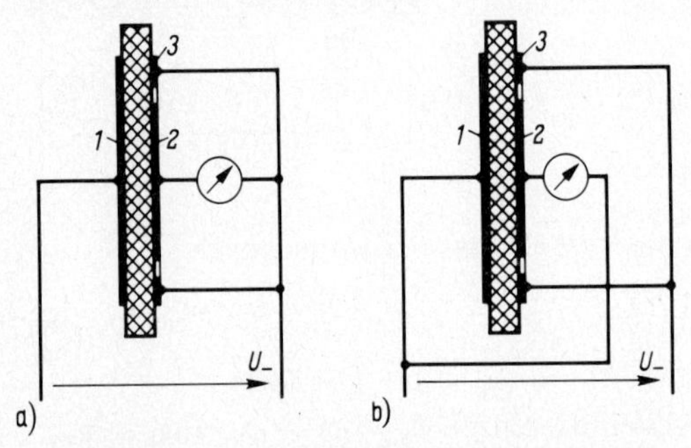

7.8 Prüfschaltungen zur Messung des Durchgangswiderstands R_D (a) und des Oberflächenwiderstands R_0 (b) zwischen Plattenelektroden 1 und 2 und Ringelektrode 3

Der innere Widerstand wird üblicherweise durch den spezifischen Durchgangswiderstand ρ_D angegeben, der dem Widerstand eines Würfels mit 1 cm Kantenlänge entspricht und bei Isolierstoffen Werte $\rho_D > 10\ \mathrm{G\Omega m}$ aufweist. Beim Oberflächenwiderstand wird meist von einem spezifischen Wert abgesehen, und es werden zwischen den aufgesetzten Elektroden Widerstände $R_0 > 10\ \mathrm{M\Omega}$ erwartet.

7.2.4 Kriechstromfestigkeit

Kriechstrom ist ein Strom, der sich zwischen unter Spannung stehenden Elektroden in einer auf der Isolierstoffoberfläche liegenden leitfähigen Fremdschicht ausbildet (VDE 0303). Trockener und lose aufliegender Staub mindert die Isolation praktisch nicht. Hierzu ist zusätzlich Wasser erforderlich, das aus der Luftfeuchte meist durch Absorption oder Kapillarwirkung, seltener durch Betauung aufgenommen wird (s. a. Abschn. 2.7).

Der in der äußeren Fremdschicht fließende Kriechstrom kann örtlich und zeitlich wechselnd kleine Lichtbögen bilden, die die Isolierstoffoberfläche beschädigen und sichtbare Kriechspuren hinterlassen. Die Kriechstromfestigkeit ist die Widerstandsfähigkeit des Isolierstoffs gegen derartige Kriechspurbildung.

Geprüft wird nach VDE 0303 in einem Fall mit der in Bild 7.9 angegebenen Elektrodenanordnung. Zwischen die auf die Oberfläche aufgesetzten Elektroden aus Platin wird in Abständen von etwa 30 s eine vorgeschriebene Prüflösung aufgetropft. Bei der anliegenden Prüfwechselspannung U = 380 V mit der Frequenz f = 50 Hz wird zur Bewertung der Kriechstromfestigkeit entweder festgestellt, nach welcher Anzahl von Auftropfungen der Kriechstrom den Grenzwert I = 0,5 A erreicht, oder wie tief die Aushöhlung der Kriechspur nach der 101. Auftropfung ist.

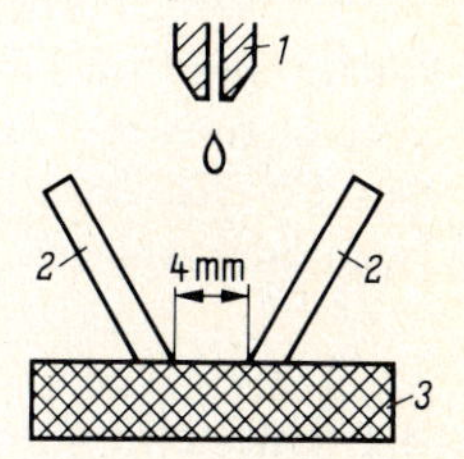

7.9
Prüfanordnung zur Ermittlung der Kriechstromfestigkeit

Je nach Material, Betriebsspannung und Einsatzbereich muß der kürzeste Weg auf der Oberfläche eines Isolators zwischen den Elektroden, also der Kriechweg, genügend groß gewählt werden. Hier ist VDE 0110 zu beachten.

8 Überspannungen

In elektrischen Netzen können kurzzeitig Spannungen auftreten, die die Betriebsspannung weit überschreiten und gegebenenfalls zu Fehlern führen. Alle zeitabhängigen Spannungen zwischen einem Leiter und Erde oder zwischen den Leitern, die über den Scheitelwert der Bezugspannung hinausgehen, werden nach VDE 0111 als Überspannungen bezeichnet und bestimmen die Isolation einer elektrischen Hochspannungsanlage.

Nachfolgend wird das Entstehen solcher Überspannungen und deren Ausbreitung über Leitungen erläutert und die Wirkung von Überspannungsableitern beschrieben. Für die Nachbildung solcher Spannungsverläufe zur Prüfung elektrischer Anlagen oder Anlagenteile s. Abschn. 5.3.

8.1 Entstehung von Überspannungen

8.1.1 Atmosphärische Überspannungen

Atmosphärische Überspannungen entstehen durch Blitzentladungen, wobei mehrere Arten der Einwirkung zu unterscheiden sind. Im wesentlichen sind hiervon Freiluftanlagen, z. B. Freileitungen sowie Schalt- und Umspannanlagen, betroffen. Solche durch äußere Einflüsse hervorgerufenen Überspannungen werden deshalb auch als äußere Überspannungen oder Blitzüberspannungen bezeichnet. Sie pflanzen sich über Leitungen fort und können deshalb Durch- oder Überschläge an weit vom Entstehungsort entfernten Isolationen verursachen.

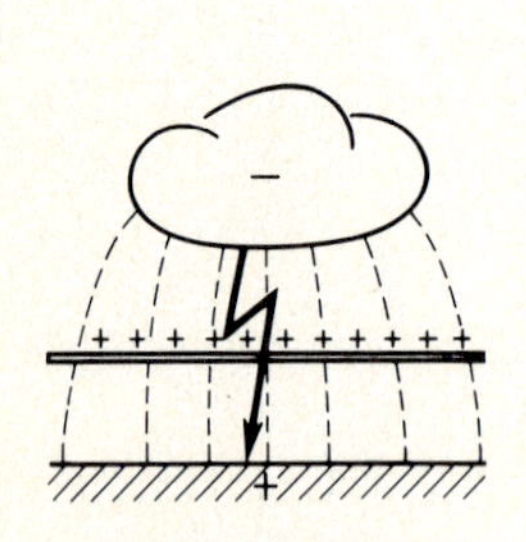

8.1 Leiter im elektrischen Feld zwischen Gewitterwolke und Erde

Nach Bild 8.1 wird angenommen, daß sich ein elektrischer Leiter (z. B. ein Freileitungsseil) im elektrischen Feld zwischen einer Gewitterwolke und Erde befindet. Da der Leiter in einiger Entfernung, z. B. über den Sternpunkt eines Transformators, mit der Erde galvanisch verbunden sein soll, befindet sich auf ihm ein Teil der Gegenladung. Bricht das elektrische Feld durch eine vom Leiter bis dahin gebundene Ladung frei und breitet sich aus. Es entstehen zwei nach beiden Seiten fortlaufende Spannungswellen (Wanderwellen) mit meist sehr steiler Stirn und hohen Spannungsscheitelwerten.

Weitaus gefährlicher sind Blitzeinschläge in die Leitung selbst, wobei Blitzströme bis zu 100 kA und Stirnsteilheiten von z. B. 40 kA/μs möglich sind (s. hierzu Beispiel 8.1). Der bei Blitzeinschlägen in geerdete Bauteile, wie Freileitungsmaste, Erdseile, Blitzableiter u. dgl., durch den Erdungswiderstand fließende Strom hebt das Erdpotential an der Einschlagstelle gegenüber dem entfernten Transformatorsternpunkt so stark an, daß die geerdeten Anlagenteile ein höheres elektrisches Potential als die spannungsführenden Leiter annehmen. Wird hierbei die Isolationsfestigkeit überschritten, kommt es zu rückwärtigen Überschlägen. Entscheidend für diese Überspannung ist der beim Durchgang von Blitzströmen wirksame Stoßerdungswiderstand.

Schließlich können durch die großen Stirnsteilheiten der Stoßströme und der mit ihnen verbundenen magnetischen Flußänderungen in angekoppelten Leitungssystemen hohe Spannungen induziert werden.

Atmosphärische Überspannungen sind nahezu unabhängig von der Betriebsspannung eines Netzes. Folglich nimmt die von ihnen ausgehende Gefahr mit steigender Betriebsspannung ab. Eine Blitzüberspannung von z. B. 1 MV führt bei einem Betriebsmittel einer 20 kV-Anlage, das nach VDE 0111 eine Blitzstoßspannung von mindestens 125 kV aushalten muß, mit Sicherheit zum Durchschlag. Eine 380 kV-Anlage ist dagegen bereits für eine Blitzstoßspannung von mindestens 1175 kV ausgelegt.

8.1.2 Schaltüberspannungen

Schaltüberspannungen oder innere Überspannungen können sich durch plötzliche Änderung des Betriebszustands eines elektrischen Netzes ergeben, wie z. B. durch Zu- und Abschalten der Spannung, durch Abtrennen von Netzteilen oder Lastabwurf, aber auch durch Erd- oder Kurzschlüsse.

Die Ursachen für überschwingende Schaltvorgänge sind vielfältig und können an dieser Stelle nicht ausführlich behandelt werden. Es wird auf Band IX und [25], [32] verwiesen.

Als einfaches Beispiel zeigt Bild 8.2 das Ausschalten einer Drosselspule, z. B. der Wicklung eines leerlaufenden Transformators. Der Strom i wird hauptsächlich

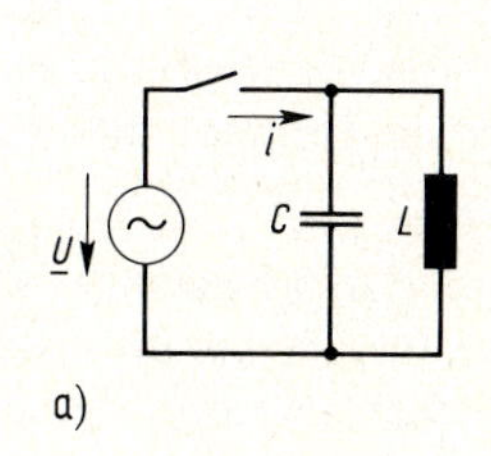

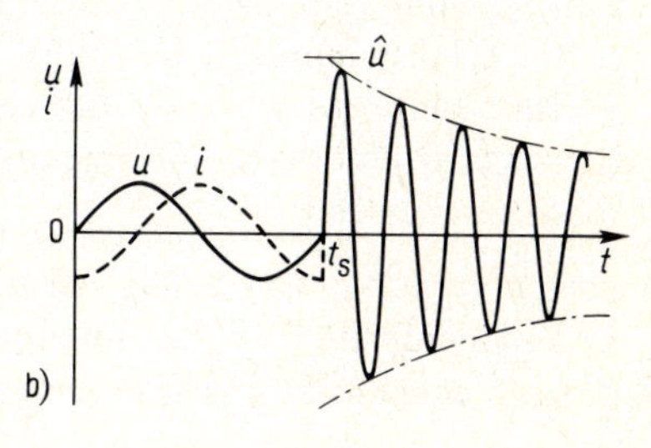

8.2
Ausschalten einer Drosselspule mit der Induktivität L und Ersatzkapazität C (a) und Verläufe von Strom i und Spannung u an der Wicklung vor und nach dem Ausschaltzeitpunkt t_s (b)

durch die Induktivität L bestimmt. Die Kapazität C, in der die Wicklungs- und Zuleitungskapazitäten zusammengefaßt sind, sei so klein, daß der kapazitive Stromanteil vernachlässigt werden kann. Wird der Strom i durch den Schalter S beim Scheitelwert $\hat{i}$ sprunghaft unterbrochen, fließt der Spulenstrom so lange weiter, bis die magnetische Energie der Spule $W_L = L\,\hat{i}^2/2$ als elektrische Energie $W_C = C\,\hat{u}^2/2$ in der Kapazität gespeichert ist; sie pendelt anschließend zwischen den beiden Energiespeichern hin und her.

Mit $W_L = W_C$ ergibt sich der Scheitelwert der Spannung

$$\hat{u} = \sqrt{L/C}\;\hat{i} \tag{8.1}$$

der bei großen Verhältnissen L/C weit über die Betriebsspannung hinausgehende Werte annehmen kann. Nach Bild 8.2b klingt die Überspannung wegen der im Schwingkreis unvermeidlichen Wirkwiderstände mit der Zeit t ab.

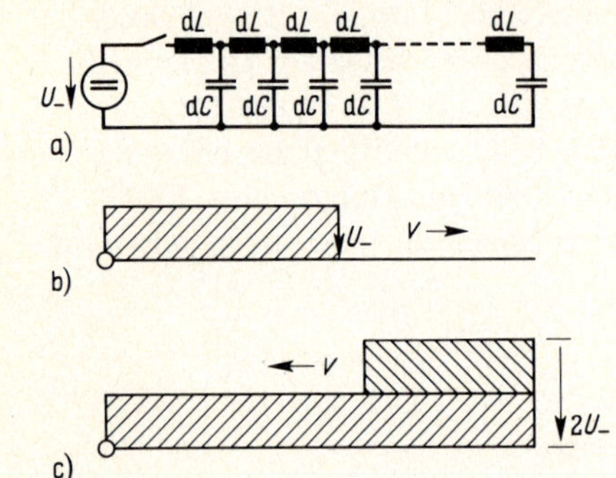

8.3
Ersatzschaltung einer verlustlosen elektrischen Leitung (a) mit hinlaufender Gleichspannungswelle (b) und Spannungsverdopplung durch Reflexion am Leitungsende (c)

Bei elektrischen Leitungen kann eine Schaltüberspannung u. U. erst an einer vom Schaltort weit entfernten Stelle entstehen. Nach Bild 8.3 wird die Gleichspannung U_- auf eine am Ende unbelastete, verlustlose Leitung ($R = 0$) aufgeschaltet, die der Wirklichkeit entsprechend als eine Kette von elementaren Induktivitäten dL mit verteilten elementaren Kapazitäten dC betrachtet wird. Die zum Zeitpunkt $t = 0$ angelegte Gleichspannung erreicht das Leitungsende erst nach einer bestimmten Laufzeit (Bild 8.3b). Da jeweils erst die vorgelagerte Kapazität dC aufgeladen werden muß, um die Spannung für das Aufladen der nachgeschalteten Kapazität dC aufzubauen, erfordert dies wegen der Induktivitäten dL Zeit. Diese mit der Geschwindigkeit v wandernde Spannung (Wanderwelle) wird nach Bild 8.3c am Leitungsende reflektiert (s. Abschn. 8.2.2.1), so daß sich dort sprunghaft die doppelte Gleichspannung $2\,U_-$ ergibt, die sich nun vom Leitungsende her über die gesamte Leitung ausbreitet. Ein elektrischer Durchschlag könnte an jeder Stelle der Leitung eintreten, falls irgendwo die Isolation dieser Spannungsbeanspruchung nicht gewachsen ist.

Dieses Verhalten von Leitungen kann durch Ersatzschaltungen mit konzentrierten Leitungswiderständen nur unvollkommen beschrieben werden. Im folgenden soll deshalb näher auf diese Wanderwellen eingegangen werden.

8.2 Wanderwellen

8.2.1 Wellengleichung

Eine Leitung besteht nach Bild 8.4a aus einer Kette von Leitungselementen der Länge dx mit elementaren Wirkwiderständen R' dx, Induktivitäten L' dx, Querleitwerten G' dx und Kapazitäten C' dx. $R' = R/\ell$, $L' = L/\ell$, $G' = G/\ell$ und $C' = C/\ell$ sind die auf die Leitungslänge ℓ bezogenen Leitungsbeläge. Grundsätzlich enthält jede elektromagnetische Welle eine bestimmte Energie, die durch die Verluste in den Wirkwiderständen R' dx und den Querleitwerten G' dx mit fortschreitender Wanderung verbraucht wird, so daß die Wanderwelle nach Durchlaufen einer großen Leitungslänge zwar noch die gleiche Form, aber nicht mehr dieselben Spannungen aufweist (s. a. Band XI).

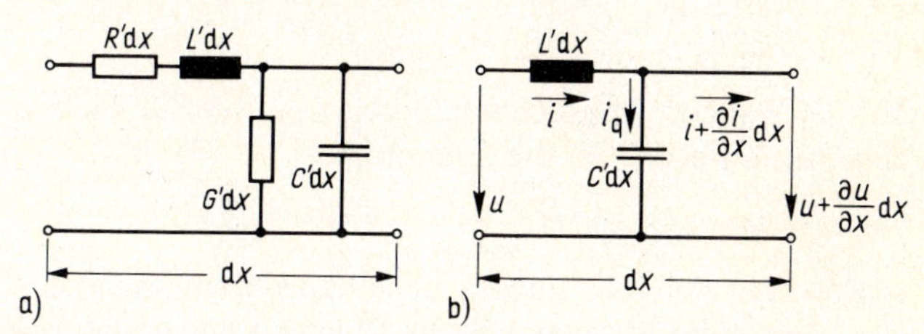

8.4
Leitungselement einer verlustbehafteten (a) und einer verlustlosen Leitung (b)

Im folgenden wird stets vorausgesetzt, daß eine Wanderwelle in ein kurzes Leitungsstück einläuft und auf dieser Strecke praktisch keine Energie verliert. Es kann deshalb eine verlustlose Leitung mit $R' = 0$, $G' = 0$ und dem vereinfachten Leitungselement nach Bild 8.4b zugrundegelegt werden. Die Spannung am Ausgang dieses Vierpols unterscheidet sich um den Betrag $(\partial u/\partial x)$ dx von der Spannung u am Eingang, ebenso der Strom i um den Betrag $(\partial i/\partial x)$ dx. Mit der Zeit t folgt aus der Spannungssumme

$$\Sigma u = L' dx \frac{\partial i}{\partial t} + u + \frac{\partial u}{\partial t} dx - u = 0 \tag{8.2}$$

für die partielle Änderung der Spannung u über dem Weg x

$$\frac{\partial u}{\partial x} = -L' \frac{\partial i}{\partial t} \tag{8.3}$$

Mit dem Querstrom $i_q = C' dx (\partial u/\partial t)$, wobei $u + (\partial u/\partial x) dx \approx u$ gesetzt wird, ergibt sich die Stromsumme

$$\Sigma i = i - i_q - \left(i + \frac{\partial i}{\partial x} dx\right) = -C' dx \frac{\partial u}{\partial t} - \frac{\partial i}{\partial x} dx = 0 \tag{8.4}$$

und hieraus die partielle Änderung des Stroms i über dem Weg x

$$\frac{\partial i}{\partial x} = -C' \frac{\partial u}{\partial t} \tag{8.5}$$

In den partiellen Differentialgleichungen (8.3) und (8.5) sind Strom i und Spannung u jeweils gemeinsam enthalten. Um eine Lösung zu ermöglichen, bedarf es einer Differentialgleichung mit nur einer Veränderlichen. Um dies für die Spannung u zu erreichen, wird Gl. (8.3) erneut nach dem Weg x

$$\frac{\partial^2 u}{\partial x^2} = -L' \frac{\partial^2 i}{\partial t \, \partial x} \tag{8.6}$$

und Gl. (8.5) nach der Zeit t differenziert

$$\frac{\partial^2 i}{\partial t \, \partial x} = -C' \frac{\partial^2 u}{\partial t^2} \tag{8.7}$$

Wird Gl. (8.7) in Gl. (8.6) eingesetzt, erhält man die Wellengleichung

$$\frac{\partial^2 u}{\partial x^2} = L' C' \frac{\partial^2 u}{\partial t^2} \tag{8.8}$$

Mit der Wanderungsgeschwindigkeit v gilt hierfür nach d'Alembert die allgemeine Lösung für die Spannung

$$u = f(x - v\,t) + g(x + v\,t) \tag{8.9}$$

wovon man sich leicht überzeugen kann, wenn man Gl. (8.9) in Gl. (8.8) einsetzt. Die Lösung der Wellengleichung ist erfüllt, wenn die Wanderungsgeschwindigkeit

$$v = 1/\sqrt{L' C'} \tag{8.10}$$

gesetzt wird. Für eine Leitung aus zwei parallelen zylindrischen Leitern mit gleichen Radien r, der Länge ℓ und dem Leiterabstand d ist nach Gl. (1.37) für $d/r \gg 1$ der Kapazitätsbelag $C' = C/\ell = \epsilon_0 \, \epsilon_r \, \pi / \ln(d/r)$ und nach Band IX mit der Permeabilitätszahl $\mu_r = 1$ und der magnetischen Feldkonstanten μ_0 der Induktivitätsbelag $L' = L/\ell \approx (\mu_0/\pi) \ln(d/r)$. Setzt man beide Größen in Gl. (8.10) ein, ergibt sich mit der Lichtgeschwindigkeit $c = 1/\sqrt{\epsilon_0 \, \mu_0}$ die Wanderungsgeschwindigkeit $v = 1/\sqrt{\epsilon_r \, \epsilon_0 \, \mu_0} = c/\sqrt{\epsilon_r}$. Bei Freileitungen mit der Dielektrizitätszahl $\epsilon_r = 1$ beträgt die Wanderungsgeschwindigkeit $v \approx c = 300$ m/µs; bei Kabeln mit $\epsilon_r = 4$ kann mit $v \approx c/2 = 150$ m/µs gerechnet werden.

Gl. (8.9) sagt aus, daß eine zum Zeitpunkt t = 0 entstehende Spannungswelle $u = f(x) + g(x)$ nach Bild 8.5 aus zwei Anteilen besteht, von denen der erste mit

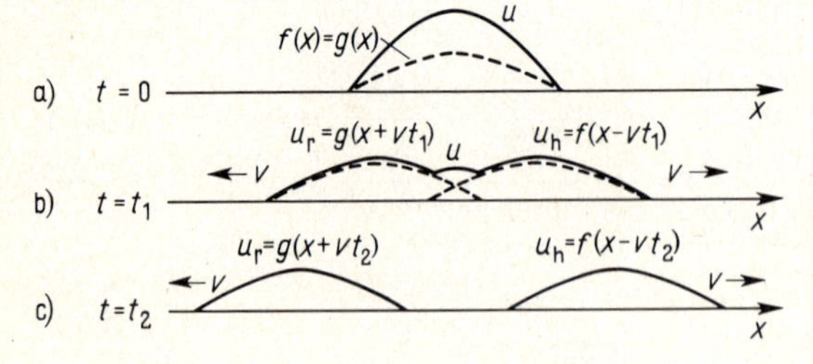

Bild 8.5
Spannungswelle $u = f(x) + g(x)$ im Entstehungszeitpunkt t = 0 (a) und zu späteren Zeiten t_1 (b) und t_2 (c) mit hinlaufender Welle u_h, rücklaufender Welle u_r und Wanderungsgeschwindigkeit v

der Geschwindigkeit v und der Zeit t in positiver x-Richtung abwandert. Er wird deshalb als hinlaufende Spannungswelle $u_h = f(x - vt)$ bezeichnet. Der zweite Anteil wandert dagegen gleich schnell in die entgegengesetzte Richtung als rücklaufende Spannungswelle $u_r = g(x + vt)$.

Differenziert man Gl. (8.9) partiell nach der Zeit, erhält man den Differentialquotienten $\partial u/\partial t = -v[f'(x - vt) - g'(x + vt)]$, wobei $f'(x - vt)$ und $g'(x + vt)$ bei Anwendung der Kettenregel die Ableitungen nach den jeweiligen Argumenten bedeuten. Wird dieser Differentialquotient in Gl. (8.5) eingesetzt, erhält man unter Berücksichtigung von Gl. (8.10) die Stromänderung längs des Wegs x

$$\frac{\partial i}{\partial x} = -C' \frac{\partial u}{\partial t} = \frac{f'(x - vt) - g'(x + vt)}{\sqrt{L'/C'}} \tag{8.11}$$

mit dem Wellenwiderstand

$$Z_L = \sqrt{L'/C'} \tag{8.12}$$

Aus Gl. (8.11) folgt für den Strom

$$i = \frac{1}{Z_L} \int [f'(x - vt) - g'(x + vt)]\, \partial x = \frac{f(x - vt)}{Z_L} - \frac{g(x + vt)}{Z_L}$$

$$= \frac{u_h}{Z_L} - \frac{u_r}{Z_L} \tag{8.13}$$

mit dem Strom der hinlaufenden Welle $i_h = u_h/Z_L$ und dem Strom der rücklaufenden Welle $-i_r = u_r/Z_L$, dessen negatives Vorzeichen lediglich besagt, daß die Richtung des Stroms i_r mit der negativen Richtung der x-Achse übereinstimmt. Der Wellenwiderstand $Z_L = u_h/i_h = u_r/(-i_r)$ ist also das Verhältnis von örtlicher Spannung und zugehörigem Strom einer Welle. Als Richtwerte findet man bei Freileitungen den Wellenwiderstand $Z_L = 500\ \Omega$ und bei Kabeln $Z_L = 50\ \Omega$.

Beispiel 8.1. Ein Blitz mit dem Stromscheitelwert $\hat{i}_B = 10$ kA schlägt in ein Freileitungsseil, das nach Bild 8.6 in der Höhe H = 20 m über dem Erdboden hängt und den Seilradius r = 1 cm aufweist. Welche Spannungsscheitelwerte haben die sich hierbei ergebenden hin- und rücklaufenden Wanderwellen?

Da der Blitzstrom i_B nach beiden Seiten der Leitung die gleichen Widerstände vorfindet, teilt er sich nach Bild 8.6 je zur Hälfte auf, so daß auch die Spannungsscheitelwerte der hin- und rück-

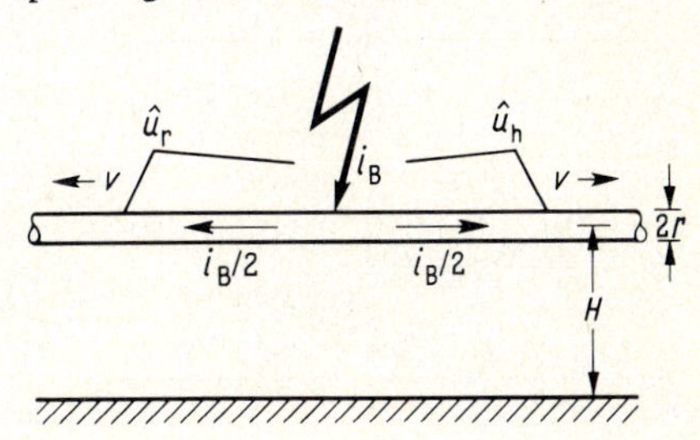

8.6
Blitzeinschlag mit Blitzstrom i_B in ein Freileitungsseil in der Höhe H über dem Erdboden und Entstehen von hin- und rücklaufenden Spannungswellen mit den Scheitelwerten $\hat{u}_h = \hat{u}_r$

laufenden Spannungswellen

$$\hat{u}_h = \hat{u}_r = i_h Z_L = i_B Z_L/2$$

gleich groß sind. Zur Berechnung des Wellenwiderstands Z_L benötigt man die Leitungsbeläge. Nach Beispiel 1.6 in Abschn. 1.5.5 ist der Kapazitätsbelag

$$C' = \frac{C}{\ell} = \frac{\epsilon_0 \, 2\,\pi}{\ln(2\,H/r)} = \frac{(8{,}854\ \mathrm{pF/m}) \cdot 2\,\pi}{\ln(2 \cdot 2000\ \mathrm{cm}/1\ \mathrm{cm})} = 6{,}707\ \mathrm{pF/m}$$

Mit der Lichtgeschwindigkeit $c = 300\ \mathrm{m}/\mu\mathrm{s}$ ergibt sich aus Gl. (8.10) der Induktivitätsbelag $L' = (c^2\,C')^{-1}$ und hiermit nach Gl. (8.12) der Wellenwiderstand

$$Z_L = \sqrt{L'/C'} = (c\,C')^{-1} = [(300\ \mathrm{m}/\mu\mathrm{s}) \cdot 6{,}707\ \mathrm{pF/m}]^{-1} = 497\ \Omega$$

Somit betragen die gesuchten Spannungsscheitelwerte gegen Erde

$$\hat{u}_h = \hat{u}_r = i_B Z_L/2 = 10\ \mathrm{kA} \cdot 497\ \Omega/2 = 2{,}49\ \mathrm{MV}$$

Auch wenn sich diese Spannungsspitzen bis zum jeweils nächsten Freileitungsmast durch Energieverlust etwas verringern sollten, ist bei Höchstspannungs-Freileitungen ein Isolatorenketten-Überschlag sehr wahrscheinlich.

8.2.2 Reflexion und Brechung

Trifft eine Wanderwelle auf einen Leitungspunkt, an dem sich der Wellenwiderstand ändert, so muß sich nach Gl. (8.13) auch das Verhältnis von Spannung und Strom ändern. An einer solchen Stoßstelle kommt es zu einer Störung der Wellenwanderung in Form von Reflexion und Brechung.

Ein Reflexionspunkt kann sich z. B. ergeben, wenn nach Bild 8.7a eine Leitung mit dem Wellenwiderstand Z_{L1} in eine andere mit Z_{L2} (z. B. Freileitung-Kabel) übergeht. Auch wenn nach Bild 8.7b in einer durchgehenden Leitung mit dem Wellenwiderstand Z_{L1} im Punkt A der Widerstand R angeschlossen ist, liegt an dieser Stelle der geänderte Wellenwiderstand $Z_{LA} = Z_{L1}\,R/(Z_{L1} + R)$ aus dem Wellenwiderstand der Leitung und dem hierzu parallelgeschalteten Widerstand R

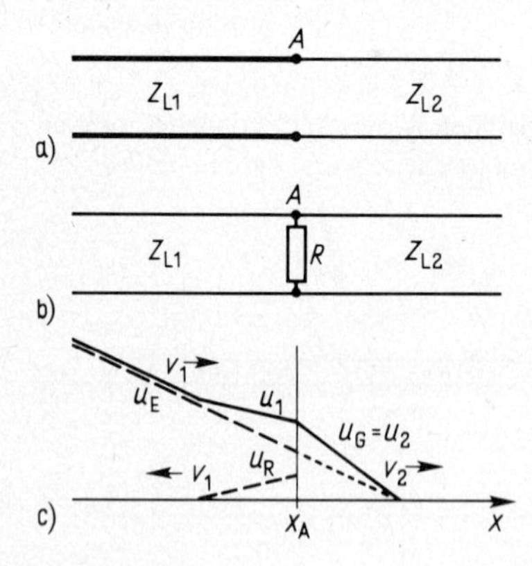

8.7
Leitung mit Stoßstelle A durch Änderung des Wellenwiderstands Z_L (a) oder durch zugeschalteten Querwiderstand R (b) sowie Spannungsverteilung vor und hinter der Stoßstelle (c) bei Einlauf einer keilförmigen Wanderwelle mit der Wanderungsgeschwindigkeit $v_1 = v_2$

vor. Ebenso sind die Enden einer leerlaufenden ($Z_{L2} = \infty$) oder mit dem Widerstand R abgeschlossenen Leitung ($Z_{L2} = R$) Reflexionspunkte.

Liegt nur eine einzige Stoßstelle vor, kommt es zu einer Einfachreflexion, bei der die einlaufende Welle in eine gebrochene und eine reflektierte Welle umgewandelt wird. Von Mehrfachreflexion spricht man dann, wenn sich mehrere Stoßstellen im Leitungssystem befinden. Hierbei kann z. B. die gebrochene Welle der ersten Stoßstelle an der zweiten Stoßstelle teilweise reflektiert werden, zur ersten zurücklaufen und sich dort als weitere einlaufende Welle überlagern.

8.2.2.1 Einfachreflexion. Die in den Reflexionspunkt A von Bild 8.7a einlaufende Welle hat die Spannung

$$u_E = f_E\,(x - v_1\,t) \tag{8.14}$$

und den Strom

$$i_E = f_E\,(x - v_1\,t)/Z_{L1} \tag{8.15}$$

Vor der Stoßstelle, also bei $x \leqslant x_A$, setzt sich nach Bild 8.7c die Spannung

$$u_1 = f_E\,(x - v_1\,t) + g_R\,(x + v_1\,t) \tag{8.16}$$

aus der einfallenden Welle nach Gl. (8.14) und der reflektierten, also rücklaufenden Welle $u_R = g_R\,(x + v_1\,t)$ zusammen. Mit Gl. (8.13) ist der zugehörige Strom

$$i_1 = \frac{f_E\,(x - v_1\,t) - g_R\,(x + v_1\,t)}{Z_{L1}} \tag{8.17}$$

Hinter der Stoßstelle, also bei $x \geqslant x_A$, läuft die gebrochene Welle weiter mit der Spannung

$$u_G = u_2 = f_G\,(x - v_2\,t) \tag{8.18}$$

und dem Strom

$$i_G = i_2 = f_G\,(x - v_2\,t)/Z_{L2} \tag{8.19}$$

An der Stoßstelle, also bei $x = x_A$, müssen $u_1 = u_2$ und $i_1 = i_2$, also mit Gl. (8.16) bis Gl. (8.19)

$$f_E\,(x_A - v_1\,t) + g_R\,(x_A + v_1\,t) = f_G\,(x_A - v_2\,t) \tag{8.20}$$

und

$$f_E\,(x_A - v_1\,t) - g_R\,(x_A + v_1\,t) = \frac{Z_{L1}}{Z_{L2}}\,f_G\,(x_A - v_2\,t) \tag{8.21}$$

sein. Eliminiert man die reflektierte Welle durch Addition von Gl. (8.20) und (8.21), erhält man die gebrochene Welle

$$f_G\,(x_A - v_2\,t) = \frac{2\,Z_{L2}}{Z_{L2} + Z_{L1}}\,f_E\,(x_A - v_1\,t) = b\,f_E\,(x_A - v_1\,t) \tag{8.22}$$

mit dem Brechungsfaktor

$$b = \frac{2\,Z_{L2}}{Z_{L2} + Z_{L1}} = \left(\frac{u_G}{u_E}\right)_{x_A} \qquad (8.23)$$

der das Verhältnis der Spannungen von gebrochener Welle u_G zur einlaufenden Welle u_E an der Stoßstelle $x = x_A$ angibt. Läuft eine Welle mit dem Spannungsscheitelwert $\hat{u}_E$ an die Stoßstelle A ein, so ist bei Einfachreflexion die höchste dort auftretende Spannung $\hat{u}_A = \hat{u}_G = b\,\hat{u}_E$.

Ebenso findet man mit Gl. (8.20) und (8.21) die reflektierte Welle

$$g_R\,(x_A + v_1\,t) = \frac{Z_{L2} - Z_{L1}}{Z_{L2} + Z_{L1}}\,f_E\,(x_A - v_1\,t) = r\,f_E\,(x_A - v_1\,t) \qquad (8.24)$$

mit dem Reflexionsfaktor

$$r = \frac{Z_{L2} - Z_{L1}}{Z_{L2} + Z_{L1}} = \left(\frac{u_R}{u_E}\right)_{x_A} = b - 1 \qquad (8.25)$$

der das Verhältnis der Spannungen von reflektierter Welle u_R zur einlaufenden Welle u_E an der Stoßstelle $x = x_A$ angibt.

Sonderfälle: Bei einer leerlaufenden Leitung ist der Abschlußwiderstand $Z_{L2} = \infty$ und somit nach Gl. (8.23) der Brechungsfaktor

$$b = \lim_{Z_{L2} \to \infty} \frac{2\,Z_{L2}}{Z_{L2} + Z_{L1}} = \lim_{Z_{L2} \to \infty} \frac{2}{1 + (Z_{L1}/Z_{L2})} = 2 \qquad (8.26)$$

und nach Gl. (8.25) der Reflexionsfaktor $r = b - 1 = 2 - 1 = 1$. Die Spannung der reflektierten Welle $u_R = r\,u_E = u_E$ ist gleich jener der einlaufenden Welle. Am Leitungsende tritt also eine vollständige Reflexion ein (s. Bild 8.3). Die Spannung beträgt $u_G = b\,u_E = 2\,u_E$.

Wird die Leitung mit dem Wellenwiderstand Z_{L1} durch den Abschlußwiderstand $R = Z_{L1}$ belastet, ist nach Gl. (8.25) der Reflexionsfaktor $r = 0$ und daher der Brechungsfaktor $b = r + 1 = 1$. Bei diesem als Anpassung bezeichneten Belastungsfall tritt also keine Reflexion auf. Die Energie der Welle wird im Abschlußwiderstand vollständig, z. B. in Wärme, umgewandelt. Der an die Leitung angepaßte Abschlußwiderstand täuscht gewissermaßen eine unendlich fortlaufende Leitung vor.

Ist das Leitungsende kurzgeschlossen, also $Z_{L2} = 0$, betragen der Reflexionsfaktor $r = (Z_{L2} - Z_{L1})/(Z_{L2} + Z_{L1}) = -1$ und der Brechungsfaktor $r + 1 = 0$. Die einlaufende Welle wird voll, aber mit umgekehrter Polarität reflektiert, so daß die Spannung $u_G = b\,u_E = 0$ auftritt.

Beispiel 8.2. Eine Spannungswelle mit dem Scheitelwert $\hat{u}_E = 500$ kV läuft gegen das offene Ende einer unbelasteten Leitung. Welcher Spannungshöchstwert tritt am Leitungsende auf?

Mit dem Belastungswiderstand $R = Z_{L2} = \infty$ ist nach Gl. (8.26) der Brechungsfaktor $b = 2$ und somit der Höchstwert der Spannung $u_G = b\, u_E = 2 \cdot 500$ kV = 1 MV.

Beispiel 8.3. Von einer Leitung nach Bild 8.8a mit dem Wellenwiderstand Z_{L1} zweigt im Punkt A eine weitere Leitung mit dem gleichen Wellenwiderstand Z_{L1} ab. Aus einer der Leitungen läuft die gezeichnete Wanderwelle mit dem Spannungsscheitelwert $\hat{u}_E$ in die Stoßstelle ein. Wie groß sind die Spannungsscheitelwerte der beiden gebrochenen Wellen und der reflektierten Welle?

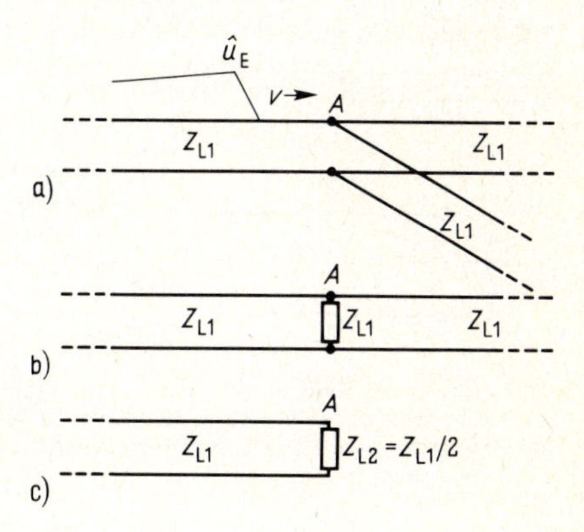

8.8
Leitung mit im Punkt A abzweigender Stichleitung (a), Reduzierung des Abzweigs auf den Wellenwiderstand Z_{L1} (b) und weitere Reduzierung auf eine in A mit dem Widerstand $Z_{L2} = Z_{L1}/2$ abgeschlossenen Leitung (c)

Nach Bild 8.8b kann zunächst die abzweigende Leitung im Punkt A durch ihren Wellenwiderstand Z_{L1} ersetzt werden, der zu dem dort schon vorliegenden Wellenwiderstand Z_{L1} der durchgehenden Leitung parallelgeschaltet ist, so daß nun nach Bild 8.8c an der Stoßstelle der Wellenwiderstand $Z_{L2} = Z_{L1}/2$ herrscht. Dann beträgt nach Gl. (8.23) der Brechungsfaktor

$$b = \frac{2\, Z_{L2}}{Z_{L2} + Z_{L1}} = \frac{2\,(Z_{L1}/2)}{(Z_{L1}/2) + Z_{L1}} = \frac{2}{3}$$

Die Scheitelwerte der beiden weiterlaufenden gebrochenen Wellen sind demnach $\hat{u}_G = b\,\hat{u}_E = 2\,\hat{u}_E/3$. Mit Gl. (8.25) findet man den Reflexionsfaktor $r = b - 1 = (2/3) - 1 = -1/3$. Die reflektierte Welle weist also eine gegenüber der einlaufenden Welle umgekehrte Polarität mit dem Scheitelwert $\hat{u}_R = r\,\hat{u}_E = -\hat{u}_E/3$ auf.

8.2.2.2 Wanderwellen-Ersatzschaltung.

Mit der Spannung der einlaufenden Welle u_E und der in Bild 8.9 angegebenen Ersatzschaltung läßt sich die an der Stoßstelle A auftretende Spannung (Bild 8.7) ermitteln. Nach Gl. (8.23) kann nämlich bei Einfachreflexion die an der Stoßstelle A vorliegende Spannung u_A, die

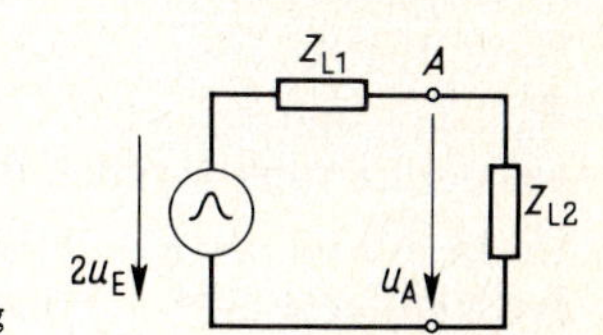

8.9
Wanderwellen-Ersatzschaltung

gleich der Spannung u_G der gebrochenen Welle an dieser Stelle ist, als diejenige Spannung aufgefaßt werden, die an den Klemmen einer Spannungsquelle mit der Quellenspannung $2\,u_E$ und dem inneren Widerstand Z_{L1} bei Belastung durch den Widerstand Z_{L2} entsteht. Besondere Bedeutung gewinnt diese Ersatzschaltung, wenn anstelle des ohmschen Widerstands Z_{L2} oder R eine Kapazität C oder eine Induktivität L tritt.

Beispiel 8.4. Nach Bild 8.10a ist das Ende A einer Leitung mit dem Wellenwiderstand Z_{L1} durch einen Kondensator der Kapazität C belastet. Auf den Leitungsanfang wird die Gleichspannung U_- aufgeschaltet. Wie ist der Spannungsverlauf im Punkt A nach dem Eintreffen der Spannungswelle?

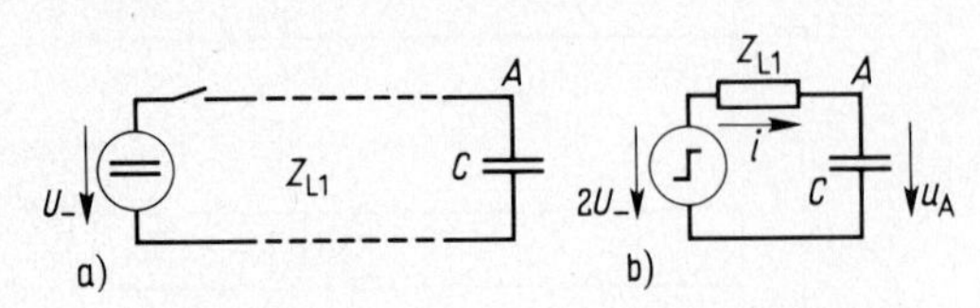

8.10 Leitung mit Wellenwiderstand Z_{L1} und Kapazität C am Leitungsende bei Aufschaltung der Gleichspannung U_- (a) und zugehörende Wanderwellen-Ersatzschaltung (b)

Die Ersatzschaltung nach Bild 8.10b reduziert den Vorgang auf das Aufschalten der Gleichspannung $2\,U_-$ auf die Reihenschaltung von Wellenwiderstand Z_{L1} und Kapazität C. Aus der Spannungssumme $u_A + i\,Z_{L1} - 2\,U_- = 0$ folgt mit dem Strom $i = C\,(du_A/dt)$ und der Zeitkonstanten $T = Z_{L1}\,C$ die Differentialgleichung

$$T\,(du_A/dt) + u_A = 2\,U_-$$

deren Lösung $-\ln(2\,U_- - u_A) = (t/T) + k_1$ sich nach Trennung der Veränderlichen aus den Integralen

$$\int \frac{du_A}{2\,U_- - u_A} = \int \frac{dt}{T}$$

ergibt. Aus der Randbedingung $u_A = 0$ bei $t = 0$ folgt für die Integrationskonstante $k_1 = -\ln(2\,U_-)$. Hiermit erhält man die Spannung

$$u_A = 2\,U_-\,(1 - e^{-t/T})$$

für den Fall, daß zum Zeitpunkt $t = 0$ die Gleichspannungswelle am Leitungsende A eintrifft.

8.2.2.3 Mehrfachreflexion. Die Spannungsverläufe an den Stoßstellen bei Mehrfachreflexion kann man mit dem W e l l e n g i t t e r nach B e w l e y ermitteln. Nach Bild 8.11 sind die drei Leitungen 1, 2 und 3 mit den Wellenwiderständen Z_{L1}, Z_{L2} und Z_{L3} an den Stoßstellen A und B miteinander verbunden. Für eine aus der Leitung 1 in den Punkt A einlaufende Wanderwelle ergeben sich mit Gl. (8.23) der Brechungsfaktor $b_{12} = 2\,Z_{L2}/(Z_{L2} + Z_{L1})$ und mit Gl. (8.25) der Reflexionsfaktor $r_{12} = b_{12} - 1$. Die in A gebrochene Welle läuft über die Länge ℓ_2

nach B weiter und trifft dort mit der Wanderungsgeschwindigkeit v_2 nach der Laufzeit $\tau = \ell_2 / v_2$ ein.

Für diese Welle gelten im Punkt B der Brechungsfaktor $b_{23} = 2\,Z_{L3}/(Z_{L3} + Z_{L2})$ und der Reflexionsfaktor $r_{23} = b_{23} - 1$. Die hier reflektierte Welle läuft nach A zurück und wird dort mit dem Brechungsfaktor $b_{21} = 2\,Z_{L1}/(Z_{L1} + Z_{L2})$ gebrochen bzw. mit dem Reflexionsfaktor $r_{21} = b_{21} - 1$ reflektiert, wobei sich nun eine Überlagerung mit der zum Zeitpunkt $t = 2\,\tau$ aus der Leitung 1 noch einlaufenden Welle ergibt.

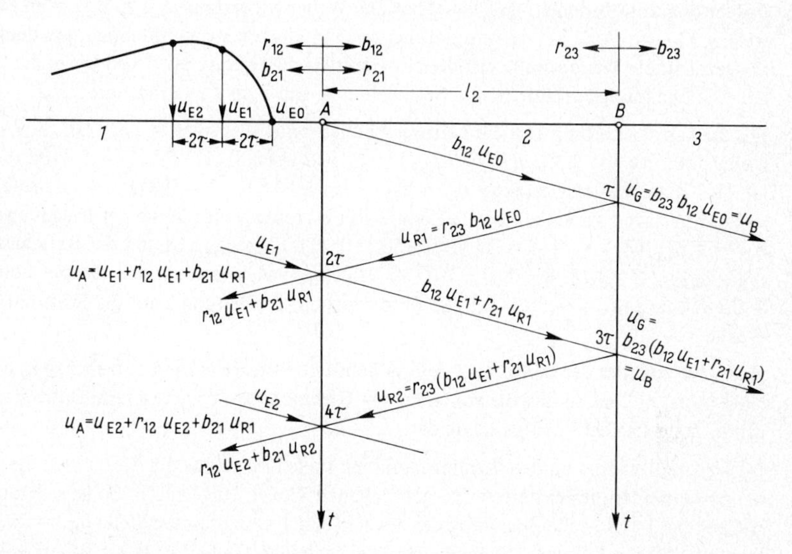

8.11 Wellengitter nach B e w l e y

Das Wellengitter besteht aus den beiden in den Stoßstellen A und B entspringenden und nach unten weisenden Z e i t a c h s e n, sowie aus den diagonal verlaufenden W a n d e r u n g s l i n i e n, die die Zeitachsen in den Zeitabständen $\Delta t = 2\,\tau$ schneiden. Dies ist die Zeitspanne, die eine in A gebrochene und in B reflektierte Welle benötigt, um wieder an der Stoßstelle A einzutreffen. Deshalb wird im vorliegenden Fall die einlaufende Welle in gleiche Zeitabschnitte $\Delta t = 2\,\tau$ mit den zugehörigen Spannungen u_{E0}, u_{E1}, u_{E2} usw. unterteilt, wobei angenommen wird, daß die Welle zum Zeitpunkt $t = 0$ gerade die Stoßstelle A mit dem Spannungswert u_{E0} (meist $u_{E0} = 0$) erreicht. In Bild 8.11 sind die Spannungen der über die Leitungen laufenden Wellen an den Wanderungslinien vermerkt. Die Spannungssummen der hin- und rücklaufenden Wellen sind unmittelbar vor und hinter jeder Stoßstelle gleich und geben die zeitlich dort vorliegenden Spannungen u_A und u_B an. Selbstverständlich kann das Wellengitter feiner gewählt werden, indem man abweichend von Bild 8.11 von der Stoßstelle A die Wanderungslinien in kleineren Zeitabständen $\Delta t < 2\,\tau$ ausgehen läßt.

Die zeitabhängigen Vorgänge bei Mehrfachreflexion können auch mit dem Bergeron-Verfahren[1]), insbesondere bei Stoßstellen mit ohmschen Widerständen, schnell und anschaulich ermittelt werden. Beide grafischen Verfahren lassen sich verhältnismäßig leicht in digitale Rechenprogramme umsetzen, wofür in vielen Fällen programmierbare Taschenrechner ausreichen. Durch das Zusammenwirken mehrerer Wanderwellen-Ersatzschaltungen nach Abschn. 8.2.2.2 sind Mehrfachreflexionen ebenfalls zu erfassen.

Beispiel 8.5. Nach Bild 8.12a wird eine Mittelspannungs-Kabelstrecke durch eine 600 m lange Freileitung unterbrochen. Das Kabel hat den Wellenwiderstand $Z_{L1} = Z_{L3} = 50\ \Omega$ und die Freileitung $Z_{L2} = 500\ \Omega$ bei der Wanderungsgeschwindigkeit $v_2 = 300$ m/μs. Aus dem Kabel läuft die gezeichnete Wanderwelle mit dem Spannungsscheitelwert $\hat{u}_E = 100$ kV in die Stoßstelle A ein. Die Spannungsverläufe in den Stoßstellen A und B sind zu ermitteln.

Für die aus der Leitung 1 in die Leitung 2 einlaufende Welle gelten nach Gl. (8.23) der Brechungsfaktor $b_{12} = 2\ Z_{L2}/(Z_{L2} + Z_{L1}) = 2 \cdot 500\ \Omega/(500\ \Omega + 50\ \Omega) = 1{,}8182$ und nach Gl. (8.25) der Reflexionsfaktor $r_{12} = b_{12} - 1 = 1{,}8182 - 1 = 0{,}8182$. An derselben Stoßstelle A betragen für eine in der Leitung 2 von B rücklaufende Welle der Brechungsfaktor $b_{21} = 2\ Z_{L1}/(Z_{L1} + Z_{L2}) = 2 \cdot 50\ \Omega/(50\ \Omega + 500\ \Omega) = 0{,}1818$ und der Reflexionsfaktor $r_{21} = b_{21} - 1 = 0{,}1818 - 1 = - 0{,}8182$. Mit $Z_{L3} = Z_{L1}$ ergeben sich entsprechend $b_{23} = b_{21} = 0{,}1818$ und $r_{23} = r_{21} = - 0{,}8182$ für die aus der Freileitung 2 auf die Stoßstelle B treffenden Wellen.

Zum Durchlaufen der Länge $\ell_2 = 600$ m benötigt eine Welle die Laufzeit $\tau = \ell_2/v_2 = 600$ m/(300 m/μs) = 2 μs, so daß die von A bei t = 0 ausgehende Wanderungslinie die aus B entspringende Zeitachse bei t = 2 μs schneidet.

Im Wellengitter sind an den Wanderungslinien links und rechts der Zeitachsen die Spannungen der einlaufenden, reflektierten und gebrochenen Wellen eingetragen. So ist z. B. an der Stoßstelle A bei t = 5 μs die Spannung der aus Leitung 1 einlaufenden Welle $u_{E1} = 20$ kV und die Spannung der in Leitung 2 übergehenden gebrochenen Welle $u_{G2} = b_{21}\ u_{E1} = 1{,}8182 \cdot 20$ kV = 36,4 kV. Die von B nach A zurückgelaufene Welle weist zum gleichen Zeitpunkt die Spannung $u_{R21} = - 148{,}8$ kV auf, so daß sich die Spannung der reflektierten Welle $u_{R12} = r_{21}\ u_{R21} = - 0{,}8182 \cdot (- 148{,}8\ \text{kV}) = 121{,}7$ kV zur Spannung der gebrochenen Welle $u_{G2} = 36{,}4$ kV hinzu addiert. Entsprechendes gilt für die links von der Zeitachse eingetragenen Spannungen. Es ist dann im Punkt A die Spannungssumme $u_A = u_{G2} + u_{R12} + u_{R21} = 36{,}4\ \text{kV} + 121{,}7\ \text{kV} - 148{,}7\ \text{kV} = 9{,}3$ kV. Die Spannungen u_B an der Stoßstelle B ergeben sich unmittelbar aus den in die Leitung 3 übergehenden gebrochenen Wellen.

Bild 8.12c gibt die gesuchten Spannungsverläufe $u_A = f(t)$ und $u_B = f(t)$ wieder. Man erkennt, daß beim Übergang der Welle aus dem Kabel in die Freileitung eine starke Spannungserhöhung auftritt, wogegen umgekehrt an der Stoßstelle B aus der Freileitung in das Kabel sich fortpflanzende Wellen in ihren Spannungen vermindert werden.

---

[1]) Prinz, H.; Zaengel, W.; Völker, O.: Das Bergeron-Verfahren zur Lösung von Wanderwellenaufgaben, Bull. SEV, Bd. 53 (1962) Nr. 16, S. 725.

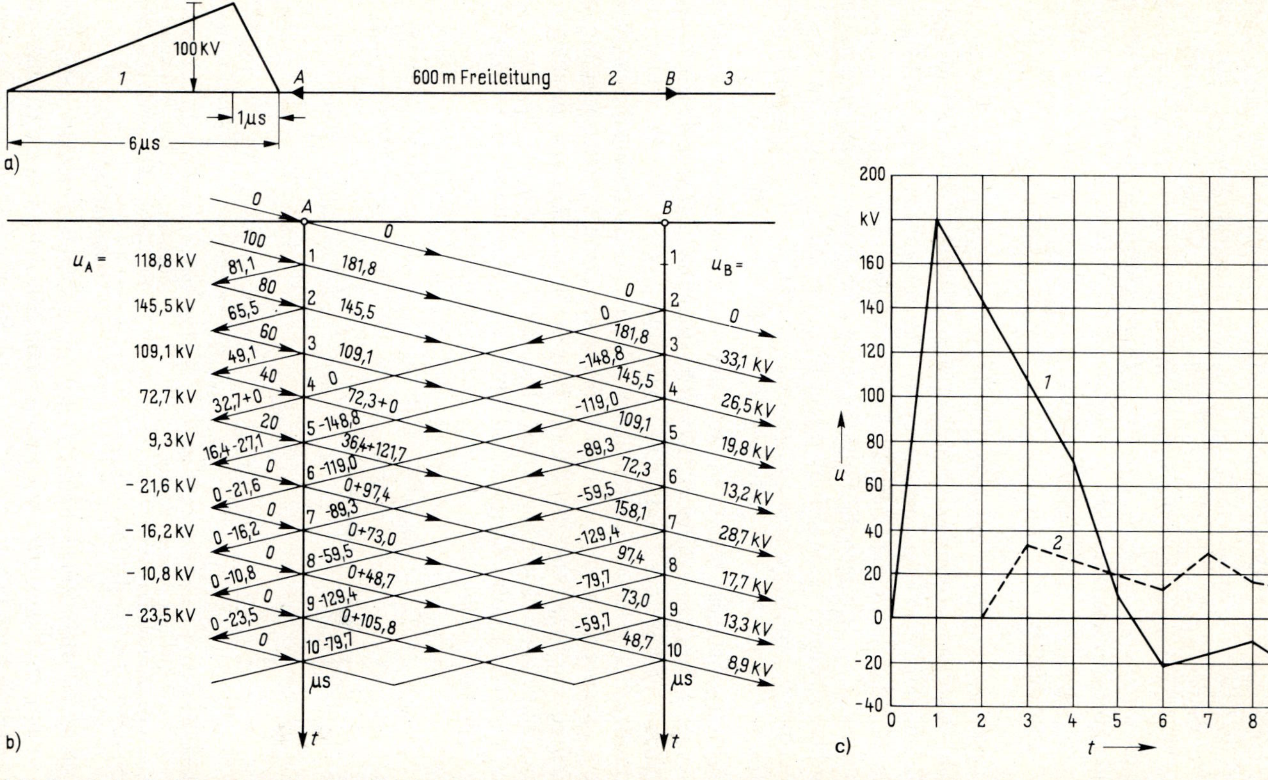

8.12 Durch eine Freileitung unterbrochene Kabelstrecke mit einlaufender Wanderwelle (a) und zugehörigem Wellengitter (b) (Zahlenwerte sind Spannungen in kV) sowie Spannungen u an den Stoßstellen abhängig von der Zeit t (c)
1 Stoßstelle A, 2 Stoßstelle B

8.3 Überspannungsableiter

Überspannungsableiter gehören zu den Schutzeinrichtungen eines elektrischen Netzes und haben die Aufgabe, Überspannungen an zu schützenden Betriebsmitteln auf zulässige Werte zu begrenzen. Hierzu gehören alle auf eine bestimmte Durchschlagspannung eingestellte Schutz- oder Pegelfunkenstrecken. Vorwiegend eingesetzt wird der Ventilableiter (kurz Ableiter genannt), auf den nachstehend näher eingegangen wird.

8.3.1 Ventilableiter

Er besteht nach Bild 8.13a hauptsächlich aus in Reihe geschalteten Löschfunkenstrecken F und dem spannungsabhängigen Widerstand R_A, dessen Strom-Spannung-Kennlinie in Bild 8.13b angegeben ist. Überschreitet nach Bild 8.14 die am Ableiter liegende Spannung einer einlaufenden Welle die Ansprechstoßspannung u_{as}, schlagen die Funkenstrecken durch und stellen eine leitende Verbindung zwischen den Ableiterklemmen her, die solange erhalten bleibt, bis der Überspannungsvorgang abgeklungen ist. Der Höchstwert des hierbei abfließenden Stroms wird als Ableitstoßstrom i_s bezeichnet.

Der spannungsabhängige Widerstand R_A, der bei kleinen Spannungen große Widerstandswerte aufweist, sorgt dafür, daß anschließend bei betriebsfrequenter Spannung nur noch ein kleiner Folgestrom i_f fließt ($i_f < 100$ A), der von der Löschfunkenstrecke beim nächsten Stromnulldurchgang unterbrochen wird. Als Löschspannung $U_{Lö}$ wird der Effektivwert der höchsten Spannung mit Betriebsfrequenz bezeichnet, bei der der Folgestrom i_f sicher unterbrochen wird, und die ständig am Ableiter liegen darf. Löschspannung $U_{Lö}$ und Nenn-Ableitstoßstrom i_{sN} sind Kenngrößen des Ventilableiters (VDE 0675).

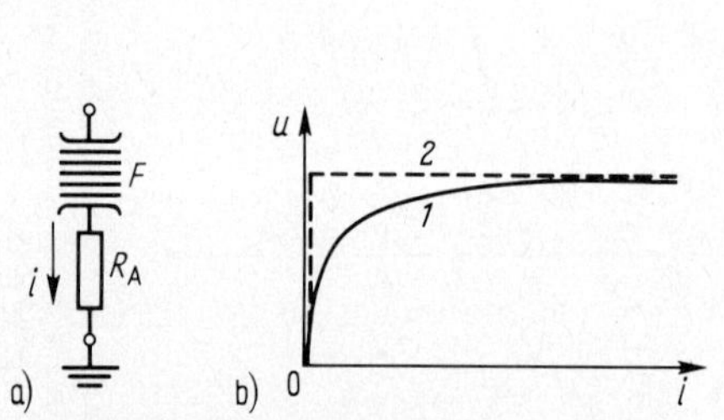

8.13 Ventilableiter (a) bestehend aus Löschfunkenstrecke F und Ableiterwiderstand R_A mit Strom-Spannungs-Kennlinie (b)
1 Arbeitskennlinie, 2 ideale Kennlinie

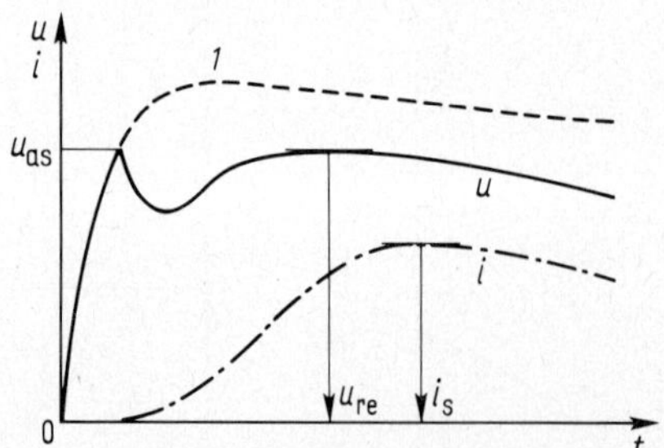

8.14 Spannung u am Ableiter und Ableitstrom i abhängig von der Zeit t mit Ansprechstoßspannung u_{as}, Restspannung u_{re} und Ableitstoßstrom i_s
1 Stoßspannung

Nach Bild 8.14 bricht die Spannung nach dem Ansprechen des Ableiters zunächst etwas zusammen und erreicht mit wachsendem Ableitstrom einen Höchstwert, der als Restspannung u_{re} bezeichnet wird. Bei Nenn-Ableitstrom i_{sN} (5 kA,

10 kA) ist die Restspannung etwa gleich der Ansprechstoßspannung u_{as}. Überschlägig gilt für die Ansprech-Blitzstoßspannung $u_{as} \approx 3\ U_{Lö}$.

Für grundsätzliche Überlegungen kann von der in Bild 8.13b gestrichelt gezeichneten idealen Strom-Spannung-Kennlinie ausgegangen werden. Im folgenden wird immer eine zeitlich konstante Restspannung $u_{re} = u_{as}$ in der Höhe der Ansprechstoßspannung vorausgesetzt.

8.3.2 Schutzbereich

Die Begrenzung der Überspannung auf die Ansprechstoßspannung u_{as} bzw. Restspannung u_{re} ist nur an den Klemmen des Ableiters gewährleistet. In einiger Entfernung können sich höhere Spannungen ergeben, die aber dennoch kleiner bleiben als der Höchstwert der Wanderwellen-Spannung. Die spannungsbegrenzende Wirkung des Ableiters erstreckt sich also auch auf Teile der Leitung vor und hinter seinem Einbauort. Die Entfernung s_A vom Ableiter, in der die Überspannung gerade noch auf die am Schutzobjekt zulässige Spannung u_{zul}, i. allg. die Steh-Blitzstoßspannung u_{rB} bzw. Steh-Schaltstoßspannung u_{rS} nach VDE 0111, begrenzt wird, bezeichnet man als S c h u t z b e r e i c h.

Nach Bild 8.15 wird angenommen, daß im Punkt A einer durchgehenden Leitung, z. B. einer Durchgangsstation, ein Ableiter mit der Ansprechspannung $u_{as} = u_{re}$ angeschlossen ist. Über die Leitung läuft eine Wanderwelle mit keilförmiger Stirn, die in Bild 8.15a am Ableiter gerade die Ansprechstoßspannung erreicht. Die weiterlaufende Welle hätte nach Bild 8.15b im Punkt A eine die Ansprechstoßspannung um die Spannungsdifferenz Δu übersteigende Spannung. Da aber dort nach dem Ansprechen des Ableiters die Restspannung $u_{re} = u_{as}$ erhalten bleibt,

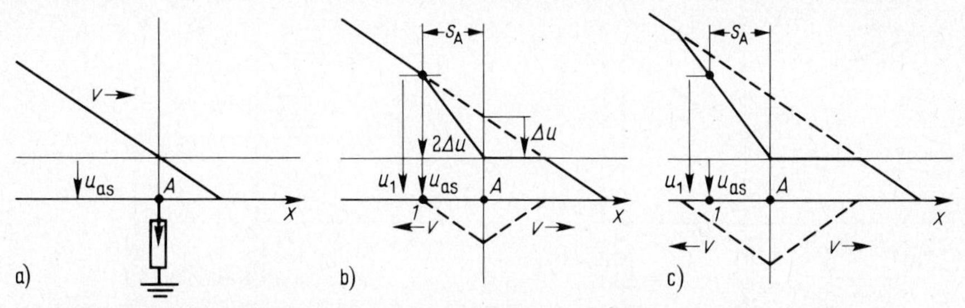

8.15 Spannungsverteilung beim Einlaufen einer keilförmigen Wanderwelle in den Anschlußpunkt des Ventilableiters A in einer Durchgangsstation
a) Spannung der Wellenstirn erreicht die Ansprechstoßspannung
b) Spannung im Leitungspunkt 1 erreicht ihren Höchstwert
c) Spannungshöchstwert im Leitungspunkt 1 bleibt bei weitergewanderter Welle erhalten

ergibt sich mit den beidseitig ablaufenden negativen Wellen die gezeichnete Spannungsverteilung. Der Leitungspunkt 1 bildet hierbei die Grenze des Schutzbereichs, wenn bei ihm gerade die zulässige Spannung $u_{zul} = u_1$ erreicht ist, die nach Bild 8.15c auch dann nicht mehr überschritten wird, wenn die Welle ihre Wanderung fortsetzt.

Nach Bild 8.15b gilt für die höchste in Punkt 1 auftretende Spannung

$$u_1 = u_{as} + 2\,\Delta u \tag{8.27}$$

Mit der zeitlichen Steilheit der Wellenstirn S_w (z. B. in kV/μs), der Zeit t_A, die zum Durchlaufen der Strecke s_A benötigt wird, und der Wanderungsgeschwindigkeit $v = s_A/t_A$, ergibt sich der auf den Weg s_A bezogene Spannungsanstieg

$$\Delta u/s_A = S_w\, t_A/s_A = S_w/v \tag{8.28}$$

Wird die aus Gl. (8.28) ermittelte Spannungsdifferenz $\Delta u = S_w\, s_A/v$ in Gl. (8.27) eingesetzt, erhält man mit $u_1 = u_{zul}$ den S c h u t z b e r e i c h d e s A b l e i t e r s

$$s_A = (u_{zul} - u_{as})\, v/(2\, S_w) \tag{8.29}$$

Ein Überspannungsableiter erstreckt seine Schutzfunktion also auch auf Betriebsmittel, die bezogen auf die Wanderungsrichtung der Welle vor dem Ableiter angeordnet sind, also von der Welle zuerst erreicht werden.

Der für die Durchgangsstation abgeleitete Schutzbereich nach Gl. (8.29) gilt auch für Kopfstationen. Nach Bild 8.16a endet die Leitung bei einem Transformator, dessen Wellenwiderstand hier vereinfachend mit $Z_{Tr} = \infty$ angenommen wird. Der Transformator wird geschützt durch den im Punkt A vorgelagerten Überspannungsableiter. In Bild 8.16b befindet sich der Ableiter hinter dem Transformator. In beiden Fällen ist diejenige Spannungsverteilung dargestellt, bei der die im Anschlußpunkt 1 des Transformators auftretende Überspannung bei Einlaufen einer Keilwelle gerade ihren Höchstwert aufweist. Auch hier gilt für die im Punkt 1 vorliegende Spannung $u_1 = u_{as} + 2\,\Delta u$ wie schon nach Gl. (8.27). Folglich trifft ebenfalls der Schutzbereich s_A nach Gl. (8.29) zu.

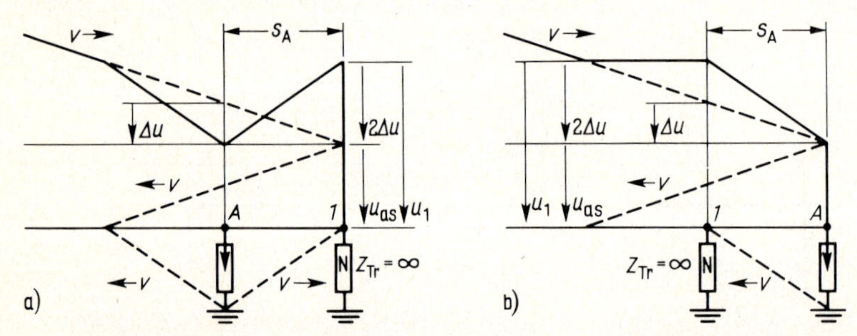

8.16 Spannungsverteilung in einer Kopfstation bei Einlauf einer keilförmigen Wanderwelle. Dargestellt ist der Zeitpunkt, bei dem die Spannung am Transformator (Punkt 1) ihren Höchstwert erreicht. Ableiter im Abstand s_A vor (a) und hinter dem Transformator (b)

Beispiel 8.6. Der in einer 110 kV-Umspannstation nach Bild 8.16 eingebaute Ableiter hat die Ansprechstoßspannung $u_{as} = 330$ kV. Die am Transformator ($Z_{Tr} = \infty$) auftretende Spannung soll den zulässigen Wert $u_{zul} = 420$ kV nicht überschreiten. Wie weit darf der Ableiter vom Umspanner höchstens entfernt sein, wenn Wanderwellen mit Stirnsteilheiten $S_w = 800$ kV/μs und Wanderungsgeschwindigkeiten $v = 300$ m/μs zu erwarten sind?

Mit Gl. (8.29) findet man für den Schutzbereich

$$s_A = (u_{zul} - u_{as})\, v/(2\, S_w) = (420 \text{ kV} - 330 \text{ kV})\,(300 \text{ m}/\mu\text{s})/(2 \cdot 800 \text{ kV}/\mu\text{s})$$
$$= 16{,}9 \text{ m}$$

Beispiel 8.7. In Fortsetzung von Beispiel 8.5 soll nun an der Stoßstelle A (Bild 8.17) ein Überspannungsableiter mit der Ansprechstoßspannung $u_{as} = u_{re} = 80$ kV vorgesehen werden. Mit

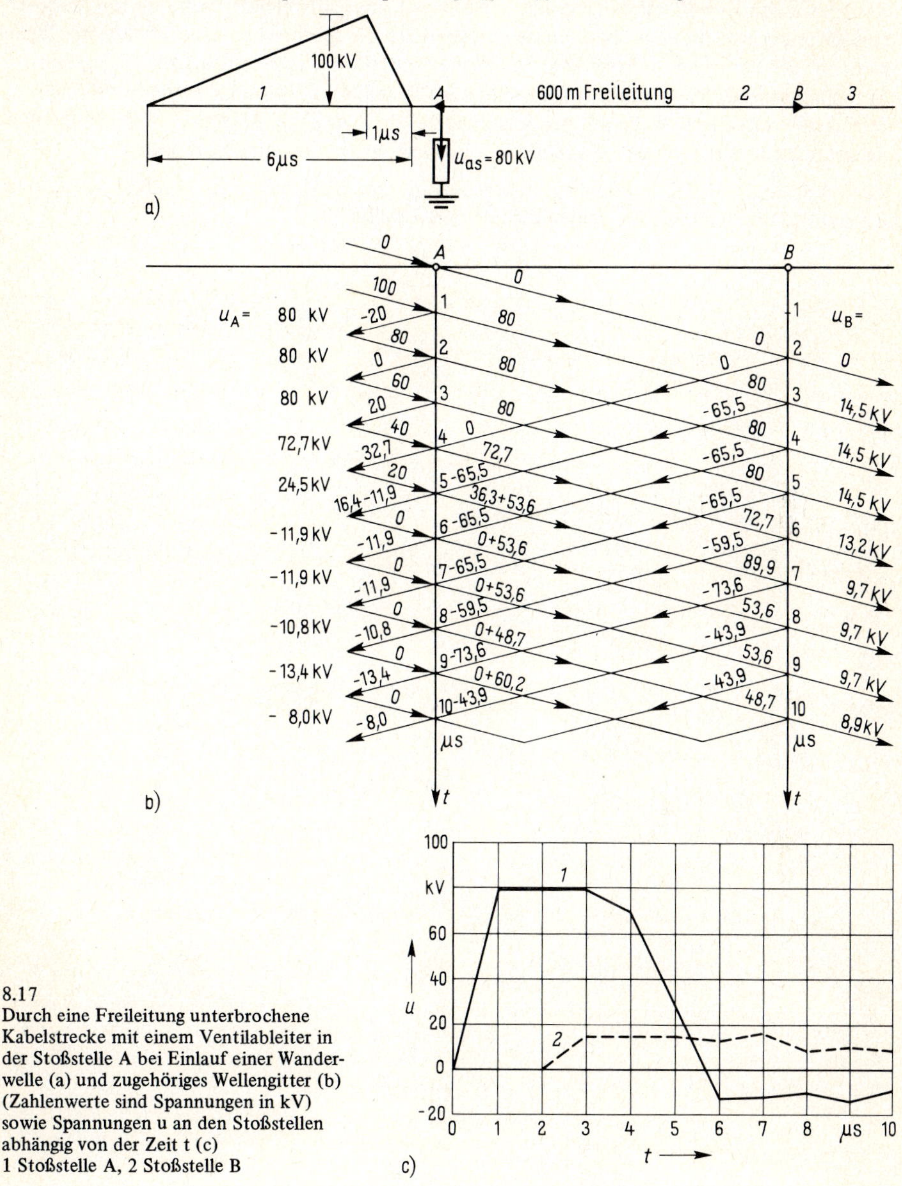

8.17
Durch eine Freileitung unterbrochene Kabelstrecke mit einem Ventilableiter in der Stoßstelle A bei Einlauf einer Wanderwelle (a) und zugehöriges Wellengitter (b) (Zahlenwerte sind Spannungen in kV) sowie Spannungen u an den Stoßstellen abhängig von der Zeit t (c)
1 Stoßstelle A, 2 Stoßstelle B

den schon berechneten Brechungsfaktoren $b_{12} = 1{,}8182$, $b_{21} = b_{23} = 0{,}1818$ und den Reflexionsfaktoren $r_{12} = 0{,}8182$, $r_{21} = r_{23} = -0{,}8182$ sind die Spannungsverläufe an den Stoßstellen A und B zu ermitteln.

Das zugehörige Wellengitter zeigt Bild 8.17b. An der Stoßstelle A wäre ohne Ableiter (s. Bild 8.12b) zum Zeitpunkt $t = 1\ \mu s$ die gebrochene Welle mit der Spannung $u_{G2} = 181{,}8$ kV in die Freileitung eingelaufen. Nach Bild 8.17b erzwingt der Ableiter dort zum selben Zeitpunkt die Restspannung $u_{re} = 80$ kV. Solange also die ohne Ableiter auftretende Spannung die Ansprechstoßspannung erreicht oder überschreitet, ergeben sich die gebrochenen und reflektierten Wellen nicht aus den berechneten Brechungs- und Reflexionsfaktoren, sondern aus der vorgegebenen Spannungssumme. Da in Punkt A bei $t = 1\ \mu s$ die Spannung $u_A = 80$ kV betragen soll, muß folglich die reflektierte Welle mit der Spannung $u_{R1} = -20$ kV in das Kabel zurücklaufen und die gebrochene Welle mit der Spannung $u_{G2} = 80$ kV in die Freileitung übergehen.

Ein Vergleich der in Bild 8.17c dargestellten Spannungsverläufe mit jenen von Bild 8.12c weist die erfolgreiche Spannungsbegrenzung durch den Ableiter aus.

Anhang

1. Umrechnung von Einheiten

1. Kraft F

$1\ N = 1\ kgm/s^2 = 0{,}102\ kp$
$1\ kp = 9{,}81\ N = 9{,}81\ kgm/s^2 \approx 1\ daN$

2. Arbeit W, Biegemoment und Drehmoment M

$1\ Nm = 1\ Ws = 1\ J = 0{,}2778\ mWh = 0{,}102\ kpm = 0{,}2388\ cal$
$1\ kWh = 3{,}6\ MNm$ $\quad$ $1\ kpm = 9{,}81\ Nm \approx 1\ daNm$
$1\ kcal = 4{,}187\ kNm = 1{,}163\ Wh$

3. Druck p, mechanische Spannung σ

$1\ N/m^2 = 1\ Pa = 1\ kg/s^2\ m = 10^{-5}\ bar = 1{,}02 \cdot 10^{-5}\ at = 0{,}75 \cdot 10^{-2}\ Torr$
$1\ bar = 10^5\ N/m^2 = 0{,}1\ N/mm^2 = 750\ Torr$
$1\ Torr = 1{,}33 \cdot 10^2\ N/m^2$
$1\ mm\ Ws = 1\ kp/m^2 = 9{,}81\ N/m^2$

Vorsätze zur Bezeichnung von dezimalen Vielfachen und Teilen von Einheiten

Exa-	(E)	für das 10^{18}-fache	Dezi-	(d)	für das 10^{-1} -fache
Peta-	(P)	für das 10^{15}-fache	Zenti-	(c)	für das 10^{-2} -fache
Tera-	(T)	für das 10^{12}-fache	Milli-	(m)	für das 10^{-3} -fache
Giga-	(G)	für das 10^{9} -fache	Mikro-	(μ)	für das 10^{-6} -fache
Mega-	(M)	für das 10^{6} -fache	Nano-	(n)	für das 10^{-9} -fache
Kilo	(k)	für das 10^{3} -fache	Pico-	(p)	für das 10^{-12} -fache
Hekto-	(h)	für das 10^{2} -fache	Femto	(f)	für das 10^{-15} -fache
Deka-	(da)	für das 10 -fache	Atto	(a)	für das 10^{-18} -fache

2. Weiterführendes Schrifttum

[1] Baatz, H.: Überspannungen in Energieversorgungsnetzen. Springer, Berlin 1956

[2] Böning, P.: Kleines Lehrbuch der elektrischen Festigkeit. Karlsruhe 1955

[3] Böning, P.: Die Messung hoher elektrischer Spannungen. Karlsruhe 1953

[4] Eckardt, H.: Numerische Verfahren in der Energietechnik. Stuttgart 1978

[5] ETG-Fachberichte Nr. 2, Dauerverhalten von Isolierstoffen und Isoliersystemen. VDE-Verlag, Berlin 1977

[6] F e l i c i, N. J.: Elektrostatische Hochspannungs-Generatoren. Karlsruhe 1957

[7] F l e g l e r, E.: Einführung in die Hochspannungstechnik. Karlsruhe 1964

[8] G ä n g e r, B.: Der elektrische Durchschlag von Gasen. Berlin 1953

[9] H e s s, H.: Der elektrische Durchschlag in Gasen. Braunschweig 1976

[10] H o s e m a n n, G.; B o e c k, W.: Grundlagen der elektrischen Energietechnik. Berlin/Heidelberg 1979

[11] I m h o f, A.: Hochspannungsisolierstoffe. Karlsruhe 1957

[12] K i n d, D.: Einführung in die Hochspannungsversuchstechnik. 2. Aufl. Braunschweig 1978

[13] K o h l r a u s c h, F.: Praktische Physik. Stuttgart 1968

[14] K o k, J. A.: Der elektrische Durchschlag in flüssigen Isolierstoffen. Philips, Technische Bibliothek 1963

[15] L e s c h, G.: Lehrbuch der Hochspannungstechnik. Berlin–Göttingen–Heidelberg 1959

[16] M a r x, E.: Hochspannungspraktikum. 2. Aufl. Berlin 1952

[17] M o s c h, W.; H a u s c h i l d, W.: Hochspannungsisolierungen mit Schwefelhexafluorid (SF_6). Berlin–Heidelberg 1979

[18] O b u r g e r, W.: Isolierstoffe der Elektrotechnik. Wien 1957

[19] P a a s c h e, P.: Hochspannungs-Messungen. Berlin 1957

[20] P h i l i p p o w, E.: Taschenbuch Elektrotechnik. Berlin 1976

[21] P o t t h o f f, K.; W i d m a n n, W.: Meßtechnik der hohen Wechselspannung. Braunschweig 1965

[22] P r i n z, H.: Hochspannungsfelder. München–Wien 1969

[23] R o s t, A.: Messung dielektrischer Stoffeigenschaften. Braunschweig 1978

[24] R o t h, A.: Hochspannungstechnik. 5. Aufl. Wien 1965

[25] R ü d e n b e r g, R.: Elektrische Schaltvorgänge. 5. Aufl. Berlin 1973

[26] R ü d e n b e r g, R.: Elektrische Wanderwellen. 4. Aufl. Berlin 1962

[27] S c h w a b, A. J.: Hochspannungsmeßtechnik. Berlin 1969

[28] S c h w a i g e r, A.: Elektrische Festigkeitslehre. Berlin 1925

[29] S i r o t i n s k i, L. I.: Hochspannungstechnik Bd. I, Teil 1, Gasentladungen. Berlin 1955

[30] S i r o t i n s k i, L. I.: Hochspannungstechnik Bd. I, Teil 2, Hochspannungsmessungen, Hochspannungslaboratorien. Berlin 1956

[31] S i r o t i n s k i, L. I.: Hochspannungstechnik, Äußere Überspannungen, Wanderwellen. Berlin 1965

[32] S i r o t i n s k i, L. I.: Hochspannungstechnik, Innere Überspannungen. Berlin 1966

[33] S t e i n b i g l e r, H.: Anfangsfeldstärken und Ausnutzungsfaktoren rotationssymmetrischer Elektrodenanordnungen in Luft. Diss. T. H. München 1969

[34] S t i e f e l, E.: Einführung in die numerische Mathematik. Stuttgart 1970

[35] S t r i g e l, R.; H e l m c h e n, G.: Elektrische Stoßfestigkeit. 2. Aufl. Berlin–Göttingen–Heidelberg 1955

[36] U n g e r, H. G.: Theorie der Leitungen. Braunschweig 1967

[37] W e l l a u e r, M.: Einführung in die Hochspannungstechnik. Basel 1954

3. VDE-Bestimmungen (Auswahl)

VDE 0104	Bestimmungen für Prüfanlagen und Laboratorien mit Spannungen über 1 kV
VDE 0110	Bestimmungen für die Bemessung der Luft- und Kriechstrecken elektrischer Betriebsmittel
VDE 0111	Bestimmungen für die Bemessung und Prüfung der Isolierung elektrischer Anlagen und Betriebsmittel für Wechselspannungen über 1 kV
VDE 0141	VDE-Bestimmung für Erdungen in Wechselstromanlagen für Nennspannungen über 1 kV
VDE 0210	Bestimmungen für den Bau von Starkstrom-Freileitungen über 1 kV
VDE 0255	Bestimmungen für Kabel mit massegetränkter Papierisolierung und Metallmantel für Starkstromanlagen
VDE 0256	Bestimmungen für Niederdruck-Ölkabel und ihre Garnituren für Wechsel- und Drehstromanlagen mit Nennspannungen bis 275 kV
VDE 0257	Bestimmungen für Gasaußendruckkabel im Stahlrohr und ihre Garnituren für Wechsel- und Drehstromanlagen mit Nennspannungen bis 275 kV
VDE 0258	Bestimmungen für Gasinnendruckkabel und ihre Garnituren für Wechsel- und Drehstromanlagen mit Nennspannungen bis 275 kV
VDE 0265	Vorschriften für Kabel mit Gummi- oder Kunststoffisolierung sowie mit Bleimantel für Starkstromanlagen
VDE 0271	Bestimmungen für Kabel mit Isolierung und Mantel aus Kunststoff auf der Basis von Polyvenylchlorid für Starkstromanlagen
VDE 0273	Kabel mit Isolierung aus thermoplastischem oder vernetztem Polyäthylen für Nennspannungen: U_0/U 6/10, 12/20 und 18/30 kV
VDE 0303	VDE-Bestimmung für elektrische Prüfungen von Isolierstoffen
VDE 0311	VDE-Bestimmung für Isolierpapiere
VDE 0312	Regeln für Prüfverfahren an Schichtpreßstoffen: Vulkanfiber für die Elektrotechnik
VDE 0315	Regeln für Prüfverfahren an Schichtpreßstoffen: Preßspan für die Elektrotechnik
VDE 0335	VDE-Bestimmungen für keramische Isolierstoffe
VDE 0370	Isolieröle
VDE 0373	Bestimmungen für Schwefelhexafluorid (SF_6)
VDE 0432	Hochspannungs-Prüftechnik
VDE 0433	Erzeugung und Messung von Hochspannungen
VDE 0434	Richtlinien für Teilentladungs-Meßeinrichtungen für Isolationsprüfungen mit Wechselspannungen bis 500 Hz
VDE 0446	Bestimmungen für Isolatoren für Freileitungen, Fahrleitungen und Fernmeldeleitungen
VDE 0448	Prüfung von Isolatoren für Betriebswechselspannungen über 1 kV unter Fremdschichteinfluß
VDE 0472	Leitsätze für die Durchführung von Prüfungen an isolierten Leitungen und Kabeln
VDE 0533	Richtlinien für die Durchführung von Teilentladungs-Isolationsmessungen an Transformatoren

VDE 0670 Wechselstromschaltgeräte für Spannungen über 1 kV

VDE 0674 Bestimmungen für Isolatoren und Durchführungen für Betriebsmittel und Anlagen für Wechselspannungen über 1 kV

VDE 0675 Überspannungsschutzgeräte

4. Normblätter (Auswahl)

DIN 1301 Einheiten; Einheitennamen, Einheitenzeichen

DIN 1302 Mathematische Zeichen

DIN 1304 Allgemeine Formelzeichen

DIN 1311 Schwingungslehre

DIN 1313 Schreibweise physikalischer Gleichungen in Naturwissenschaft und Technik

DIN 1323 Elektrische Spannung, Potential, Zweipolquelle, elektromotorische Kraft

DIN 1324 Elektrisches Feld

DIN 1326 Gasentladungen; Stationäre Entladungen

DIN 1357 Einheiten elektrischer Größen

DIN 4897 Elektrische Energieversorgung; Formelzeichen

DIN 5483 Formelzeichen für zeitabhängige Größen

DIN 40 002 Nenn- und Reihenspannungen von 100 kV bis 380 kV

DIN 40 108 Gleich- und Wechselstromsysteme; Begriffe, Benennungen und Kennzeichnungen

DIN 40 110 Wechselstromgrößen

DIN 48 006 Isolatoren für Starkstrom-Freileitungen

DIN 48 100 bis 48 103 Stützer für Innenanlagen

DIN 48 133 bis 48 137 Stützer für Innenanlagen

DIN 51 507 Anforderungen an Isolieröle für elektrische Geräte

DIN 53 480 bis 53 486 VDE-Bestimmung für elektrische Prüfungen von Isolierstoffen

DIN 57 448 Prüfung von Isolatoren für Betriebs-Wechselspannungen über 1 kV unter Fremdschichteinfluß

DIN 57 675 Überspannungsschutzgeräte

5. Formelzeichen

(In Klammern Abschnittsnummern der Einführung der Zeichen)

Die im Text in Normalschrift gesetzten Formelzeichen (s. Vorwort) bezeichnen skalare Größen. Nur in den Bildern sind die Formelzeichen durch Schrägschrift hervorgehoben. Vektoren sind durch Pfeile über den Formelzeichen (z. B. $\vec{D}, \vec{E}$), komplexe Größen durch Unterstreichen (z. B. $\underline{I}, \underline{U}, \underline{Z}$) und bezogene Größen durch ′ (z. B. C′, L′) gekennzeichnet.

Die Zeitwerte der Wechselstromgrößen sind klein geschrieben (z. B. i, u), die Effektivwerte der Wechselstromgrößen (und Gleichwerte) sind durch große Buchstaben (z. B. I, U) hervorgehoben.

Die zunächst aufgeführten Indizes kennzeichnen i. allg. unmißverständlich die angegebene Zuordnung. Die mit diesen Indizes versehenen Formelzeichen werden deshalb nur in Sonderfällen in der Formelzeichenliste aufgeführt. Auch sind die nur auf einer Seite (oder in einem engen Seitenbereich) vorkommenden Formelzeichen hier nicht immer angegeben.

Index	Bezeichnung für	Index	Bezeichnung für	Index	Bezeichnung für
A	Ableiter	i	Ionisation	Q	Ladung
a	Anfangswert	kr	kritisch	r	Relativwert
b	Belastung	L	Leiter	Str	Stromwärme
C	Kapazität	M	Messung	T	tangential
D	Durchgang	max	Höchstwert	ü	Überschlag
d	dielektrisch	mi	Mittelwert	w	Wirkkomponente
E	Erde	N	Nennwert	o	Bezugs- oder Ausgangsgröße
e	elektrisch	O	Oberfläche		
		P	Prüfling		

Formelzeichen

A	Fläche, Querschnitt (1.3)
A, A′	Gaskonstante (2.3.2)
a	Konstante (1.2)
a	Dicke (1.5)
a	Kantenlänge eines Feldkästchens (1.11.1)
B, B′	Gaskonstante (2.3.2)
b	Dicke (1.9.6)
b	Kantenlänge eines Feldkästchens (1.11.1)
b	Beweglichkeit (2.3.1)
b	Brechungsfaktor (8.2.2.1)
C	Kapazität (1.4)
C′	Kapazitätsbelag (8.2.1)
C_{LE}	Luft-Einheitskapazität (1.5.6)
C_m	Kapazität mit Streufeld (1.5)
C_0	Kapazität ohne Streufeld (1.5)
C_s	Stoßkapazität (5.3.2)
c	Lichtgeschwindigkeit (1.6)
c	Dicke (1.9.6)
D	Verschiebungsdichte (1.3)
D	Durchmesser (6.1)
d	Achsabstand (1.5.4)
d	Verlustfaktor (1.9.2)
E	Elektrische Feldstärke (1.1)
E_d	Durchschlagfeldstärke (2.4.1)
E_K	Feldstärke an der Oberfläche des Atomkerns (2.2)
E_M	Elastizitätsmodul (3.2.4)
e	Basis des natürlichen Logarithmus (2.3.2)
F	Kraft (1.1)
f	Frequenz (1.9.2)
f_a	absolute Luftfeuchte (2.6.4)
f_{ao}	Normfeuchte (2.6.4)

f_{as}	Sättigungswert der Luftfeuchte (2.6.4)
f_m	Minderungsfaktor (3.2.1.2)
f_r	relative Luftfeuchte (2.6.4)
G	Leitwert (1.9.2)
G'	Querleitwertsbelag (8.2.1)
H	Höhe (1.5.5)
h	Höhe (1.5)
h_w	Plancksches Wirkungsquantum (2.2)
I	Strom (1.9.2)
$\vec{i}$	Einheitsvektor in x-Richtung (1.2)
i_E	Strom der einlaufenden Welle (8.2.2.1)
i_f	Folgestrom (8.3.1)
i_h	Strom der hinlaufenden Welle (8.2.1)
i_q	Querstrom (8.2.1)
i_r	Strom der rücklaufenden Welle (8.2.1)
i_s	Ableitstoßstrom (8.3.1)
$\vec{j}$	Einheitsvektor in y-Richtung (1.2)
K	Konstante (1.5.4)
K_k	Kugel-Schichtungskoeffizient (1.9.6.3)
K_p	Platten-Schichtungskoeffizient (1.9.6)
K_z	Zylinder-Schichtungskoeffizient (1.9.6.2)
$\vec{k}$	Einheitsvektor in z-Richtung (1.2)
k	Boltzmann-Konstante (2.3.1)
k	Reduktionsfaktor (3.2.1.1)
k_f	Feuchte-Korrekturfaktor (2.6.4)
k_0	Korrekturfaktor (6.1)
k_1, k_2	Zeitfaktoren (6.3.2)
L	Induktivität (5.1.3)
L'	Induktivitätsbelag (8.2.1)
ℓ	Länge (1.5.1)
m	Konstante (1.2)
m	Anzahl der Feldkästchen (1.11.1)
m	Masse (2.1)
m_0	Ruhemasse (2.1)
N	Anzahl der Moleküle je Raumeinheit (2.3.1)
n	Anzahl der Feldkästchen (1.11.1)
n	Anzahl der Ladungsträger (2.3.3)
n	Konstante (2.6.1.1)
P	Leistung (3.2.1)
P_a	abgeführte Leistung (3.2.1)
P_d	dielektrische Verlustleistung (1.9.2)
P_z	zugeführte Leistung (3.2.1)
p	Geometriekennwert (1.5.6)
p	Druck (2.3.1)
p_e	Kraftdichte (1.8)
p_{ij}	Ladungskoeffizient (1.10.2)
Q	elektrische Ladung (1.3)
Q_p	Probeladung (1.1)
q	Geometriekennwert (1.12.1)
R	Wirkwiderstand (1.9.2)
R	Radius (1.12.1)
R'	Wirkwiderstandsbelag (8.2.1)
R_d	Dämpfungswiderstand (5.3.2)
R_e	Entladewiderstand (5.3.2)
R_ℓ	Ladewiderstand (5.3.2)
R_ϑ	Wärmewiderstand (3.2.1.1)
r	Radius (1.2)
r	Reflexionsfaktor (8.2.2.1)
r_B	Bahnradius (2.2)
r_K	Kernradius (2.2)
r_k	Krümmungsradius (2.6.1)
r_Q	Ladungsträger-Radius (2.3.1)
S	Scheinleistung (5.1.2)
S_w	Steilheit der Wellenstirn (8.3.2)
s	Weg, Schlagweite (1.3)
s_A	Schutzbereich (8.3.2)
$s_ü$	Überschlagsweg (2.7)
T	absolute Temperatur (2.3.1)
T	Periodendauer (5.1.1)
T	Zeitkonstante (8.2.2.2)
T_c	Abschneidezeit (5.3.1)
T_{cr}	Scheitelzeit (5.3.1)
T_d	Scheiteldauer (5.3.1)
T_r	Antwortzeit (6.4)
T_0	Normtemperatur (2.3.2)
T_1	Stirnzeit (5.3.1)
T_2	Rückenhalbwertzeit (5.3.1)
t	Zeit (8.2.1)
t_a	Aufbauzeit (2.4.3)
t_d	Beanspruchungsdauer (7.1.1.1)
t_s	Statistische Streuzeit (2.4.3)
t_v	Entladeverzugszeit (2.4.3)
U	Spannung (1.2)
U_A	Aussetzspannung (2.6.5)
$U_{bü}$	Büscheleinsetzspannung (2.6)

U_d	Durchschlagspannung (2.3)
U_{dw}	Wärmedurchschlagspannung (3.2.1)
U_{d0}	Durchschlagspannung bei Normalbedingungen (2.4.4)
U_E	Einsetzspannung (2.6.5)
U_ℓ	Ladespannung (5.3.2)
$U_{p\sim}$	Prüfwechselspannung (7.1.1.2)
U_{rB}	Nenn-Steh-Blitzstoßspannung (7.1.1.1)
U_{rS}	Nenn-Steh-Schaltstoßspannung (7.1.1.1)
U_{rW}	Nenn-Steh-Wechselspannung (7.1.1.1)
U_0	Spannung gegen Erde (7.1.1.2)
u_{as}	Ansprechstoßspannung (8.3.1)
u_E	Spannung der einlaufenden Welle (8.2.2.1)
u_G	Spannung der gebrochenen Welle (8.2.2.1)
u_h	Spannung der hinlaufenden Welle (8.2.1)
u_{kN}	Nenn-Kurzschlußspannung (5.1.2)
u_R	Spannung der reflektierten Welle (8.2.2.1)
u_r	Spannung der rücklaufenden Welle (8.2.1)
u_{re}	Restspannung (8.3.1)
$u_{üs}$	Überschlagstoßspannung (5.3.1)
$u_{üs50}$	50%-Überschlagstoßspannung (5.3.1)
ü	Übersetzungsverhältnis (6.4.1)
V	Volumen (1.7)
v	Geschwindigkeit (1.6)
W	Energie (1.8)
W_a	Austrittsarbeit (2.2)
W_e	elektrische Energie (1.8)
W_i	Ionisierungsenergie (2.2)
W_{kin}	kinetische Energie (2.1)
W_p	potentielle Energie (1.2)
w_e	Energiedichte (1.8)
x	Ortsveränderliche (1.2)
Y	Leitwert (1.9.2)
y	Ortsveränderliche (1.2)
Z	Impedanz (7.2.2)
Z_L	Wellenwiderstand (6.4.2)
z	Ortsveränderliche (1.7)
z	Anzahl der Zusammenstöße (2.3.1)
z_0	Stoßzahl (2.3.1)
α	Winkel (1.3)
α	Ionisierungskoeffizient (2.3.2)
α	Temperaturbeiwert (3.2.1.2)
$\overline{\alpha}$	Wirksamer Ionisierungskoeffizient (2.3.2)
α_k	Wärmeübergangszahl (3.2.1.3)
β	Temperaturbeiwert (3.2.1.3)
γ	elektrische Leitfähigkeit (1.9.2)
γ	Rückwirkungskoeffizient (2.3.4)
Δ	Differenz (3.2.2)
ΔA	Teilfläche (2.7)
ΔQ	nachfließende Ladung (3.2.2)
Δt	Zeitdifferenz (8.2.2.3)
$\Delta U_ü$	Überspannung (2.4.3)
Δu	Spannungsdifferenz (3.2.2)
$\Delta \vartheta$	Temperaturdifferenz (3.2.1)
δ	Verlustwinkel (1.9.2)
δ	relative Gasdichte (2.4.4)
ϵ	Permittivität (1.3)
ϵ_0	elektrische Feldkonstante (1.3)
ϵ_r	Dielektrizitätszahl (1.3)
ϵ_r''	dielektrische Verlustzahl (1.9.2)
η	Ausnutzungsfaktor (1.12)
η	Anlagerungskoeffizient (2.3.2)
η_a	Ausnutzungsgrad (5.3.2)
ϑ	Temperatur (3.2.1)
ϑ_a	Außentemperatur (3.2.1)
ϑ_i	Innentemperatur (3.2.1)
λ	Wellenlänge (2.2)
λ	Wärmeleitfähigkeit (3.2.1)
λ_m	Mittlere freie Weglänge (2.3.1)
μ_r	Permeabilitätszahl (8.2.1)
μ_0	magnetische Feldkonstante (8.2.1)
ρ	Raumladungsdichte (1.7)
ρ	Gasdichte (2.4.4)
σ	Temperaturbeiwert (3.2.1)
τ	Volumenkonstante (3.2.3)
τ	Laufzeit der Welle (8.2.2.3)
φ	elektrisches Potential (1.2)
Ψ	Verschiebungsfluß (1.3)
ω	Kreisfrequenz (1.9.2)

Sachverzeichnis